国外电子与通信教材系列

Verilog HDL 数字设计与综合
（第二版）（本科教学版）

Verilog HDL

A Guide to Digital Design and Synthesis

Second Edition

〔美〕 Samir Palnitkar 著

夏宇闻 胡燕祥 刁岚松 等译

夏宇闻 审校

电子工业出版社
Publishing House of Electronics Industry
北京 · BEIJING

内 容 简 介

本书从用户的角度全面阐述了 Verilog HDL 语言的重要细节和基本设计方法，并详细介绍了 Verilog 2001 版的主要改进部分。本书重点关注如何应用 Verilog 语言进行数字电路和系统的设计和验证，而不仅仅讲解语法。全书从基本概念讲起，逐渐过渡到编程语言接口和逻辑综合等高级主题。书中的内容全部符合 Verilog HDL IEEE 1364-2001 标准。

本书适合电子、计算机、自动控制等专业的学习数字电路设计的大学本科高年级学生阅读，也适合数字系统设计工程师和已具有多年 Verilog 设计工作经验的资深工程师参考。

Authorized translation from the English language edition, entitled Verilog HDL: A Guide to Digital Design and Synthesis, Second Edition, 9780130449115 by Samir Palnitkar, published by Pearson Education, Inc., Copyright © 2003 Sun Microsystems, Inc.

CHINESE SIMPLIFIED language edition published by PUBLISHING HOUSE OF ELECTRONICS INDUSTRY, Copyright © 2022.

版权贸易合同登记号　图字：01-2003-1047

图书在版编目 (CIP) 数据

Verilog HDL 数字设计与综合：第二版：本科教学版/ （美）萨米尔·帕尔尼卡（Samir Palnitkar）著；夏宇闻等译. —北京：电子工业出版社，2022.1

（国外电子与通信教材系列）

书名原文：Verilog HDL: A Guide to Digital Design and Synthesis, Second Edition

ISBN 978-7-121-42773-2

Ⅰ. ①V…　Ⅱ. ①萨…　②夏…　Ⅲ. ①电子电路－电路设计－计算机辅助设计－高等学校－教材　Ⅳ. ①TN702.2

中国版本图书馆 CIP 数据核字 (2022) 第 014798 号

责任编辑：马　岚
印　　刷：三河市鑫金马印装有限公司
装　　订：三河市鑫金马印装有限公司
出版发行：电子工业出版社
　　　　　北京市海淀区万寿路 173 信箱　　邮编：100036
开　　本：787×1092　1/16　印张：19.25　字数：493 千字
版　　次：2022 年 1 月第 1 版（原著第 2 版）
印　　次：2024 年 7 月第 3 次印刷
定　　价：59.00 元

凡所购买电子工业出版社图书有缺损问题，请向购买书店调换。若书店售缺，请与本社发行部联系，联系及邮购电话：(010) 88254888，88258888。

质量投诉请发邮件至 zlts@phei.com.cn，盗版侵权举报请发邮件至 dbqq@phei.com.cn。

本书咨询联系方式：classic-series-info@phei.com.cn。

作 者 简 介

Samir Palnitkar 是美国 Jambo Systems 公司总裁。Jambo Systems 公司是一流的专用集成电路设计和验证服务公司，专门从事高级微处理器、网络和通信芯片的设计服务。Palnitkar 先生曾创办了一系列小型的高科技公司。他是 Integrated Intellectual Property 公司的创始人。该公司是一家专用集成电路设计公司，已被 Lattice Semiconductor 公司收购。后来，他创建了电子商务软件公司 Obongo，已被 AOL Time Warner 公司收购。

Palnitkar 先生毕业于位于印度坎普尔市的印度理工学院电气工程系，获得学士学位，后来在美国华盛顿大学电气工程系获得硕士学位，接着在圣何塞州立大学获得 MBA 学位。

Palnitkar 先生目前是数字系统设计领域 Verilog HDL 建模、逻辑综合和基于 EDA 的设计方法学等方面的公认权威。他在设计和验证方面有丰富的工作经验，成功地完成过多种微处理器、专用集成电路和系统的设计。他是第一个使用 Verilog 语言为共享内存、高速缓冲存储器组合（cache coherent）和多处理器体系结构搭建框架的开发者。他领导研发了多处理器体系结构（一般称为 UltraSPARC 端口体系结构）。Sun Microsystems 公司（现属于 Oracle 公司）在其台式机的设计中采用了他研发的这种体系结构。除了 UltraSPARC CPU，他还为许多一流的公司完成过许多不同类型的设计和验证项目。

Palnitkar 先生与一些研发仿真产品的公司有合作关系，是首批试用基于周期仿真的技术的领军人物。他有使用多种 EDA 工具的经验，诸如 Verilog-NC，Synopsys VCS，Specman，Vera，System Verilog，Synopsys，SystemC，Verplex 和 Design Data Management Systems 等。

Palnitkar 先生是三项美国专利技术的发明人。第一项是分析有限状态机的新方法；第二项是基于周期的仿真技术；第三项是独特的电子商务技术。他还发表了几篇技术论文。在业余时间，Palnitkar 先生喜欢板球运动、阅读书籍和环球旅行。

序

早在 1984 年，Gateway Design Automation 公司就谨慎地开始了 Verilog 硬件描述语言的研发。这种语言得到了集成电路芯片和数字系统设计工程师的广泛认可和普遍采用，因此已经成为了一项工业标准。Verilog 最初是一种靠仿真环境支持的专利语言，是第一种能够支持混合层次（mixed-level）设计表达方式的语言。这些层次包括数字电路的各种级别的抽象，即从开关级、门级、RTL级一直到更高级别的抽象。仿真环境提供了功能强大的统一的方法，不但能用于数字系统的设计，还能进行数字系统的测试，即对正在进行的数字系统设计进行验证。

Verilog 之所以能在市场上得到认可并占据主导地位，有三个关键的因素。第一个关键因素是，在 Verilog 语言中引入了编程语言接口。利用编程语言接口，Verilog 用户可以扩展具有自己的特色的仿真环境。如果用户明白了如何开发编程语言接口，并成功地采用 Verilog 扩展了自己的仿真环境，这些用户就能成为真正的 Verilog 赢家。第二个关键因素是，Gateway 公司一直密切关注ASIC 制造厂商的需求。从 1987 年到 1989 年期间，公司曾努力与 Motorola，National Semiconductor和 UTMC 等 ASIC 制造厂商在 Verilog 应用和开发方面加强合作，这些工作使得 Verilog 在这一领域逐渐占据了主导地位。Gateway 公司认识到，绝大多数数字逻辑仿真工作是由 ASIC 芯片的设计者完成的，这一认识增加了 Verilog 取得成功的机会。随着 ASIC 制造厂商提倡使用 Verilog，Verilog 仿真器逐渐被 ASIC 制造厂商认可，作为接收设计制造订单时的签字认可测试工具[1]。工业界对 Verilog 的认可，更进一步使得它在数字逻辑设计领域占据统治地位。最后一个关键因素是，1987 年 Synopsys 公司引入了以 Verilog 为基础的综合技术，从而有力地支持了 Verilog 取得成功。Gateway 公司为了让 Verilog 在综合技术方面取得优势，把其专有的 Verilog 使用权授予了 Synopsys公司，仿真和综合技术的结合使得 Verilog 成为硬件设计工程师首选的硬件描述语言。

VHDL（VHSIC Hardware Description Language，甚高速集成电路硬件描述语言）的出现，得到了许多其他 EDA 厂商的强力追捧，使得 VHDL 很快成为 IEEE 标准，并因此使 Verilog 在许多公开的场合受到过"排挤"。1995 年，Verilog 也被批准成为 IEEE 1364 标准。并且，1995 年以来，根据 Verilog 用户提出的需求，Verilog 做了许多增补。这些增补都已经归入 Verilog 标准，即 IEEE1364-2001。事实上，Verilog 已经成为数字设计的首选语言，它是综合、验证和布局布线技术的基础。

本书是 Verilog 语言用户的最好的指南，不但用丰富的实例解释了该语言的许多结构，还深入到许多应用细节，如编程语言接口的开发使用和综合技术等。本书章节安排合理，循序渐进，从实际设计工作者的需求这一角度来编写，而不只是讲解一些语法现象。

本书第二版在两个方面具有特色。第一，包括了 IEEE 1364-2001 标准中的新内容，让读者有机会了解有关 Verilog 的信息，提高自己的设计水平。第二，新增加了一章，专门介绍高级验证技术，这些高级验证技术现在已经成为 Verilog 设计方法学整体结构的一部分。对设计和验证由几百

---

[1] 这里指的是业界认可的测试工具，用于对设计方的投片委托进行严格的验证，并由制造方签字认可该设计是正确无误的。如果制造出的芯片不合格，则一切损失将由制造方承担。——译者注

万个门构成的数字系统的 Verilog 用户来说，了解和掌握这些技术是极其关键的。

给用户讲解 Verilog 及其各种设计和验证方法学是一件相当困难并具有挑战意义的工作。手头有这本书，一定能使 Verilog 语言的初学者大大加快学习过程，也能使有经验的 Verilog 老用户很方便地获取 Verilog 新知识。这是一本每个 Verilog 用户手头必备的好书。

Prabhu Goel

Gateway Design Automation 公司前总裁

前　言

刚开始学习 Verilog HDL 时，我到处寻找能帮助我很快进入 Verilog HDL 用户角色的书。我想参考一些基础数字电路设计范例来学习必要的 Verilog HDL 结构，这样就能自己用 Verilog 语言来设计一些小规模的数字电路并运行仿真。后来，我逐渐积累了一些编写基本 Verilog 模块的经验，并想进一步学习用 Verilog HDL 来设计更复杂一些的电路。当时，我到处打听，希望能搜寻到一本好书，希望能通过阅读这本书而全面了解高级 Verilog 数字系统设计概念，并掌握实际数字电路设计方法学。但是，我一直没有找到合适的书。我是通过经常接触到的 Verilog 产品手册，慢慢地积累了数字电路设计和实际集成电路验证的经验。如果当时手头有一本好的 Verilog 参考书，可以随时翻阅，我的学习进度一定可以大大加快。这个想法促使我编写了本书的第一版。

自从本书第一版发行以来，已经过了 6 年多。在此期间，我完成了各种类型的许多 ASIC 设计和微处理器设计项目，我的设计和验证经验也随之逐渐加深和丰富。同时我也注意到，反映技术发展水平的高级验证方法学和各种设计工具也更加成熟。Verilog HDL 的标准 IEEE 1364-2001 也已经得到批准。编写本书第二版的目的是增补有关 IEEE 1364-2001 标准的内容，把最先进的验证方法介绍给 Verilog 用户，并希望本书能为读者提供更加丰富的学习内容。

本书重点放在内容的宽广度而不是深度上，旨在传授给读者基于 Verilog 的广泛的实用工作知识，使读者能够对基于 Verilog HDL 的设计技术有全面的了解。本书把深入涵盖每个 Verilog 主题的任务留给 Verilog HDL 语言参考手册和各种基于 Verilog 产品的参考手册。

本书虽然应该归属于 Verilog HDL 语法类书籍，但总而言之更应该归属于数字设计类书籍。Verilog HDL 只是一种设计数字电路和系统的工具，认识到这一点是很重要的。Verilog HDL 只是实现我们的最终目的（即数字集成电路芯片）的手段，因此本书强调设计实践的全面知识，而不仅仅只介绍 Verilog HDL 语言方面的知识。基于硬件描述语言的数字电路和系统的设计方法已经逐渐成为工程师们必须掌握的方法，没人能承受无视硬件描述语言所造成的工作损失。

读者对象

本书面向的主要对象是 Verilog 的初学者和中级水平的读者。然而，对于 Verilog 高级用户来说，本书涵盖的知识面很广，可以为这些高级读者提供极好的参考，并帮助他们理解各种手册和基于 Verilog 产品的培训教材。

关于 Verilog 硬件描述语言的要点，在本书中安排合理、循序渐进。本书从最基本的概念出发，例如，从介绍基于硬件描述语言的设计方法学着手，然后逐渐过渡到高级主题，例如编程语言接口和逻辑综合等。因此本书对专业水平不同的读者都有用，具体解释如下：

- **学习数字逻辑设计的大学生**

  本书的第一部分用作 Verilog HDL 逻辑设计课程教学是很合适的。学生们受到书中层次建模的概念、基本 Verilog 结构、建模等技术的熏陶，很快就可以学会编写小型模块和运行仿真的知识。

- **业界的 Verilog 新用户**

  许多公司正在转向用 Verilog 进行设计。本书的第一部分对于想把自己的技术转向基于 HDL

设计的设计师们来说，是完美的入门课程。

- **已经具有 Verilog 基础知识并希望理解高级概念的用户**

  本书的第二部分讨论了许多高级概念，如用户自定义原语、时序仿真、编程语言接口和逻辑综合等，这些知识对于正从编写小型 Verilog 模型过渡到较大型设计的研究生来说是必需的。

- **Verilog 专家**

  本书涵盖了所有有关 Verilog 的主题，从基本的建模结构一直到高级主题，如编程语言接口、逻辑综合和高级的验证技术等。对于 Verilog 专家来说，本书是一本唾手可得的参考书，与 *IEEE Standard Verilog Hardware Description Language* 文档相辅相成。

本书包含的材料倾向于专用集成电路的设计方法学，但是本书中所解释的概念完全适用于现场可编程逻辑门阵列、可编程阵列逻辑、总线、线路板和系统的设计。本书为了简化讨论过程，采用中规模集成电路作为示例，但这些概念完全适用于超大规模集成电路的设计。

组织结构

本书由如下三部分组成。

第一部分　Verilog 基础知识

这一部分涵盖了 Verilog 初学者编写小型 Verilog 模型和运行仿真所必须掌握的全部资料。注意，本书将门级建模的介绍放在行为级建模之前。之所以这样做，是因为我认为对初学者来说理解门级电路与 Verilog 行为描述之间的一一对应关系是比较容易的。一旦理解了门级建模，初学者就能很容易地理解更高层次的抽象，诸如数据流建模和行为建模，不会把 Verilog HDL 只当成普通的编程语言，而忽略了它是数字设计语言的事实。这样，初学者在一开始就可以建立起 Verilog 是数字电路设计语言的概念。初学者如果一开始就学习行为描述，则往往倾向于像编写 C 程序那样来编写 Verilog，有时候看不到自己正在试图用 Verilog 语言来表示硬件电路。第一部分共有 9 章。

第二部分　Verilog 高级主题

这一部分包含许多高级概念，对于想从编写小型 Verilog 模型过渡到较大型设计的 Verilog 用户来说，这些概念是必须知道的。本部分覆盖的高级内容包括时序仿真、开关级建模、用户自定义原语、编程语言接口、逻辑综合和高级验证技术等。第二部分共有 6 章。

第三部分　附录

这一部分包含的内容可以作为参考资料使用，包括强度建模、编程语言接口子程序清单、形式化语法定义、Verilog 有关问题解答和大型 Verilog 设计举例等。第三部分共有 6 个附录。

本书采用的约定

本书用黑体字表示属于 Verilog HDL 的一部分的关键字、系统任务和编译指令，例如 and，nand，$display 和`define。另外，还有两个约定需要说明：

- 本书中凡是用到 Verilog 和 Verilog HDL，都指的是 Hardware Description Language，即 Verilog 硬件描述语言；凡是用到 Verilog 仿真器或仿真器产品的商标，如 Verilog-XL 或 VCS，都指的是基于 Verilog 的仿真器。

- 本书中经常提到的设计人员主要是指数字逻辑设计人员，然而更经常的情况是指 Verilog HDL 的使用者或验证工程师。

致　谢

本书的第一版是在许多人的帮助下完成的。为了本书的出版，他们付出了心血。下面列出了那些曾为我编写本书做出过主要贡献的人员：

John Sanguinetti, Stuart Sutherland, Clifford Cummings, Robert Emberley, Ashutosh Mauskar, Jack McKeown, Dr. Arun Somani, Dr. Michael Ciletti, Larry Ke, Sunil Sabat, Cheng-I Huang, Maqsoodul Mannan, Ashok Mehta, Dick Herlein, Rita Glover, Ming-Hwa Wang, Subramanian Ganesan, Sandeep Aggarwal, Albert Lau, Samir Sanghani, Kiran Buch, Anshuman Saha, Bill Fuchs, Babu Chilukuri, Ramana Kalapatapu, Karin Ellison 和 Rachel Borden。

作为本书第二版的致谢辞的开场白，我要再次感谢这些人！

对于本书的第二版，我要特别感谢下面这些人员，他们帮助我完成了审阅工作，并提供了有价值的反馈意见：

Anders Nordstrom	ASIC Consultant
Stefen Boyd	Boyd Technology
Clifford Cummings	Sunburst Design
Harry Foster	Verplex System
Yatin Trivedi	Magma Design Automation
Rajeev Madhavan	Magma Design Automation
John Sanguinetti	Forte Design System
Dr. Arun Somani	Iowa State University
Michael McNamara	Verisity Design
Berend Ozceri	Cisco System
Shrenik Mehta	Sun Microsystem
Mike Meredith	Forte Design System

我还要感谢下面这些人：

Simucad 公司的 Richard Jones 和 John Williamson，感谢他们提供了免费的 Verilog 仿真器 SILOS 2001[①]。

Prentice Hall 出版公司的 Greg Doench 和 Sun Microsystem 公司的 Myrna Rivera，感谢他们在本书的出版过程中所给予的帮助。

本书第二版中的有些资料得益于业界同仁的谈话、电子邮件和建议。我已经在书中提及了资料来源，但如果我万一忽略了某人，那么请一定要接受我的歉意。

Samir Palnikar

写于加州硅谷

---

① 关于 Verilog 仿真器 SILOS 2001 和本书中所用例子的源代码，读者可以登录华信教育资源网（http://www.hxedu.com.cn）注册并免费下载。——编者注

目　　录

第一部分　Verilog 基础知识

第一部分　Verilog 基础知识

第 1 章	Verilog HDL 数字设计综述
第 2 章	层次建模的概念
第 3 章	基本概念
第 4 章	模块和端口
第 5 章	门级建模
第 6 章	数据流建模
第 7 章	行为级建模
第 8 章	任务和函数
第 9 章	实用建模技术

第 1 章 Verilog HDL 数字设计综述

1.1 数字电路 CAD 技术的发展历史

在过去的 20 多年中,数字电路设计技术的发展非常迅速。设计人员最早使用真空管和晶体管来设计数字电路。后来他们把逻辑门安置在单个芯片上,于是发明了集成电路。第一代集成电路(Integrated Circuit,IC)的门数非常少,称为小规模集成电路(Small Scale Integrated,SSI)。随着制造工艺技术的发展,设计者可以在单个芯片上布置数百个逻辑门,称为中规模集成电路(Medium Scale Integrated,MSI)。随着大规模集成电路(Large Scale Integrated,LSI)的出现,数千个逻辑门能够集成在一起。设计过程由此开始变得非常复杂,因此设计者希望某些设计阶段能够自动完成。正是这种需要促进了电子设计自动化(Electronic Design Automation,EDA)的出现和发展[1]。设计者开始使用电路和逻辑仿真技术对使用的基本组件的功能进行验证,这些基本组件的规模一般相当于几百个晶体管。不过这时的测试仍然在面包板上完成,设计人员在设计图纸或计算机图形终端上用手工完成电路的版图设计。

超大规模集成电路(Very Large Scale Integrated,VLSI)的出现,使得设计人员可以将超过10 万个晶体管集成在一块芯片上。在这种情况下,已经不可能在面包板上对设计的功能进行验证了。计算机辅助技术对于超大规模集成电路的设计和验证变得非常重要,同时,使用计算机进行电路版图的布局和布线也开始流行,设计者在图形终端上用手工完成数字电路的门级设计。从小的功能模块开始设计,逐步使用小的功能模块来搭建高层功能模块,直到完成顶层设计。在最后制成芯片之前,设计者还会使用逻辑仿真工具对设计的功能进行验证。

随着设计规模的不断增大,其功能越来越复杂,逻辑仿真在整个设计过程中的作用越来越重要,使得设计者可以尽早地排除设计结构中存在的问题。

1.2 硬件描述语言的出现

很久以来,人们使用诸如 FORTRAN,Pascal,C 等语言来进行计算机程序设计,这些程序本质上是顺序执行的。同样,在硬件设计领域,设计人员也希望使用一种标准的语言来进行硬件设计。在这种情况下,许多种硬件描述语言(Hardware Description Languages,HDL)应运而生。设计者可以使用它对硬件中的并发执行过程建模。在出现的各种硬件描述语言中,Verilog HDL 和VHDL 使用得最为广泛。Verilog HDL 于 1983 年源自 Gateway Design Automation 公司。稍后,由美国国防部的高级研究计划署牵头(制定合同)开发了 VHDL。设计人员很快认可了 Verilog HDL和 VHDL 这两种语言,使用它们对大型数字电路进行仿真。

---

[1] 本书第一版中使用了 CAD 工具这个术语。从技术角度看,CAD(Computer-Aided-Design,计算机辅助设计)工具这个术语指的是设计后端使用的工具,这些工具可以完成布局、布线和芯片的版图绘制等工作。而 CAE(Computer-Aided-Engineering,计算机辅助工程)工具这个术语指的是设计前端使用的工具,如 IIDL 仿真、逻辑综合和时序分析。过去设计人员常把 CAD 和 CAE 这两个术语混用。目前,EDA 的范围包括了 CAD 和 CAE 两个部分。为了简单起见,本书中将所有的设计工具都称为 EDA 工具。

虽然当时用 HDL 进行逻辑验证已经很普及，但是设计人员仍然需要用手工将基于 HDL 的设计转换为由相互连接的逻辑门表示的电路简图。在 20 世纪 80 年代后期，逻辑综合工具的发展对数字电路的设计方法学产生了巨大的影响。设计者可以使用 HDL 在寄存器传输级（Register Transfer Level，RTL）对电路进行描述。在这种设计方法中，设计者只需要说明数据（信息）是如何在寄存器之间移动以及如何被处理的，而构成电路的逻辑门及其相互之间的连接数据（资料）由逻辑综合工具自动地从 RTL 描述中提取出来。

逻辑综合工具的出现和发展使得 HDL 在数字电路设计中占据了重要的地位。设计者不再需要通过手工用逻辑门来搭建电路。他们可以使用硬件描述语言来描述电路的功能和数据的流向，然后由逻辑综合工具自动综合出由逻辑门及其相互连接构成的电路结构细节，实现 HDL 所描述和指定的特定功能。

同样，HDL 在系统级设计中也得到了应用。HDL 用来仿真电路板、互连总线、现场可编程逻辑门阵列（Field Programmable Gate Arrays，FPGA）以及可编程阵列逻辑（Programmable Array Logic，PAL）等。通常的方法是使用 HDL 单独设计每个芯片，然后通过仿真来验证整个系统的功能。

目前，Verilog HDL 已经是公认的 IEEE 标准。Verilog HDL 的第一个标准（IEEE 1364-1995）是在 1995 年批准的。最近公布的 IEEE 1364-2001 标准与原标准相比有了显著的改进。

1.3　典型设计流程

图 1.1 表示的是超大规模集成电路设计的典型流程。图中不带阴影的方框表示设计描述的层次，带阴影的方框表示设计的过程。

在任何设计流程中，必须首先编写设计电路的技术指标和功能要求细节，从抽象的角度对电路的功能、接口和总体结构进行描述，在这一阶段无须考虑电路的具体实现方式。接下来设计者使用行为级描述来分析电路的功能、性能、标准兼容性以及其他高层次的问题。行为级描述一般也使用 HDL 来编写[1]。

由行为级描述向 RTL 级描述的转换是由设计者手工完成的。在这个过程中，设计者需要对实现电路功能的数据流进行详细描述。在以后的各个设计步骤中，设计者都可以借助工具软件。

综合工具的作用是将 RTL 级描述转换成门级网表。门级网表从逻辑门及其相互连接关系的角度来描述电路的结构。综合工具需要保证综合出来的门级网表满足时序、面积以及功耗的要求。自动布局、布线工具读入综合得到的网表并生成电路的版图。电路的版图经过验证就可以制成芯片。

在整个设计流程中，设计的重点主要在于手工对 RTL 描述的优化。在 RTL 描述完成之后，设计者就可以在 EDA 工具的辅助下完成后续的设计过程。从 RTL 级描述着手可以将设计周期从几年缩短为几个月，也有可能在较短的时间内对设计进行多次调整和改进。

最近出现的行为级综合工具可以将电路或算法的行为级描述转换为 RTL 级描述。随着行为级综合工具的不断完善，数字电路设计将越来越类似于软件程序设计。设计者只需在非常抽象的层次使用 HDL 对电路的算法进行描述，然后在 EDA 工具的帮助下完成从行为级描述到最终芯片结构的转换。

---

[1] 新出现的 EDA 工具可以对电路的行为描述进行仿真。这些新工具将 HDL 和面向目标的编程语言（如 C++ 等）的强大功能结合在一起。有了这些工具，则无须使用 Verilog HDL 来编写电路的行为模型。

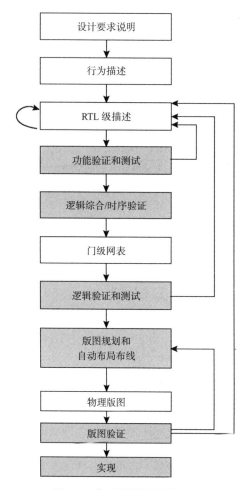

图 1.1 典型的设计流程

虽然 EDA 工具能够使设计过程自动化并显著缩短设计周期，但设计者仍然是整个设计过程的核心。如果使用不当，则 EDA 工具也会产生很差的结果。因此设计者还必须对这种设计方法的缺陷有所了解，才能借助于 EDA 工具得出优化的设计。

1.4 硬件描述语言的意义

与传统的基于电路原理图的设计方法相比，使用硬件描述语言（HDL）进行设计具有许多优点：

- 通过使用 HDL，设计者可以在非常抽象的层次上对电路进行描述。设计者可以在 RTL 级对电路进行描述而不必选择特定的制造工艺，逻辑综合工具能够将设计自动转换为任意一种制造工艺版图。如果出现新的制造工艺，则设计者不必对电路进行重新设计，只需将 RTL 级描述输入逻辑综合工具，即可生成针对新工艺的门级网表。逻辑综合工具将根据新的工艺对电路的时序和面积进行优化。
- 通过使用 HDL，设计者可以在设计周期的早期对电路的功能进行验证。设计者可以很容易地对 RTL 描述进行优化和修改，满足电路功能的要求。由于能够在设计初期发现和排除绝大多数设计错误，因此大大降低了在设计后期的门级网表或物理版图上出现错误的可能性，避免了设计过程的反复，显著地缩短了设计周期。

- 使用 HDL 进行设计类似于编写计算机程序,带有文字注释的源程序非常便于开发和修改。与门级电路原理图相比,这种设计表达方式能够对电路进行更加简明扼要的描述。非常复杂的设计,如果用门级电路原理图来表达,则几乎是无法理解的。

基于 HDL 语言的设计方法是不可动摇的[①]。随着数字电路复杂性的不断增加以及 EDA 工具的日益成熟,基于硬件描述语言的设计方法已经成为大型数字电路设计的主流。没有一个数字电路设计师能承担无视这种新设计方法所付出的代价。

1.5　Verilog HDL 的优点

Verilog HDL 已经发展成为标准的硬件描述语言。对于硬件设计,它具有许多优点:

- Verilog HDL 是一种通用的硬件描述语言,易学易用。由于它的语法与 C 语言类似,因此对于具有 C 语言编程经验的设计者来说,很容易学习和掌握。
- Verilog HDL 允许在同一个电路模型内进行不同抽象层次的描述。设计者可以从开关、门、RTL 或者行为等各个层次对电路模型进行定义。同时,设计者只需要学习一种语言就能够使用它来描述电路的激励,进行层次化设计。
- 绝大多数流行的综合工具都支持 Verilog HDL,这是 Verilog HDL 成为设计者的首选语言的重要原因之一。
- 所有的制造厂商都提供用于 Verilog HDL 综合之后的逻辑仿真的元件库,因此使用 Verilog HDL 进行设计,即可在更广泛的范围内选择委托制造的厂商。
- 编程语言接口(Programming Language Interface,PLI)是 Verilog 语言最重要的特性之一,它使得设计者可以通过自己编写 C 代码来访问 Verilog 内部的数据结构。设计者可以使用 PLI 按照自己的需要来配置 Verilog HDL 仿真器。

1.6　硬件描述语言的发展趋势

数字电路速度和复杂性正在迅速地增长,这就要求设计者从更高的抽象层次对电路进行描述。这样的好处是设计者只需从功能的角度进行设计,由 EDA 工具来完成具体实现细节。在设计者的指导下,EDA 工具可以完成非常复杂的从设计到实现的转换,并且达到近似的优化效果。

由于逻辑综合工具可以从 RTL 描述生成门级网表,目前基于 HDL 的主流设计方式是 RTL 级设计。行为级综合工具允许直接对电路的算法和行为进行描述,然后由 EDA 工具在各个设计阶段进行转换和优化,不过这种设计方式尚未被业界广泛接受。同时,Verilog HDL 本身也在不断地补充和完善,以适应新的设计验证方法。

形式验证和断言检查(formal verification and assertion checking)是最近发展起来的设计验证方法。形式验证使用形式化的数学方法来验证 Verilog HDL 描述的正确性,并且对 RTL 描述与综合后得到的门级网表电路行为的等价性进行检查。然而,用 Verilog HDL 对设计进行描述的需求将不会消失。断言检查允许将检查规则嵌入 RTL 描述中,以便于对设计中最重要的部分进行检查。

---

① 在过去的几年中已经出现了几种主要用于验证的新工具和新语言。这些新语言比较适合进行功能验证。但是,就逻辑设计而言,HDL 还是优先选择的语言,目前是不可替代的。

与此相适应，新的面向验证的语言也获得了快速的发展。这些语言既包含 HDL 中的并发特性和其他用于描述硬件的语法结构，又具有 C++面向对象的特点，同时还具有测试激励自动生成、性能检查和代码覆盖的特性。但是，这些语言并不是 Verilog HDL 的替代者，其目的仅在于大大缩短验证时间。设计描述仍然需要使用 Verilog HDL。

对于像微处理器这样的超高速、对时序有着严格要求的电路来说，逻辑综合工具生成的门级网表并不是优化的。在这种情况下，设计者经常需要直接在 RTL 描述中嵌入门级描述，以达到优化的效果。由于设计者希望尽最大可能提高电路的速度，而 EDA 工具有时并不能满足这种要求，因此虽然这种嵌入门级描述的方法并不符合高层次的设计流程，但是却被设计者经常采用。

系统级设计采用的另一种技术是结合使用自底向上的方法。设计者通过使用现有的 Verilog HDL 模块、基本功能块或者第三方提供的核心功能块来快速搭建系统，以便进行仿真。这种方法降低了开发费用，缩短了开发周期。例如，考虑设计一个含有 CPU、图形处理芯片、I/O 芯片和系统总线的系统。CPU 的设计者自己着手从 RTL 级开始开发下一代 CPU。为了能够在设计前期对 CPU 进行系统级仿真，设计者可以使用图形处理芯片和 I/O 芯片的行为级模型和第三方提供的系统总线模型来构建系统，这样就可以在图形处理芯片和 I/O 芯片的 RTL 描述完成之前迅速地进行仿真，达到降低开发费用、缩短开发周期的目的。

第 2 章　层次建模的概念

在详细地讨论 Verilog 语言之前，首先需要理解数字电路设计中基本的层次建模概念。只有掌握了正确的设计方法学，才能使用 Verilog HDL 进行高效的设计。本章对典型的设计方法学进行讨论，并说明如何在 Verilog 设计中体现这些概念。数字电路的仿真由多个部分组成，下面对这些组成部分及其相互之间的关系进行讨论。

学习目标

- 理解数字电路设计中的自底向上和自顶向下设计方法。
- 解释 Verilog 中模块和模块实例之间的区别。
- 学习从 4 种不同的抽象角度来描述同一个模块。
- 解释数字电路仿真中的各个组成部分，定义激励块和功能块，说明两种使用激励进行仿真的方法。

2.1　设计方法学

数字电路设计中有两种基本的设计方法：自底向上和自顶向下设计方法。在自顶向下设计方法中，首先定义顶层功能块，进而分析需要哪些构成顶层模块的必要的子模块；然后进一步对各个子模块进行分解，直到达到无法进一步分解的底层功能块。图 2.1 显示了这种方法的设计过程。

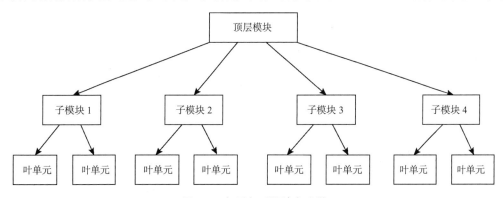

图 2.1　自顶向下设计方法学

在自底向上设计方法中，我们首先对现有的功能块进行分析，然后使用这些模块来搭建规模大一些的功能块，如此继续直至顶层模块。图 2.2 显示了这种方法的设计过程。

在典型的设计中，这两种方法是混合使用的。设计人员首先根据电路的体系结构定义顶层模块。逻辑设计者确定如何根据功能将整个设计划分为子模块；与此同时，电路设计者对底层功能块电路进行优化设计，并进一步使用这些底层模块来搭建其高层模块。两者的工作按相反的方向独立地进行，直至某一中间点会合。这时，电路设计者已经使用开关级原语创建了一个底层功能块库，而逻辑设计者也通过使用自顶向下的方法将整个设计分解为由库单元构成的结构描述。

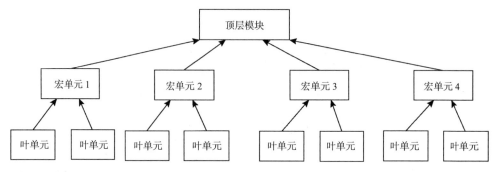

图 2.2   自底向上设计方法学

为了说明层次建模的概念，下面以下降沿触发的四位脉动进位计数器为例进行说明。

2.2　四位脉动进位计数器

图 2.3 中的脉动进位计数器是由下降沿触发的 T 触发器组成的。每个 T 触发器可以由下降沿触发的 D 触发器和反相器构成（假设 D 触发器的 q_bar 端不可用），如图 2.4 所示。

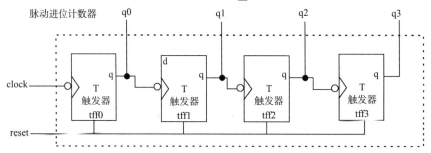

图 2.3   脉动进位计数器

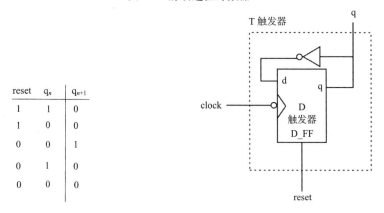

reset	q_n	q_{n+1}
1	1	0
1	0	0
0	0	1
0	1	0
0	0	0

图 2.4   T 触发器

根据其组成，可用基本功能元件按照层次关系搭建脉动进位计数器，设计层次如图 2.5 所示。

使用自顶向下的方法进行设计，首先需要说明脉动进位计数器的功能。在使用 T 触发器搭建起顶层模块之后，进一步使用 D 触发器和反相门来实现 T 触发器。这样就可以将较大的功能块分解为较小的功能块，直到无法继续分解。在自底向上的设计方法中，设计过程恰好与此相反：不断地使用较小的功能块来搭建大一些的模块。例如，在脉动进位计数器的例子中，首先使用与门和或门搭建 D 触发器，或者使用晶体管搭建一个自定义的 D 触发器，使自底向上和自顶向下的方法在 D 触发器这个层次上会合。

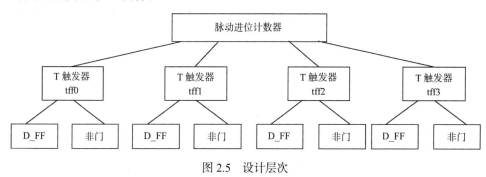

图 2.5　设计层次

2.3　模块

现在，我们将层次建模的概念和 Verilog 联系起来。Verilog 使用**模块**（module）的概念来代表一个基本的功能块。一个模块可以是一个元件，也可以是低层次模块的组合。常用的设计方法是使用元件构建在设计中多个地方使用的功能块，以便进行代码重用。模块通过接口（输入和输出）被高层的模块调用，但隐藏了内部的实现细节。这样就使得设计者可以方便地对某个模块进行修改，而不影响设计的其他部分。

在图 2.5 中，**脉动进位计数器**、T 触发器（T_FF）和 D 触发器（D_FF）都是模块的实例。在 Verilog 中，模块声明由关键字 **module** 开始，关键字 **endmodule** 则必须出现在模块定义的结尾。每个模块必须具有一个模块名，由它唯一地标识这个模块。模块的端口列表则描述这个模块的输入和输出端口。

```
module   <模块名>（<模块端口列表>）;

...
<模块的内容>
...
...
endmodule
```

在脉动进位计数器的例子中，T 触发器可以定义如下：

```
module T_FF (q, clock, reset);
...
...

<T 触发器的功能描述>
...
...
endmodule
```

使用 Verilog 既可以进行行为描述，同时也可以进行结构描述。根据设计需要，设计者在每个模块内部可在 4 个抽象层次中进行描述，而模块对外显示的功能都是一样的，仅与外部环境有关，而与抽象层次无关。模块的内部结构对外部环境来讲是透明的。因此，对模块内部抽象层次的更改不会影响外部环境。本书后面的章节将对这些抽象层次分别进行叙述。这些抽象层次定义如下。

- **行为或算法级**：Verilog 所支持的最高抽象层次。设计者只注重其实现的算法，而不关心其具体的硬件实现细节。在这个层次上进行的设计与 C 语言编程非常类似。
- **数据流级**：通过说明数据的流程对模块进行描述。设计者关心的是数据如何在各个寄存器之间流动，以及如何处理这些数据。
- **门级**：从组成电路的逻辑门及其相互之间的互连关系的角度来设计模块。这个层次的设计类似于使用门级逻辑简图来完成设计。
- **开关级**：Verilog 所支持的最低抽象层次。通过使用开关、存储节点及其互连关系来设计模块。在这个层次进行设计需要了解开关级的实现细节。

Verilog 允许设计者在一个模块中混合使用多个抽象层次。在数字电路设计中，术语**寄存器传输级（RTL）**描述在很多情况下是指能够被逻辑综合工具接受的行为级和数据流级的混合描述。

假设一个设计中包含 4 个模块，Verilog 允许设计者使用 4 种不同的抽象层次对各个模块进行描述。在经过综合工具综合之后，综合结果一般都是门级结构的描述。

一般来说，抽象的层次越高，设计的灵活性和工艺无关性就越强；随着抽象层次的降低，灵活性和工艺无关性逐渐变差，微小的调整可能导致对设计的多处修改。这就类似于使用 C 语言和汇编语言进行程序设计的对比。使用 C 这样的高级语言的好处是编码简单并且可移植性好；然而如果使用汇编语言，则需要针对特定的计算机，并且在移植到其他计算机时可能出现问题。

2.4 模块实例

模块声明类似于一个模板，使用这个模板就可以创建实际的对象。当一个模块被调用的时候，Verilog 会根据模板创建一个唯一的模块对象，每个对象都有其各自的名字、变量、参数和输入/输出（I/O）接口。从模板创建对象的过程称为**实例化**（instantiation），创建的对象称为**实例**（instance）。在例 2.1 中，顶层模块根据 T 触发器模板创建了 4 个实例。每个 T 触发器实例化了一个 D 触发器和一个反相门。每个实例的名字必须是唯一的。注意，在 Verilog 中"//"符号用于表示单行注释。

例 2.1 模块调用（实例引用）

```
   // 它引用了 4 个 T 触发器。它们之间的连接见 2.2 节
   // 定义名为 ripple_carry_counter（脉动进位计数器）的模块

module ripple_carry_counter(q, clk, reset);

output [3:0] q; // 输入/输出端口的信号和向量声明，以后会讲解
input clk, reset; // 输入/输出端口的信号声明，以后会讲解

   // 生成了 4 个 T 触发器 T_FF 的实例，每个实例都有自己的名字，每个实例都传递一组信号
   // 注意每个实例都是 T_FF 模块的副本

T_FF tff0(q[0],clk, reset);
T_FF tff1(q[1],q[0], reset);
T_FF tff2(q[2],q[1], reset);
T_FF tff3(q[3],q[2], reset);

endmodule

   // 定义名为 T_FF（T 触发器）的模块。它引用了一个 D 触发器。我们在本模块中假设
```

```
// D 触发器（D_FF）已经在该设计中的别处定义了（见图 2.4，看它们之间的互相连接）
module T_FF(q, clk, reset);

// 以后将对下列语句做进一步的解释
output q;
input clk, reset;
wire d;

D_FF dff0(q, d, clk, reset); // 调用（实例引用）D_FF，取名为 dff0
not n1(d, q); // 非门（not）是 Verilog 语言的内部原语部件（primitive），以后会讲解

endmodule
```

在 Verilog 中，不允许在模块声明中嵌套模块，也就是在模块声明的 **module** 和 **endmodule** 关键字之间不能再包含模块声明。模块之间的相互调用是通过实例引用来完成的。需要注意的是，不要将模块声明和模块定义相混淆。模块声明只是说明了模块如何工作，其内部结构和外部接口，对模块的调用必须通过对其实例化来完成。

例 2.2 显示了非法的模块嵌套定义，在 ripple_carry_counter 模块的内部不能嵌套定义模块 T_FF。

例 2.2　非法模块嵌套定义

```
// 定义名为 ripple_carry_counter 的顶层模块
// 在本模块内部定义 T_FF 模块是非法的
module ripple_carry_counter(q, clk, reset);
output [3:0] q;
input clk, reset;

    module T_FF(q, clock, reset); // 非法的模块嵌套
    …
    <T_FF 模块的内部描述>
    …
    endmodule // 非法嵌套模块的结束

endmodule
```

2.5　逻辑仿真的构成

在设计完成之后，还必须对设计的正确性进行测试。我们可以对设计模块施加激励，通过检查其输出来检验功能的正确性。完成测试功能的块称为激励块。将激励块和设计块分开设计是一种良好的设计风格。激励块同样也可以用 Verilog 来描述，而不必采用另外一种语言。激励块一般均称为**测试台**（testbench）。可以使用不同的测试台对设计块进行全面的测试。

激励块的设计有两种模式。一种模式是在激励块中调用（实例引用）并直接驱动设计块。在图 2.6 中，顶层块为激励块，由它控制 clk 和 reset 信号，检查并显示输出信号 q。

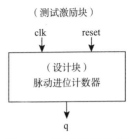

图 2.6　测试激励块调用已设计的模块

另一种使用激励的模式是在一个虚拟的顶层模块中调用（实例引用）激励块和设计块。激励块和设计块之间通过接口进行交互，如图 2.7 所示。激励块驱动信号 d_clk 和 d_reset，这两个信

号则连接到设计块的 clk 和 reset 输入端口。激励块同时检查和显示信号 c_q，这个信号连接到设计块的输出端口 q。顶层模块的作用只是调用（实例引用）设计块和激励块。

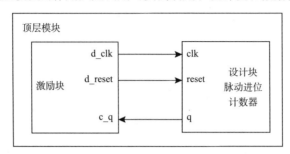

图 2.7　在无输入/输出端口的顶层模块中调用激励块和设计块

上述两种使用激励的模式都能够有效地对设计块进行测试[①]。

2.6　举例

下面以对脉动进位计数器进行完整的仿真为例子，说明在前面各节中讨论的概念。首先，我们对设计块和激励块进行定义，然后对设计块施加激励并观察监视其输出。在使用 Verilog 进行描述的过程中，读者不必详细了解各个语法结构，只需理解设计过程即可。在后面的章节中将对语法进行详细的讨论。

2.6.1　设计块

我们使用自顶向下的方法进行设计。如例 2.3 所示，首先对脉动进位计数器的顶层模块进行描述（见2.2节）。

例 2.3　脉动进位计数器顶层模块

```
module ripple_carry_counter(q, clk, reset);

output [3:0] q;
input clk, reset;

// 生成了 4 个 T 触发器（T_FF）的实例，每个都有自己的名字
T_FF tff0(q[0],clk, reset);
T_FF tff1(q[1],q[0], reset);
T_FF tff2(q[2],q[1], reset);
T_FF tff3(q[3],q[2], reset);

endmodule
```

在上面的模块中使用了 4 个 T_FF 的实例，因此必须如例 2.4 所示定义模块 T_FF 的内部细节（见图 2.4）。

---

① 从感觉上讲，第二种的层次更清晰，实际工作中通常用的是第二种模式。——译者注

例 2.4　触发器 T_FF

```
module T_FF(q, clk, reset);

output q;
input clk, reset;
wire d;

D_FF dff0(q, d, clk, reset);
not n1(d, q); // 非门（not）是 Verilog 语言的内置原语部件（primitive）
endmodule
```

在模块 T_FF 中调用（实例引用）了模块 D_FF。例 2.5 定义了模块 D_FF。假设这个 D 触发器是异步复位的。

例 2.5　D 触发器（D_FF）

```
// 带异步复位的 D 触发器（D_FF）
module D_FF(q, d, clk, reset);

output q;
input d, clk, reset;
reg q;

// 可以有许多种新结构，不考虑这些结构的功能，只需要注意设计块是如何以自顶向下的方式编写的

always @(posedge reset or negedge clk)
if (reset)
    q <= 1'b0;
else
    q <= d;

endmodule
```

我们按照自顶向下（直至最低层叶单元）的设计方法，已对涉及的所有模块进行了定义。至此完成了设计块。

2.6.2　激励块

下面来定义激励块，通过它来检查脉动进位计数器的功能是否正确。在这个例子中，需要使用控制信号 clk 和 reset，以便检查计数器的功能以及复位机制。我们使用图 2.8 中的信号波形来对设计进行测试，图 2.8 中显示的信号包括 clk，reset 和计数器的 4 位输出。信号 clk 的重复周期为 10 个时间单位；信号 reset 在 0 ~ 15 和 195 ~ 205 两个时间区段为 1，其余时刻为 0；输出信号 q 从 0 开始计数到 15。

例 2.6 使用图 2.6 的激励模式来编写产生上面信号波形的激励块。在这里需要注意激励块如何调用（实例引用）设计块，不必关注具体的 Verilog 语法。

例 2.6　激励块

```
module stimulus;

reg clk;
```

```
reg reset;
wire[3:0] q;

// 引用已经设计好的模块实例
ripple_carry_counter r1(q, clk, reset);

// 控制驱动设计块的时钟信号，时钟周期为 10 个时间单位
initial
    clk = 1'b0; // 把 clk 设置为 0
always
    #5 clk = ~clk; // 每 5 个时间单位时钟翻转一次


// 控制驱动设计块的 reset 信号
initial
begin
    reset = 1'b1;
    #15 reset = 1'b0;
    #180 reset = 1'b1;
    #10 reset = 1'b0;
    #20 $finish; // 终止仿真
end

// 监视输出
initial
    $monitor($time, " Output q = %d",  q);

endmodule
```

在激励块完成之后，即可进行仿真来验证设计块的功能正确性了。例 2.7 所示为仿真输出结果。

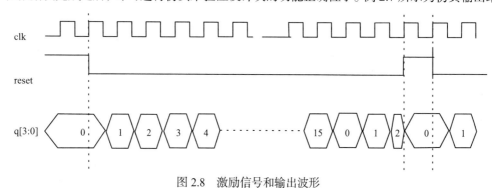

图 2.8　激励信号和输出波形

例 2.7　仿真的输出结果

```
 0 Output q =  0
20 Output q =  1
30 Output q =  2
40 Output q =  3
50 Output q =  4
60 Output q =  5
70 Output q =  6
80 Output q =  7
90 Output q =  8
```

```
100 Output q =   9
110 Output q =  10
120 Output q =  11
130 Output q =  12
140 Output q =  13
150 Output q =  14
160 Output q =  15
170 Output q =   0
180 Output q =   1
190 Output q =   2
195 Output q =   0
210 Output q =   1
220 Output q =   2
```

2.7　小结

本章讨论了下面这些概念。

- 用于数字电路设计的两种方法：自顶向下方法和自底向上方法。在当今的数字电路设计中，这两种方法经常组合使用。随着设计复杂性的增加，使用这些结构化的方法来进行设计管理变得越来越重要。
- 模块是 Verilog 中的基本功能单元。模块通过调用（实例引用）来使用，模块的每个实例都被唯一标识，以区别于同一模块的其他实例。每个实例都拥有其模板模块的不同副本。读者需要将模块和模块实例区别开来。
- 仿真有两个不同的组成部分：设计块和激励块，激励块用于测试设计块。激励块通常是顶层模块。对设计块施加激励有两种不同的模式。
- 以脉动进位计数器为例，一步步地解释了为各个部分创建仿真的过程。

本章的目的是想让读者理解设计的流程，并且理解 Verilog 语言如何适应这个设计流程。关于 Verilog 语言的详细语法，在目前阶段并不重要，以后会详细讲解这些内容。

2.8　习题

1. 互连开关（IS）由以下元件组成：一个共享存储器（MEM），一个系统控制器（SC）和一个数据交换开关（Xbar）。
   a. 使用关键字 module 和 endmodule 定义模块 MEM，SC 和 Xbar。无须定义模块的内容，并且假设模块没有端口列表。
   b. 使用关键字 module 和 endmodule 定义模块 IS。在 IS 中调用（实例引用）MEM，SC 和 Xbar 模块，并把它们分别命名为 mem1，sc1 和 xbar1。无须要定义模块的内容，并且假设模块没有端口列表。
   c. 使用关键字 module 和 endmodule 定义激励块（Top）。在 Top 模块中调用 IS 模块，将其命名（或称实例化、具体化）为 is1。
2. 一个四位脉动进位加法器由 4 个一位全加器组成。
   a. 定义模块 FA。无须定义模块内容和端口列表。
   b. 定义模块 Ripple_Add，无须定义模块内容和端口列表。在模块中调用 4 个 FA 类型的全加器，把它们分别命名为 fa0，fa1，fa2 和 fa3。

第 3 章　基 本 概 念

本章讨论 Verilog 中的基本语法结构和约定，后续章节中会使用这些结构和约定。这些约定构成了 Verilog 语言的基本框架。Verilog 模型中的数据类型与实际硬件电路中的数据存储和开关元件相当接近。本章的内容可能有些枯燥，但是它们将为后续章节的学习打下必要的基础。

学习目标

- 理解操作符、注释、空白符、数字、字符串和标识符的词法约定。
- 定义逻辑值集合和数据类型，包括线网、寄存器、向量、数字、仿真时间、数组、参数、存储器和字符串。
- 学习使用用于显示和监视信息、暂停和结束仿真的系统任务。
- 学习用于宏定义、文件包含的基本编译指令。

3.1　词法约定

Verilog 中的基本词法约定与 C 语言类似。Verilog 描述包含一个"单词"流，这里的单词可以是注释、分隔符、数字、字符串、标识符和关键字。Verilog 是大小写相关的，其中的关键字全部为小写。

3.1.1　空白符

空白符由空格（\b）、制表符（\t）和换行符组成。除了字符串中的空白符，Verilog 中的空白符仅仅用于分隔标识符，在编译阶段被忽略。

3.1.2　注释

Verilog 允许用户在代码中插入注释，以增加程序的可读性和便于文档管理。有两种书写注释的方法：单行注释和多行注释。单行注释以"//"开始，Verilog 将忽略从此处到行尾的内容。多行注释以"/*"开始，结束于"*/"。多行注释不允许嵌套，但是单行注释可以嵌套在多行注释中。举例如下：

```
a = b && c;  // 单行注释

/* 多行
   注释 */
/* 这是 /* 不合法的 */ 注释 */
/* 这是 // 合法的注释 */
```

3.1.3　操作符

操作符有三种类型：单目操作符、双目操作符和三目操作符，单目操作符的优先级高于操作数。三目操作符包括两个单独的操作符，用来分隔三个操作数。举例如下：

```
a = ~ b; // ~是单目操作符, b 是操作数
a = b && c; // &&是双目操作符, b 和 c 是操作数
a = b ? c : d; // ?: 是三目操作符, b, c 和 d 是操作数
```

3.1.4 数字声明

Verilog 中包括两种数字声明：指明位数的数字和不指明位数的数字。

指明位数的数字

指明位数的数字的表示形式为：<size>'<base format><number>。

<size>用于指明数字的位宽度，只能用十进制数表示。合法的基数格式包括十进制（'d 或'D）、十六进制（'h 或'H）、二进制（'b 或'B）和八进制（'o 或'O）。数字用连续的阿拉伯数字 0, 1, 2, 3, 4, 5, 6, 7, 8, 9, 10, a, b, c, d, e, f 来表示。但是，对于不同的基数，只能相应地使用其中的一部分，并且允许使用大写字母。举例如下：

```
4'b1111 // 这是一个 4 位的二进制数
12'habc // 这是一个 12 位的十六进制数
16'd255 // 这是一个 16 位的十进制数
```

不指明位数的数字

如果在数字说明中没有指定基数，则默认表示为十进制数。如果没有指定位宽度，则默认的位宽度与仿真器和使用的计算机有关（最小为 32 位）。举例如下：

```
23456 // 这是一个 32 位的十进制数
'hc3 // 这是一个 32 位的十六进制数
'o21 // 这是一个 32 位的八进制数
```

X 和 Z 值

Verilog 用两个符号分别表示不确定值和高阻值，这两个符号在实际电路的建模中是非常重要的，不确定值用 x 表示，高阻抗值用 z 表示。举例如下：

```
12'h13x // 这是一个 12 位的十六进制数，四个最低位不确定
6'hx // 这是一个 6 位的十六进制数，所有位都不确定
32'bz // 这是一个 32 位的高阻抗值
```

在以十六进制为基数的表示中 x 或 z 代表 4 位，在八进制的情况下 x 或 z 代表 3 位，在二进制的情况下 x 或 z 代表 1 位。如果某数的最高位为 0，x 或 z，则 Verilog 语言约定将分别使用 0，x 或 z 自动对这个数进行扩展，以填满余下的更高位。这样，对向量（多位的变量）的所有位全都赋予 0，x 或 z 就变得非常方便；如果某数的最高位为 1，则 Verilog 语言约定将使用 0 来扩展余下的更高位。

负数

对于常数，可以通过在表示位宽的数字前面增加一个减号来表示它是一个负数，因为表示大小的常数总是正的。将减号放在基数和数字之间是非法的。对于带符号的算术运算，可以增加一

个可选的带符号说明符来表示负数。举例如下：

```
-6'd3 // 这是一个 6 位的用二进制补码形式存储的十进制数 3，表示负数
-6'sd3 // 这是一个 6 位的用于带符号算术运算的负数
4'd-2 // 非法说明
```

下划线符号和问号

除了第一个字符，下划线 "_" 可以出现在数字中的任何位置，它的作用只是提高可读性，在编译阶段将被忽略掉。

在 Verilog 语言约定的常数表示中，问号 "?" 是 z 的另一种表示。使用问号的目的在于增强 casex 和 casez 语句的可读性。在这两条语句中，"?"（即高阻抗）表示"不必关心"的情况，第 7 章将对此进行介绍（注意，在用户自定义原语 UDP 中，问号代表不同的含义，详见第 12 章）。举例如下：

```
12'b1111_0000_1010 // 用下划线符号来提高可读性
4'b10?? // 相当于 4'b10zz
```

3.1.5　字符串

字符串是由双引号括起来的一个字符队列。对于字符串的限制是，它必须在一行中书写完，不能书写在多行中，即不能包含回车符。Verilog 将字符串当成一个单字节的 ACSII 字符队列。举例如下：

```
"Hello Verilog World" // 是一个字符串
"a / b" // 是一个字符串
```

3.1.6　标识符和关键字

关键字是语言中预留的用于定义语言结构的特殊标识符。Verilog 中的关键字全部小写，附录 C 中列出了 Verilog 中的全部关键字的清单，包括关键字、系统任务和编译指令。

标识符是程序代码中对象的名字，程序员使用标识符来访问对象。Verilog 中的标识符由字母数字字符、下划线（_）和美元符（$）组成。标识符是区分大小写的。Verilog 标识符的第一个字符必须是字母数字字符或下划线，不能以数字或美元符开始。以美元符开始的标识符是为系统函数保留的，我们将在后面的章节中进行介绍。举例如下：

```
reg value; // reg 是关键字；value 是标识符
input clk; // input 是关键字；clk 是标识符
```

3.1.7　转义标识符

转义标识符以反斜线 "\" 开始，以空白符（空格、制表符和换行符）结束。Verilog 将反斜线和空白符之间的字符逐个进行处理。所有的可打印字符均可包含在转义字符中，而反斜线和表示结束的空白符不作为标识符的一部分。举例如下：

```
\a+b-c          // 与 a+b-c 等同
\**my_namc**    // 如果作为标识符则与 **my_name** 等同
```

3.2 数据类型

本节讨论 Verilog 提供的数据类型。

3.2.1 值的种类

Verilog 使用四值逻辑和八种信号强度来对实际的硬件电路建模。四值电平逻辑如表3.1所示。

除了逻辑值，Verilog 还使用强度值来解决数字电路中不同强度的驱动源之间的赋值冲突。逻辑值 0 和 1 可以拥有表 3.2 中列出的强度值。

表 3.1 四值电平逻辑

值 的 级 别	硬件电路中的条件
0	逻辑 0，条件为假
1	逻辑 1，条件为真
x	逻辑值不确定
z	高阻抗，浮动状态

表 3.2 强 度 等 级

强 度 等 级	类 型	程 度
supply	驱动	最强
strong	驱动	
pull	驱动	
large	存储	
weak	驱动	
medium	存储	
small	存储	
highz	高阻抗	最弱

如果两个具有不同强度的信号驱动同一个线网，则竞争结果值为高强度信号的值。例如，如果在两个强度分别为 strong1 和 weak0 的信号之间发生竞争，则结果值服从 strong1；如果两个强度相同的信号之间发生竞争，则结果为不确定值；如果两个强度为 strong1 和 strong0 的信号之间发生竞争，则结果为 x。对于信号竞争、MOS 器件、动态 MOS 和其他底层器件的精确建模，强度等级具有很大的作用。在各种类型的线网中，只有 trireg 类型的线网可以具有存储强度，强度分为 large，medium 和 small 三个等级。有关强度建模的详细内容参见附录 A。

3.2.2 线网

线网（net）表示硬件单元之间的连接。就像在真实的电路中一样，线网由其连接器件的输出端连续驱动。在图 3.1 中，线网 a 连接到与门 g1 的输出端，它将连续地拥有与门 g1 的输出值：b & c。

线网一般使用关键字 wire 进行声明。如果没有显式地说明为向量，则默认线网的位宽为 1。wire 这个术语和 net（线网）经常互换使用。线网的默认值为 z（trireg 类型的线网例外，其默认值为 x）。线网的值由其驱动源确定，如果没有驱动源，则线网的值为 z。举例如下：

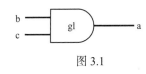

图 3.1

```
wire a; // 声明上面的电路中 a 是 wrie（连线）类型
wire b,c; // 声明上面的电路中 b 和 c 也是 wire（连线）类型
wire d = 1'b0; // 连线 d 在声明时，d 被赋值为逻辑值 0
```

注意，net 并不是一个关键字，它代表了一组数据类型，包括 wire，wand，wor，tri，triand，triort 和 trireg 等，其中 wire 类型的线网声明最为常用，其他类型的线网声明将在附录 A 中讨论。

3.2.3 寄存器

寄存器用来表示存储元件，它保持原有的数值，直到被改写。注意，不要将这里的寄存器与实际电路中由边沿触发的触发器构成的硬件寄存器混淆。在 Verilog 中，术语 register 仅仅意味着一个保存数值的变量。与线网不同，寄存器无须驱动源，而且也不像硬件寄存器那样需要时钟信号。在仿真过程中的任意时刻，寄存器的值都可以通过赋值来改变。

寄存器数据类型一般通过使用关键字 reg 来声明，默认值为 x。寄存器的使用见例 3.1。

例 3.1　寄存器的声明和使用

```
reg reset; // 声明能保持数值的变量 reset
initial // 这个结构将在以后讨论
begin
  reset = 1'b1; // 把 reset 初始化为 1，使数字电路复位
  #100 reset = 1'b0; // 经过 100 个时间单位后，reset 置逻辑 0
end
```

寄存器也可以声明为带符号（signed）类型的变量，这样的寄存器就可以用于带符号的算术运算。例 3.2 给出了带符号寄存器的声明。

例 3.2　带符号寄存器的声明

```
reg signed [63:0] m; // 64 位带符号的值
integer i; // 32 位带符号的值
```

3.2.4　向量

线网和寄存器类型的数据均可以声明为向量（位宽大于 1）。如果在声明中没有指定位宽，则默认为标量（1 位）。举例如下：

```
wire a;// 标量线网变量，默认
wire [7:0] bus;// 8 位的总线

wire [31:0] busA,busB,busC; // 3 条 32 位宽的总线
reg clock;// 标量寄存器，默认
reg [0:40] virtual_addr;// 向量寄存器，41 位宽的虚拟地址
```

向量通过[high# : low#]或[low# : high#]进行说明，方括号中左边的数总是代表向量的最高有效位。在上面的例子中，向量 virtual_addr 的最高有效位是它的第 0 位。

向量域选择

对于上面例子中声明的向量，可以指定它的某一位或若干个相邻位。举例如下：

```
busA[7] // 向量 busA 的第 7 位
bus[2:0] // 向量 bus 的最低 3 位
  // 如果写成 bus[0:2]就是非法的，因为高位应该写在范围说明的左侧
virtual_addr[0:1] // 向量 virtual_addr 的两个最高位
```

可变的向量域选择

除了用常量指定向量域，Verilog HDL 还允许指定可变的向量域选择。这样就使得设计者可以通过 for 循环动态地选取向量的各个域。下面是动态域选择的两个专用操作符：

[<starting_bit>+ : width]: 从起始位开始递增，位宽为 width。

[<starting_bit>− : width]: 从起始位开始递减，位宽为 width。

起始位可以是一个变量，但是位宽必须是一个常量。下面的例子说明了可变的向量域选择的使用方法：

```
reg [255:0] data1; // data1[255]是最高有效位
reg [0:255] data2; // data2[0]是最高有效位
reg [7:0] byte;

// 用变量选择向量的一部分
byte = data1[31-:8]; // 从第 31 位算起，宽度为 8 位，相当于 data1[31:24]
byte = data1[24+:8]; // 从第 24 位算起，宽度为 8 位，相当于 data1[31:24]
byte = data2[31-:8]; // 从第 31 位算起，宽度为 8 位，相当于 data2[24:31]
byte = data2[24+:8]; // 从第 24 位算起，宽度为 8 位，相当于 data2[24:31]


// 超始位可以是变量，但宽度必须是常数。因此可以通过可变域选择，
// 用循环语句选取一个很长的向量的所有位
for (j=0; j<=31; j=j+1)
    byte = data1[(j*8)+:8]; // 次序是[7:0], [15:8]... [255:248]
 // 用于初始化向量的一个域
data1[(byteNum*8)+:8] = 8'b0; // 如果 byteNum = 1，则共有 8 位被清零，[15:8]
```

3.2.5 整数、实数和时间寄存器数据类型

除 reg 类型之外，Verilog 还支持 integer，real 和 time 寄存器数据类型。

整数

整数是一种通用的寄存器数据类型，用于对数量进行操作，使用关键字 integer 进行声明。虽然可以使用 reg 类型的寄存器变量作为通用的变量，但声明一个整数类型的变量来完成计数等功能显然更为方便。整数的默认位宽为宿主机的字的位数，与具体实现有关，但最小应为 32 位。声明为 reg 类型的寄存器变量为无符号数，而整数类型的变量则为有符号数。举例如下：

```
integer counter; // 一般用途的变量，作为计数器
initial
    counter = -1; // 把−1 存储到计数器中
```

实数

实常量和实数寄存器数据类型使用关键字 real 来声明，可以用十进制或科学记数法（例如 3e6 代表 3 000 000）来表示。实数声明不能带有范围，其默认值为 0。如果将一个实数赋给一个整数，则实数将会被取整为最接近的整数。举例如下：

```
real delta; // 定义一个名为 delta 的实型变量
initial
```

```
begin
    delta = 4e10; // delta 被赋值，用科学记数法表示
    delta = 2.13; // delta 被赋值为 2.13
end
integer i; // 定义一个名为 i 的整型变量
initial
    i = delta; // i 得到值 2（2.13 取整数部分）
```

时间寄存器

仿真是按照仿真时间进行的，Verilog 使用一个特殊的时间寄存器数据类型来保存仿真时间。时间变量通过使用关键字 time 来声明，其宽度与具体实现有关，最小为 64 位。通过调用系统函数$time 可以得到当前的仿真时间。举例如下：

```
time save_sim_time; // 定义时间类型的变量 save_sim_time
initial
    save_sim_time = $time; // 把当前的仿真时间记录下来
```

仿真的时间单位为秒，表示为 s，和真实时间的表示方法相同。但是，真实时间和仿真时间的对应关系需要由用户来定义，9.4 节将对此进行讨论。

3.2.6　数组

在 Verilog 中允许声明 reg，integer，time，real，realtime 及其向量类型的数组，对数组的维数没有限制，即可以声明任意维数的数组。线网数组也可用于连接实例的端口，数组中的每个元素都可以作为一个标量或向量，以同样的方式来使用，形如<数组名>[<下标>]。对于多维数组来讲，用户需要说明其每一维的索引。举例如下：

```
integer count[0:7]; // 由 8 个计数变量组成的数组

reg bool[31:0]; // 由 32 个 1 位的布尔（boolean）寄存器变量组成的数组

time chk_point[1:100]; // 由 100 个时间检查变量组成的数组

reg [4:0] port_id[0:7]; // 由 8 个端口标识变量组成的数组，端口变量的位宽为 5

integer matrix[4:0][0:255]; // 二维的整数型数组

reg [63:0] array_4d [15:0][7:0][7:0][255:0]; // 四维 64 位寄存器型数组

wire [7:0] w_array2 [5:0]; // 声明 8 位向量的数组

wire w_array1[7:0][5:0]; // 声明 1 位线型变量的二维数组
```

注意，不要将数组和线网或寄存器向量混淆起来。向量是一个单独的元件，它的位宽为 n；数组由多个元件组成，其中的每个元件的位宽为 n 或 1。

下面的例子显示了对数组元素的赋值：

```
count[5] = 0; // 把 count 数组中的第 5 个整数型单元（32 位）复位
chk_point[100] = 0; // 把 chk_point 数组中的第 100 个时间型单元（64 位）复位
port_id[3] = 0; // 把 port_id 数组中的第 3 个寄存器型单元（5 位）复位
```

```
matrix[1][0] = 33559; // 把数组中第 1 行第 0 列的整数型单元（32 位）置为 33559
array_4d[0][0][0][0][15:0] = 0; // 把四维数组中索引号为[0][0][0][0]的寄存器型单元
                                // 的 0~15 位都置为 0

port_id = 0; // 非法，企图写整个数组
matrix [1] = 0; // 非法，企图写数组的整个第 2 行，即从 matrix[1][0]直到 matrix[1][255]
```

3.2.7 存储器

在数字电路仿真中，人们常常需要对寄存器文件，RAM 和 ROM 建模。在 Verilog 中，使用寄存器的一维数组来表示存储器。数组的每个元素称为一个元素或一个字（word），由一个数组索引来指定，每个字的位宽为 1 位或多位。注意，n 个 1 位寄存器和一个 n 位寄存器是不同的。如果需要访问存储器中的一个特定的字，则可以通过将字的地址作为数组的下标来完成。

```
reg mem1bit[0:1023]; // 1 K 的 1 位存储器 mem1bit
reg [7:0] membyte[0:1023]; // 1 K 的字节（8 位）存储器 membyte
membyte[511] // 取出存储器 membyte 中地址 511 处所存的字节
```

3.2.8 参数

Verilog 允许使用关键字 parameter 在模块内定义常数。参数代表常数，不能像变量那样赋值，但每个模块实例的参数值可在编译阶段被重载。通过参数重载使得用户可以对模块实例进行定制，后面的章节还将对此进行讨论。除此之外，还可以对参数的类型和范围进行定义。举例如下：

```
parameter port_id = 5; // 定义常数 port_id 为 5
parameter cache_line_width = 256; // 定义高速缓冲器总线宽度为常数 256
parameter signed [15:0] WIDTH; // 把参数 WIDTH 规定为有正负号，宽度为 16 位
```

通过使用参数，用户可以更加灵活地对模块进行说明。用户不但可以根据参数来定义模块，还可以方便地通过参数值重定义来改变模块的行为：通过模块实例化或使用 defparam 语句改变参数值。第 9 章将对此进行讨论。在参数定义时需要注意避免使用硬编码。

Verilog 中的局部参数使用关键字 localparam 来定义，其作用等同于参数，区别在于它的值不能改变，不能通过参数重载语句（defparam）或通过有序参数列表或命名参数赋值来直接修改。例如，状态机的状态编码不能更改，为了避免被意外地更改，应当将其定义为局部参数。举例如下：

```
localparam state1 = 4'b0001,
           state2 = 4'b0010,
           state3 = 4'b0100,
           state4 = 4'b1000;
```

3.2.9 字符串

字符串保存在 reg 类型的变量中，每个字符占用 8 位（即 1 字节），因此寄存器变量的宽度应该足够大，以保证容纳全部字符。如果寄存器变量的宽度大于字符串的大小（位），则 Verilog 使用 0 来填充左边的空余位；如果寄存器变量的宽度小于字符串的大小（位），则 Verilog 截去字符串最左边的位。因此，在声明保存字符串的 reg 变量时，其位宽应当比字符串的位长稍大。举例如下：

```
reg [8*18:1] string_value; // 声明变量 string_value，其宽度为 18 字节
initial
    string_value = "Hello Verilog World"; // 字符串可以存储在变量中
```

有一些特殊字符在显示字符串时具有特定的意义，例如换行符、制表符和显示参数的值。如果需要在字符串中显示这些特殊的字符，则必须加前缀转义字符，如表 3.3 所示。

表 3.3　特 殊 字 符

转 义 字 符	显示的字符
\n	换行
\t	tab（制表空格）
%%	%
\\	\
\"	"
\ooo	1 到 3 个八进制数字字符

3.3　系统任务和编译指令

本节介绍 Verilog 中的两个特殊概念：系统任务和编译指令。

3.3.1　系统任务

Verilog 为某些常用操作提供了标准的系统任务（也称系统函数），这些操作包括屏幕显示、线网值动态监视、暂停和结束仿真等。所有的系统任务都具有$<keyword>的形式。这里只介绍那些最常用的系统任务，其他的系统任务详见仿真器销售商提供的 Verilog 手册或 *IEEE Standard Verilog Hardware Description Language* 文档。

显示信息

$display 是用于显示变量、字符串或表达式的主要系统任务，是 Verilog 中最常用的系统任务之一。

用法：$display ($p1, p2, p3, \cdots, pn$)；

$p1, p2, p3, \cdots, pn$ 是双引号括起来的字符串、变量或者表达式，它的格式类似于 C 语言中的 printf 函数。$display 会自动在字符串的结尾处插入一个换行符，因此如果参数列表为空，则 $display 的效果是显示光标移到下一行。

用户可以根据表 3.4 中的说明对字符串进行格式化，更多的细节可以在 *IEEE Standard Verilog Hardware Description Language* 文档中找到。

例 3.3 给出了使用$display 的一些例子。如果在变量中含有 x 或 z，则它们以字符串"x"或"z"的形式显示出来。

例 3.3　系统任务$display

```
// 显示小括号中的字符串
$display("Hello Verilog World");
-- Hello Verilog World

// 显示当前的仿真时间 230
$display($time);
-- 230

// 在时间为 200 的时刻，显示 41 位虚拟地址 1fe0000001c
reg [0:40] virtual_addr;
```

```
$display("At time %d virtual address is %h", $time, virtual_addr);
-- At time 200 virtual address is 1fe0000001c

// 用二进制数显示 port_id 5
$display("ID of the port is %b", port_id);
-- ID of the port is 00101

// 显示 x 字符
// 用二进制数显示 4 位总线 bus 的信号值 10xx
reg [3:0] bus;
$display("Bus value is %b", bus);
-- Bus value is 10xx

// 在名为 top 的最高层模块中显示在该层被调用的实例 p1 的层次名
$display("This string is displayed from %m level of hierarchy");
-- This string is displayed from top.p1 level of hierarchy
```

表 3.4　字符串格式说明

格　式	显　示
%d 或%D	用十进制显示变量
%b 或%B	用二进制显示变量
%s 或%S	显示字符串
%h 或%H	用十六进制显示变量
%c 或%C	显示 ASCII 字符
%m 或%M	显示层次名
%v 或%V	显示强度
%o 或%O	用八进制显示变量
%t 或%T	显示当前时间格式
%e 或%E	用科学记数法格式显示实数（如 3e10）
%f 或%F	用十进制浮点数格式显示实数
%g 或%G	用科学记数法或十进制格式显示实数,显示较短的格式

3.2.9 节将讨论特殊字符的显示问题。例 3.4 示例了字符串中特殊字符的显示。

例 3.4　特殊字符的显示

```
// 显示特殊字符: 换行和%号
$display("This is a \n multiline string with a %% sign");
-- This is a
-- multiline string with a % sign

// 显示其他的特殊字符
```

监视信息

系统函数$monitor，Verilog 为用户提供了对信号值变化进行动态监视的手段，其用法如下：

用法：$monitor (*p1, p2, p3,…, pn*) ;

参数 *p1, p2, p3,…, pn* 可以是变量、信号名或双引号括起来的字符串，其格式与$display 的参数格式相同。系统函数$monitor 对其参数列表中的变量值或信号值进行不间断的监视，当其中任何一个发生变化的时候，显示所有参数的数值。$monitor 只需调用一次即可在整个仿真过程中生效，这一点与$display 不同。

　　由于$monitor 在整个仿真过程中有效，因此在任意仿真时刻只有一个监视列表有效；如果用户在源描述中调用了多个$monitor，则只有最后一次调用生效，前面的调用被覆盖。

　　除$monitor 之外，Verilog 还提供了两个用于控制监视的系统任务：$monitoron 和$monitoroff。

　　用法： $monitoron;

　　　　　　$monitoroff;

　　在仿真开始时，仿真器的默认状态是允许监视，用户可以通过使用$monitoron 和$monitoroff 来控制监视的执行：调用$monitoroff 暂停监视；调用$monitoron 允许监视任务的执行。例 3.5 给出了监视语句的例子，在$monitor 中使用了系统函数$time 来取得系统仿真时间。

例 3.5　监视语句

```
// 监视时钟和复位信号的时间和值
// 时钟每 5 个时间单位翻转一次，复位信号 10 个时间单位后变低
initial
begin
    $monitor($time,
                " Value of signals clock = %b reset = %b", clock,reset);
end

// 监视语句的部分输出：
-- 0 Value of signals clock - 0 reset = 1
-- 5 Value of signals clock = 1 reset = 1
-- 10 Value of signals clock = 0 reset = 0
```

暂停和结束仿真

系统任务$stop 用于暂停仿真。

　　用法： $stop;

$stop 使仿真进入一种交互模式，设计者可以在此模式下对设计进行调试。当设计者想要暂停仿真来检查信号的值时，可以使用这个系统函数。

　　系统任务$finish 用于结束仿真。

　　用法： $finish;

　　例 3.6 给出了调用系统函数$stop 和$finish 的例子。

例 3.6　调用时间单位任务$stop 和$finish

```
// 在仿真时刻为 100 个时间单位时暂停仿真，检查运行结果
// 在仿真时刻为 1000 个时间单位时结束仿真
initial // to be explained later. time = 0
begin
clock = 0;
```

```
reset = 1;
#100 $stop; // 在仿真时刻为 100 个时间单位时，暂停仿真
#900 $finish; // 在仿真时刻为 1000 个时间单位时，终止仿真
end
```

3.3.2　编译指令

Verilog 提供了一些编译指令供用户使用，其使用方式为`<keyword>。这里只对两种最常用的编译指令进行介绍。

`define

编译指令`define 用于定义 Verilog 中的文本宏（见例 3.7）。在编译阶段，当编译器遇到`<宏名>时，使用预定义的文本宏进行替换，它类似于 C 语言中的#define 结构。在使用预定义的常数或文本宏时，在宏名前加上前缀号 "`"[①]。

例 3.7　编译指令`define

```
// 规定字长的文本宏
// 在代码中用 `WORD_SIZE 表示
`define WORD_SIZE 32

// 定义别名，可以用 `S 来代替 $stop ;
`define S $stop;

// 定义经常使用的字符串
`define WORD_REG reg [31:0]
// 就可以用 `WORD_REG  reg32 来定义一个 32 位寄存器变量
```

`include

使用`include 可在编译期间将一个 Verilog 源文件包含在另一个 Verilog 文件中，作用类似于 C 语言中的# include 结构。该指令通常用于将内含全局或公用定义的头文件包含在设计文件中（见例 3.8）。

例 3.8　编译指令`include

```
// 包含 header.v 文件，在该文件中有主 Verilog 文件 design.v 需要的内容

`include header.v // 译者注：原文错，文件名两边忘了加双引号
…
…
<design.v 文件中的 Verilog 代码>
…
…
```

经常用到的另外两条编译指令是`ifdef 和`timescale，第 9 章将对它们进行讨论。

3.4　小结

本章对 Verilog 中的一些基本概念进行了讨论，深入理解这些概念将为后续章节的学习提供必要的基础。

---

① 注意，该符号不是单引号，而是主键盘左上角附近的撇号。——译者注

- 在语法上，Verilog 与 C 语言十分相似；具有 C 语言基础的硬件设计者会发现 Verilog 学习起来很容易。
- 详细讨论了 Verilog 关于操作符、注释、空白符、数字、字符串和标识符的词法约定。
- Verilog 预定义了各种数据类型，包括线网、寄存器、向量、数字、仿真时间、数组、存储器、参数和字符串。在 Verilog 中采用四值逻辑，此外每个值还可以具有不同的强度等级。使用这些数据类型可以很精确地表示硬件中的各种元件。
- Verilog 为用户提供了诸如显示、监视、暂停和结束仿真等有用的系统任务。
- 编译指令 `define 用于定义文本宏，`include 用于将其他 Verilog 源文件包含在该文件中。

3.5 习题

1. 试写出以下数字：

    a. 将十进制数 123 用 8 位二进制数表示出来，使用 "_" 增加可读性；

    b. 未知的 16 位十六进制数，各位均为 x；

    c. 将十进制数–2 使用 4 位二进制数表示出来，并写出结果的 2 的补码形式；

    d. 一个无位宽说明的十六进制数 1234。

2. 下面的各个字符串是否合法？如果非法，请写出正确答案。

    a. "This is a string displaying the % sign"

    b. "out =in1 +in2 "

    c. "Please ring a bell \007"

    d. "This is a backslash \character\n"

3. 下面的各个标识符是否合法？

    a. system1   b. 1reg   c. $latch   d. exec$

4. 声明下面的 Verilog 变量：

    a. 一个名为 a_in 的 8 位向量线网；

    b. 一个名为 address 的 32 位寄存器，第 31 位为最高有效位；将此寄存器的值设置为十进制数 3；

    c. 一个名为 count 的整数；

    d. 一个名为 snap_shot 的时间变量；

    e. 一个名为 delays 的数组，该数组中包含 20 个 integer 类型的元素；

    f. 含有 256 个字的存储器 MEM，每个字的字长为 64 位；

    g. 一个值为 512 的参数 cache_size。

5. 下面各条语句的输出结果是什么？

    a. latch = 4'd12 ;

         $display ("The current value of latch = %b\n", latch) ;

    b. in_reg = 3'd2 ;

         $monitor ($time, "In register value = %b\n", in_reg[2:0]) ;

    c. `define MEM_SIZE 1024

         $display ("The maximum memory size is %h", `MEM_SIZE) ;

第 4 章　模块和端口

前面的章节对 Verilog 中的基础内容，如层次建模、基本约定和语法结构等有了一定的理解。本章将从 Verilog 的角度对模块和端口做进一步的讨论。

学习目标

- 说明 Verilog 模块定义中的各个组成部分，例如模块名、端口列表、参数、变量声明、数据流描述语句、行为语句、调用（实例引用）其他模块以及任务和函数等。
- 理解如何定义模块的端口列表以及在 Verilog 中如何声明。
- 讲述模块实例的端口连接规则。
- 理解如何通过有序列表和名字将端口与外部信号相连。
- 解释对 Verilog 标识符的层次引用。

4.1　模块

通过对第 2 章的学习，我们知道了模块是设计中的基本功能块；在忽略模块实现的同时，重点讨论了如何对模块进行定义和调用（实例引用）。本章将对模块的内部实现做深入的分析。

一个 Verilog 模块由多个不同的部分组成，如图 4.1 所示。

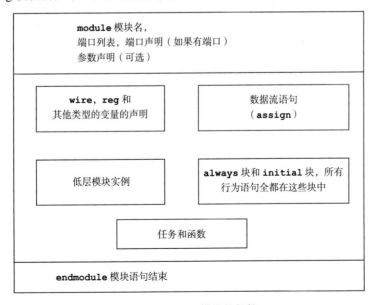

图 4.1　Verilog 模块的部件

模块定义以关键字 module 开始，模块名、端口列表、端口声明和可选的参数声明必须出现在其他部分的前面，endmodule 语句必须为模块的最后一条语句。端口是模块与外部环境交互的通道，只有在模块有端口的情况下才需要有端口列表和端口声明。模块内部的 5 个组成部分是：**变量声明、数据流语句、低层模块实例、行为语句块以及任务和函数**。这些部分可以在模块中的任意位置，以任意顺序出现。在模块的所有组成部分中，只有 module、模块名和 endmodule 必须出现，其他部分都是可选的，用户可以根据设计的需要随意选用。在一个 Verilog 源文件中可以定义多个模块，Verilog 对模块的排列顺序没有要求。

为了理解模块的各个组成部分，下面以 SR 锁存器为例进行详细说明，如图 4.2 所示。

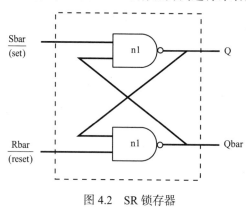

图 4.2　SR 锁存器

SR 锁存器有两个输入端口 S 和 R 以及两个输出端口，SR 锁存器及其激励的 Verilog 描述如例 4.1 所示。

从例 4.1 中可注意到以下几个特点：

- 在 SR 锁存器的描述中，图 4.1 中显示的各组成部分并未全部出现，例如变量声明、数据流（assign）语句和行为语句块（always 和 initial 结构）；
- 在 SR 锁存器的激励模块中包括了模块名、线网/寄存器/变量声明、低层模块实例、行为语句块和 endmodule 语句，但是没有包括端口列表、端口声明和数据流（assign）语句；
- 除了 module 和 endmodule 这一对关键字以及模块名，其他部分都是可选的，可以根据设计需要混合使用。

例 4.1　SR 锁存器的构成

```
// 本例说明模块的构成部件

// 模块名和端口列表
// SR 锁存器模块
module SR_latch(Q, Qbar, Sbar, Rbar);

// 端口声明
output Q, Qbar;
input Sbar, Rbar;

// 调用（实例引用）较低层次的模块
// 本例中调用（实例引用）的是 Verilog 原语部件 nand，即与非门
// 注意它们之间互相交叉连接的情况
nand n1(Q, Sbar, Qbar);
```

```
    nand n2(Qbar, Rbar, Q);

    // 模块语句结束
    endmodule

    // 模块名和端口列表
    // 测试激励信号模块
    module Top;

    // 声明 wire, reg 和其他类型的变量
    wire q, qbar;
    reg set, reset;

    // 调用（实例引用）较低层次的模块
    // 本模块中调用（实例引用）的是 SR_latch
    SR_latch m1(q, qbar, ~set, ~reset);

    // 行为模块，初始化
    initial
    begin
      $monitor($time, " set = %b, reset= %b, q= %b\n",set,reset,q);
      set = 0; reset = 0;
      #5 reset = 1;
      #5 reset = 0;
      #5 set = 1;
    end

    // 模块语句结束
    endmodule
```

4.2　端口

端口是模块与外界环境交互的接口，例如 IC 芯片的输入、输出引脚就是它的端口。对于外部环境来讲，模块内部是不可见的，对模块的调用（实例引用）只能通过其端口进行。这种特点为设计者提供了很大的灵活性：只要接口保持不变，模块内部的修改并不会影响到外部环境。端口也常称为**终端**（terminal）。

4.2.1　端口列表

在模块的定义中包括一个可选的端口列表。如果模块和外部环境没有交换任何信号，则可以没有端口列表。考虑一个在顶层模块 Top 中被调用（实例引用）的四位加法器，图 4.3 显示了输入/输出端口的示意图。

在图 4.3 中，Top 是一个顶层模块，在其中调用（实例引用）了模块 fulladd4。模块 fulladd4 从端口 a，b 和 c_in 读入数据，将结果从 sum 和 c_out 端口送出，这样它就可以作为加法器被外界调用（实例引用）。模块 Top 的作用是作为仿真中的顶层模块，调用（实例引用）设计模块。它无须和周围环境交换信息，因此没有端口列表。两个模块定义中的模块名和端口列表如例 4.2 所示。

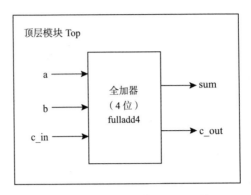

图 4.3　全加器和顶层模块的 I/O 端口

例 4.2　端口列表

```
module fulladd4(sum, c_out, a, b, c_in); // 有端口列表的模块
module Top; // 没有端口列表的模块，仿真用顶层模块
```

4.2.2　端口声明

端口列表中的所有端口必须在模块中进行声明，Verilog 中的端口具有以下三种类型：

根据端口信号的方向，端口具有三种类型：输入、输出和输入/输出。因此，例 4.2 中的模块 fulladd4 的端口声明如例 4.3 所示。

Verilog 关键字	端 口 类 型
input	输入端口
output	输出端口
inout	输入/输出双向端口

例 4.3　端口声明

```
module fulladd4(sum, c_out, a, b, c_in);

// 端口声明开始
output [3:0] sum;
output c_cout;

input [3:0] a, b;
input c_in;
// 端口声明结束
...
<模块的内容>
...
endmodule
```

在 Verilog 中，所有的端口隐含地声明为 wire 类型，因此如果希望端口具有 wire 数据类型，则将其声明为三种类型之一即可；如果输出类型的端口需要保存数值，则必须将其显式地声明为 reg 数据类型。在下面的例 4.4 中，DFF 触发器模块的输出端口 q 需要保持它的值，直到下一个时钟边沿，其端口声明如例 4.4 所示。

例 4.4　DFF 模块的端口声明

```
module DFF(q, d, clk, reset);
output q;
reg q;  // 输出端口 q 保持值, 因此它被声明为寄存器类型 ( reg ) 的变量
input d, clk, reset;
…
…
endmodule
```

不能将 input 和 inout 类型的端口声明为 reg 数据类型, 这是因为 reg 类型的变量是用于保存数值的, 而输入端口只反映与其相连的外部信号的变化, 并不能保存这些信号的值。

注意, 在 Verilog 中, 也可以使用 ANSI C 风格进行端口声明。例 4.5 使用这种风格重新定义了例 4.3 中的 fulladd4 模块。端口列表中的每个端口声明都给出了端口的完整信息。这种风格的声明的优点是避免了端口名在端口列表和端口声明语句中的重复。如果声明中未指明端口的数据类型, 则默认端口具有 wire 数据类型。

例 4.5　ANSI C 风格的端口声明

```
module fulladd4(output reg [3:0] sum,
                output reg c_out,
                input [3:0] a, b, // 默认类型为 wire
                input c_in); // 默认类型为 wire
…
<模块的内容>
…
endmodule
```

4.2.3　端口连接规则

我们可以将一个端口看成由相互连接的两个部分组成, 一部分位于模块的内部, 另一部分位于模块的外部。当在一个模块中调用 (实例引用) 另一个模块时, 端口之间的连接必须遵守一些规则。如果违反了这些规则, 则 Verilog 仿真器会报错。在图 4.4 中对这些规则进行了总结。

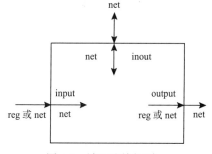

图 4.4　端口连接规则

输入端口

从模块内部来讲, 输入端口必须为线网数据类型; 从模块外部来看, 输入端口可以连接到线网或 reg 数据类型的变量。

输出端口

从模块内部来讲, 输出端口可以是线网或 reg 数据类型; 从模块外部来看, 输出必须连接到线网类型的变量, 而不能连接到 reg 类型的变量。

输入/输出端口

从模块内部来讲, 输入/输出端口必须为线网数据类型; 从模块外部来看, 输入/输出端口也

必须连接到线网类型的变量。

位宽匹配

在对模块进行调用（实例引用）的时候，Verilog 允许端口的内、外两个部分具有不同的位宽。在一般情况下，Verilog 仿真器会对此给予警告。

未连接端口

Verilog 允许模块实例的端口保持未连接的状态。例如，如果模块的某些输出端口只用于调试，那么这些端口可以不与外部信号连接。例如下面的模块调用（实例引用）方法，让其中一个端口不与其他模块连接。举例如下：

```
fulladd4 fa0(SUM, , A, B, C_IN); // 输出端口 c_out 没有连接
```

非法端口连接举例

下面以例 4.3 中的模块 fulladd4 在测试激励块 Top 中的调用（实例引用）为例，来说明端口的连接规则。例 4.6 给出了一个非法端口连接的例子。

例 4.6　非法端口连接

```
module Top;

// 声明连接变量
reg [3:0]A,B;
reg C_IN;
reg [3:0] SUM;
wire C_OUT;

    // 调用（实例引用）fulladd4，在本模块中把它命名为 fa0
    fulladd4 fa0(SUM, C_OUT, A, B, C_IN);

    // 非法连接，因为 fulladd4 模块中的输出端口 sum 被连接到 Top 模块中的寄存器变量 SUM 上

    ...
    ...
    <测试激励>
    ...
    ...
endmodule
```

在这个例子中，如果把 SUM 变量声明为 wire 类型，则这种连接是正确的。

4.2.4　端口与外部信号的连接

在对模块调用（实例引用）的时候，可以使用两种方法将模块定义的端口与外部环境中的信号连接起来：按顺序连接以及按名字连接。但是，这两种方法不能混合在一起使用。下文将详细讨论这两种方法。

顺序端口连接

对于初学者，按照顺序进行端口连接是很直观的方法。在这种方法中，需要连接到模块实例的信号必须与模块声明时目标端口在端口列表中的位置保持一致。下面再以例 4.3 中定义的模块

fulladd4 为例对这种连接方法进行说明。例 4.7 给出了在模块 Top 中按顺序连接调用（实例引用）模块 fulladd4 的 Verilog 代码。可以注意到，模块 fulladd4 的外部信号 SUM，C_OUT，A，B 和 C_IN 和其定义端口列表中的 sum，c_out，a，b 和 c_in 具有完全一致的顺序。

例 4.7 顺序端口连接

```
module Top;

// 声明连接变量
reg [3:0]A,B;
reg C_IN;
wire [3:0] SUM;
wire C_OUT;

    // 调用（实例引用）fulladd4, 在本模块中把它命名为 fa_ordered
    // 信号按照端口列表中的次序连接
    fulladd4 fa_ordered(SUM, C_OUT, A, B, C_IN);
    ...
    <测试激励>
    ...
endmodule


module fulladd4(sum, c_out, a, b, c_in);
output[3:0] sum;
output c_cout;
input [3:0] a, b;
input c_in;
    ...
    <模块的内容>
    ...
endmodule
```

命名端口连接

在大型的设计中，模块可能具有很多个端口。在这种情况下，要记住端口在端口列表中的顺序是很困难的，而且很容易出错。因此，Verilog 提供了另一种端口连接方法：命名端口连接。顾名思义，在这种方法中端口和相应的外部信号按照其名字进行连接，而不是按照位置。使用这种方法调用（实例引用）模块 fulladd4 的 Verilog 程序代码如下所示。从代码中可以看到，端口连接可以以任意顺序出现，只要保证端口和外部信号的正确匹配即可。举例如下：

```
// 调用（实例引用）以 fa_byname 命名的全加器模块 fulladd4, 通过端口名与外部信号连接
fulladd4 fa_byname(.c_out(C_OUT), .sum(SUM), .b(B), .c_in(C_IN), .a(A),);
```

注意，在这种连接方法中，需要与外部信号连接的端口必须用名字进行说明，而无须连接的端口简单地忽略掉即可。例如，如果端口 c_out 需要悬空，则 Verilog 程序代码如下所示。注意，在端口连接列表中端口 c_out 被忽略。

```
// 调用（实例引用）以 fa_byname 命名的全加器模块 fulladd4, 通过端口名与外部信号连接
fulladd4 fa_byname(.sum(SUM), .b(B), .c_in(C_IN), .a(A),);
```

相对于顺序端口连接，命名端口连接的另一个优点是，只要端口的名字不变，即使模块端口列表中端口的顺序发生了变化，模块实例的端口连接也无须进行调整。

4.3　层次命名

前面讲述了如何使用 Verilog 进行层次化设计。每一个模块实例、信号或变量都使用一个标识符进行定义；在整个设计层次中，每个标识符都具有唯一的位置。层次命名允许设计者在整个设计中通过唯一的名字表示每个标识符。层次名由一连串使用“.”分隔的标识符组成，每个标识符代表一个层次，这样设计者就可以在设计中的任何地方通过指定完整的层次名对每个标识符进行访问。

我们将设计中的顶层模块称为“根模块”，它不能被其他模块所调用（实例引用），它是整个设计层次的起点。从这个起点出发，可以沿着层次路径找到设计中的每个标识符。为了更好地说明这一点，考虑例 4.1 中 SR 锁存器的仿真情况。设计层次显示在图 4.5 中。

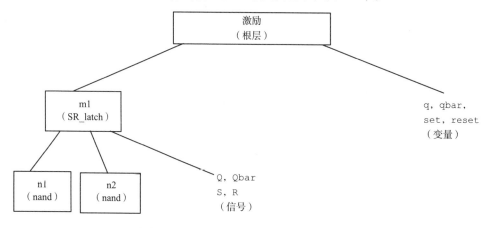

图 4.5　SR 锁存器仿真的设计层次

在这个例子中，stimulus 是顶层模块，它不能在其他模块中被调用（实例引用），因此是设计层次的根。在 stimulus 中定义的标识符包括 q，qbar，set 和 reset，并且调用（实例引用）了模块 SR_latch（实例名为 m1）。在实例 m1 中调用（实例引用）了预定义的 nand（实例名为 n1 和 n2），其中定义的端口信号为 Q，Qbar，S 和 R。层次名引用对每个标识符赋予一个唯一的名字，这个名字由根模块名以及其中的模块实例名次序组成。例 4.8 中给出了所有标识符的层次名，各个层次之间由一个“.”分隔。

例 4.8　层次名

```
stimulus                      stimulus.q
stimulus.qbar                 stimulus.set
stimulus.reset                stimulus.m1
stimulus.m1.Q                 stimulus.m1.Qbar
stimulus.m1.S                 stimulus.m1.R
stimulus.n1                   stimulus.n2
```

通过使用层次路径名，可以唯一地指明设计中的每个标识符。如果需要显示层次，则用户可以在系统任务 $display 中使用特殊字符%m，有关内容详见表 3.4。

4.4　小结

本章讨论了以下各方面的内容。

- 模块定义包括多个组成部分。关键字 module 和 endmodule 是必须使用的。其他各个部分，诸如端口列表、端口声明、变量和信号声明、数据流语句、行为语句块、低层模块实例以及任务和函数都是可选的，由用户根据需要进行添加。
- 端口是模块与其他模块或外部环境通信的渠道。模块可以具有一个端口列表，其中的每个端口必须在模块中声明为输入、输出或输入/输出三种类型之一。在对模块进行调用（实例引用）的时候，必须遵守有关端口连接的规则。ANSI C 风格的端口声明将端口声明嵌入端口列表中。
- 端口的连接方法有两种：顺序连接和命名连接。
- 设计中的每个标识符都具有唯一的层次名，它使得用户可以在设计中的任何位置访问设计中的每个标识符。

4.5　习题

1. 模块的基本组成部分有哪些？哪几部分必须出现？
2. 一个不与外部环境交互的模块是否有端口？模块定义中是否有端口列表？
3. 一个 4 位并行移位寄存器的 I/O 引脚如下图所示。写出模块 shift_reg 的定义，只需写出端口列表和端口定义，不必写出模块的内部结构。

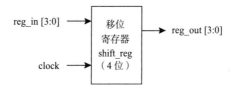

4. 定义一个顶层模块 stimulus，在其中声明 reg 变量 REG_IN（4 位）和 CLK（1 位）以及 wire 变量 REG_OUT（4 位）。在其中调用（实例引用）模块 shift_reg，实例名为 sr1，使用顺序端口连接。
5. 将上题的端口连接方法改为命名连接。
6. 写出 REG_IN，CLK 和 REG_OUT 的层次名。
7. 写出模块实例 sr1 及其端口 clock 和 reg_in 的层次名。

第 5 章 门 级 建 模

前面的章节讨论了设计方法学、基本词法约定和语法结构、模块以及端口，为使用 Verilog 进行设计打下了必要的基础。本章将进一步学习如何使用 Verilog 对实际的硬件电路建模。

我们知道，Verilog 语言可以从四个不同的抽象层次来描述硬件电路。本章将讨论如何在低级抽象层次（即门级）上进行设计。当前的数字电路设计，绝大多数都是建立在门级或更高的抽象层次上的。在门级抽象层次上，电路是用表示门的术语来描述的，如用 and（与门），nand（与非门）等来描述。这种设计方法对于具有数字逻辑设计基础知识的用户来说是很直观的，在 Verilog 描述和电路的逻辑图之间存在着一一对应的关系。本章先从学习如何从门级抽象的角度来设计电路开始，然后再在后面的章节中继续学习如何在更高抽象层次上进行设计。

实际上，电路设计的最低抽象层次是开关级（晶体管级）。随着设计复杂度的增加，现在几乎不再有设计师以开关级作为出发点对电路建模，因此将**开关级建模**推迟到第 11 章中讨论。

学习目标

- 学习 Verilog 提供的门级原语。
- 理解门的实例引用、门的符号以及 and/or，buf/not 类型的门的真值表。
- 学习如何根据电路的逻辑图来生成 Verilog 描述。
- 讲述门级设计中的上升、下降和关断延迟。
- 解释门级设计中的最小、最大和典型延迟。

5.1 门的类型

逻辑电路可以使用逻辑门来设计。Verilog 语言通过提供预定义的逻辑门原语来支持用户使用逻辑门设计电路。调用（实例引用）这些门级原语与调用（实例引用）自己定义的模块相同，两者的区别仅仅在于门级原语是预定义的，可以直接使用而无须声明。基本的逻辑门分为两类：（1）与/或门类（and/or）；（2）缓冲器/非门类（buf/not）。我们可以使用它们来设计任何逻辑电路。

5.1.1 与门（and）和或门（or）

与门（and）、或门（or）都具有一个标量输出端和多个标量输入端。门的端口列表中的第一个端口必定是输出（端口），其后为输入端口。当任意一个输入端口的值发生变化时，输出端的值立即重新计算。Verilog 语言中可以使用的属于与/或门类的其他门的术语包括：

and	or	xor
nand	nor	xnor

这些门对应的逻辑符号如图 5.1 所示，在这里只列举了双输入的情形。输出端口用 out 表示，输入端口用 i1 和 i2 表示。

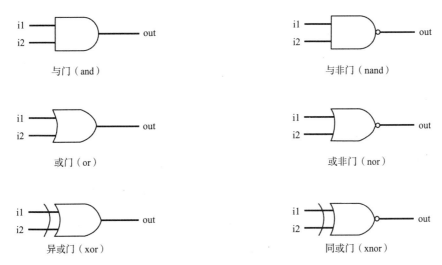

图 5.1　基本门的逻辑图符

在 Verilog 语言中，可以调用（实例引用）这些逻辑门来构造逻辑电路。下面的例子说明了如何编写门实例引用的模块。在例 5.1 中，所有门实例的输出端口（out）都被连接到 OUT，两个输入端口（i1 和 i2）则被连接到 IN1 和 IN2。注意，在门级原语实例引用的时候，可以不指定具体实例的名字，这一点为设计师编写需要实例引用几百个门的模块提供了方便。

在门的实例引用中，输入端口的数目可以超过两个，这时只需将输入端口全部排列在端口列表中即可（见例 5.1），Verilog 会根据输入端口的数目自动选择引用合适的逻辑门。

例 5.1　与门/或门的实例引用

```
wire OUT, IN1, IN2;

// 基本门的实例引用
and a1(OUT, IN1, IN2);
nand na1(OUT, IN1, IN2);
or or1(OUT, IN1, IN2);
nor nor1(OUT, IN1, IN2);
xor x1(OUT, IN1, IN2);
xnor nx1(OUT, IN1, IN2);

// 输入端超过两个；三输入端的与非门
nand na1_3inp(OUT, IN1, IN2, IN3);

// 实例引用门时，不给实例命名
and (OUT, IN1, IN2); // 合法的门实例引用
```

表 5.1 给出了 and/or 类型的门在两输入情形下的真值表，通过真值表可以确定输入与输出之间的逻辑关系。如果输入端口多于两个，则可以通过重复地使用两输入真值表来计算输出端口的值。

表 5.1 基本门的真值表

and	i1 0	1	x	z		nand	i1 0	1	x	z
0	0	0	0	0		0	1	1	1	1
1	0	1	x	x		1	1	0	x	x
i2 x	0	x	x	x		i2 x	1	x	x	x
z	0	x	x	x		z	1	x	x	x

or	i1 0	1	x	z		nor	i1 0	1	x	z
0	0	1	x	x		0	1	0	x	x
1	1	1	1	1		1	0	0	0	0
i2 x	x	1	x	x		i2 x	x	0	x	x
z	x	1	x	x		z	x	0	x	x

xor	i1 0	1	x	z		xnor	i1 0	1	x	z
0	0	1	x	x		0	1	0	x	x
1	1	0	x	x		1	0	1	x	x
i2 x	x	x	x	x		i2 x	x	x	x	x
z	x	x	x	x		z	x	x	x	x

5.1.2 缓冲器/非门

与 and/or 门相反，buf/not 门具有一个标量输入和多个标量输出。端口列表中的最后一个终端连接至输入端口，其他终端连接至输出端口。这里只讨论具有一个输入和一个输出的 buf/not 门，对于具有多个输出端的 buf/not 门，所有输出端的值都是相同的。

Verilog 提供了两种基本的门：缓冲器（buf）/非门（not）的原语：

```
buf          not
```

它们的逻辑符号如图 5.2 所示。

图 5.2 缓冲器和非门

在 Verilog 中如何调用（实例引用）这些门，见例 5.2。注意，buf 和 not 门可以具有多个输出端口，但只能具有一个输入端口，这个输入端口必须是实例端口列表的最后一个。

例 5.2 缓冲器/非门的门级调用（实例引用）

```
// 基本门的实例引用
buf b1(OUT1, IN);
not n1(OUT1, IN);

// 输出端多于两个
buf b1_2out(OUT1, OUT2, IN);

// 实例引用门时，不给实例命名
not (OUT1, IN); // 合法的门实例引用
```

表 5.2 给出了具有一个输入和一个输出的 buf/not 门的真值表，从表中可以看到输入和输出之间的对应关系是非常简单的。

表 5.2 缓冲器/非门的真值表

buf	in	out		not	in	out
	0	0			0	1
	1	1			1	0
	x	x			x	x
	z	x			z	x

带控制端的缓冲器/非门（bufif/notif）

除 buf 和 not 门之外，Verilog 还提供了其他 4 个带有控制信号端口的 buf/not 门：

```
bufif1          notif1
bufif0          notif0
```

这四种类型的门只有在控制信号有效的情况下才能传递数据；如果控制信号无效，则输出为高阻抗 z。这些门的逻辑符号如图 5.3 所示。

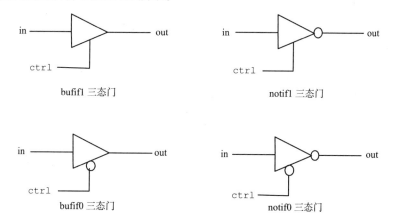

图 5.3 三态门 bufif 和 notif

这些门的真值表在表 5.3 中给出。具体调用的例子见例 5.3。

表 5.3　三态门 bufif / notif 门的真值表

bufif1	ctrl					bufif0	ctrl			
	0	1	x	z			0	1	x	z
0	z	0	L	L		0	0	z	L	L
1	z	1	H	H		1	1	z	H	H
in　x	z	x	x	x		in　x	x	z	x	x
z	z	x	x	x		z	x	z	x	x

notif1	ctrl					notif0	ctrl			
	0	1	x	z			0	1	x	z
0	z	1	H	H		0	1	z	H	H
1	z	0	L	L		1	0	z	L	L
in　x	z	x	x	x		in　x	x	z	x	x
z	z	x	x	x		z	x	z	x	x

例 5.3　调用（实例引用）bufif 和 notif 门的例子

```
// 调用（实例引用）bufif
bufif1 b1 (out, in, ctrl);
bufif0 b0 (out, in, ctrl);

// 调用（实例引用）notif
notif1 n1 (out, in, ctrl);
notif0 n0 (out, in, ctrl);
```

在控制信号有效的情况下，这些门才能传递信号。在某些情况下，例如当一个信号由多个驱动源驱动时，可以这样设计驱动源：让它们的控制信号的有效时间互相错开，从而避免一条信号线同时被两个源驱动。这时就需要使用这些带有控制端的缓冲器/非门来搭建电路。

5.1.3　实例数组

在许多情况下，我们需要对某种类型的门进行多次调用（实例引用），这些门实例之间的区别仅仅在于它们分别连接在不同的向量信号位上。为了简化这种类型的门的调用（实例引用），Verilog 允许用户自己来定义门实例数组[①]。例 5.4 给出了调用这种门实例数组的例子。

例 5.4　简单的门级原语实例数组

```
wire [7:0] OUT, IN1, IN2;

// 基本门的调用（实例引用）
nand n_gate[7:0](OUT, IN1, IN2);

// 上面一条语句，相当于下面 8 条实例引用语句
nand n_gate0(OUT[0], IN1[0], IN2[0]);
```

---

① 读者可以从 *IEEE Standard Verilog Hardware Description Language* 文档中获得有关门实例数组的详细资料。

```
nand n_gate1(OUT[1], IN1[1], IN2[1]);
nand n_gate2(OUT[2], IN1[2], IN2[2]);
nand n_gate3(OUT[3], IN1[3], IN2[3]);
nand n_gate4(OUT[4], IN1[4], IN2[4]);
nand n_gate5(OUT[5], IN1[5], IN2[5]);
nand n_gate6(OUT[6], IN1[6], IN2[6]);
nand n_gate7(OUT[7], IN1[7], IN2[7]);
```

5.1.4 举例

在学习了 Verilog 中各种类型的门级原语之后,下面通过一个具体的例子来说明门级数字电路的设计方法。

门级多路选择器

下面将设计一个有两位选择信号的四选一多路选择器。在逻辑设计中,各种多路选择器都是很有用的,能根据控制信号从两个或多个输入源中选择一个予以输出,同时它们也可被用来实现布尔函数。在本例中,我们设计一个带有两个控制信号的四选一多路选择器,并且假设控制信号 s1 和 s0 不能为 x 或 z 值,其输入/输出图和真值表如图 5.4 所示。通过输入/输出图,可以确定多路选择器的端口列表。

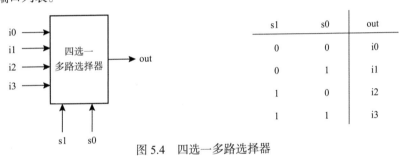

s1	s0	out
0	0	i0
0	1	i1
1	0	i2
1	1	i3

图 5.4 四选一多路选择器

我们可以使用几种基本类型的逻辑门来实现多路选择器,其逻辑图如图 5.5 所示。

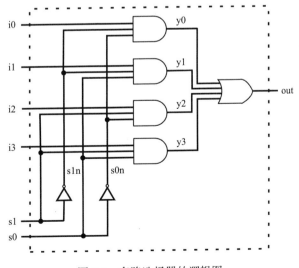

图 5.5 多路选择器的逻辑图

逻辑图与 Verilog 门级描述之间存在着一对一的对应关系。多路选择器的 Verilog 门级描述，如例 5.5 所示。在这个描述中，用到了两个中间线网变量 s0n 和 s1n，它们通过反相门与输入信号 s0 和 s1 相连。读者可以看到，我们在描述中并没有指定门级原语 not，and 和 or 的实例名，这是因为在 Verilog 中门级实例名是可选的，而用户定义模块的实例则必须指定名字。

例 5.5　多路选择器的 Verilog 门级描述

```verilog
// 四选一多路选择器模块。端口列表直接取自输入/输出图
module mux4_to_1 (out, i0, i1, i2, i3, s1, s0);

// 直接取自输入/输出图的端口声明语句
output out;
input i0, i1, i2, i3;
input s1, s0;

// 内部线网声明
wire s1n, s0n;
wire y0, y1, y2, y3;

// 门级实例引用

// 生成 s1n 和 s0n 信号
not (s1n, s1);
not (s0n, s0);

// 调用（实例引用）三输入与门
and (y0, i0, s1n, s0n);
and (y1, i1, s1n, s0);
and (y2, i2, s1, s0n);
and (y3, i3, s1, s0);

// 调用（实例引用）四输入或门
or (out, y0, y1, y2, y3);

endmodule
```

例 5.6 给出了（用于）测试这个多路选择器的激励模块。通过这个激励模块可以看到：当输入信号确定之后，模块输入端口中的选择信号为不同组合时，相应的输出信号是如何变化的。它会在输入信号发生变化后的 1 个时间单位之后，将输入和输出的值同时显示出来。我们也可以用系统任务 $monitor 来监视信号的变化，当信号发生变化时，把它们显示出来。

例 5.6　多路选择器激励模块

```verilog
// 编写无端口激励模块
module stimulus;

// 声明连接到输入端口的变量
reg IN0, IN1, IN2, IN3;
reg S1, S0;
```

```
// 声明输出连线
wire OUTPUT;

// 调用（实例引用）多路器
mux4_to_1 mymux(OUTPUT, IN0, IN1, IN2, IN3, S1, S0);

// 产生输入激励信号
// Define the stimulus module (no ports)
initial
begin
  // 设置输入线信号
  IN0 = 1; IN1 = 0; IN2 = 1; IN3 = 0;
  #1 $display("IN0= %b, IN1= %b, IN2= %b, IN3= %b \n",IN0,IN1,IN2,IN3);

  // 选择 IN0
  S1 = 0; S0 = 0;
  #1 $display("S1 = %b, S0 = %b, OUTPUT = %b \n", S1, S0, OUTPUT);

  // 选择 IN1
  S1 = 0; S0 = 1;
  #1 $display("S1 = %b, S0 = %b, OUTPUT = %b \n", S1, S0, OUTPUT);

  // 选择 IN2
  S1 = 1; S0 = 0;
  #1 $display("S1 = %b, S0 = %b, OUTPUT = %b \n", S1, S0, OUTPUT);

  // 选择 IN3
  S1 = 1; S0 = 1;
  #1 $display("S1 = %b, S0 = %b, OUTPUT = %b \n", S1, S0, OUTPUT);
end

endmodule
```

仿真的输出结果如下所示，从中可见我们已经对各种选择信号的组合进行了测试。

```
IN0= 1, IN1= 0, IN2= 1, IN3= 0

S1 = 0, S0 = 0, OUTPUT = 1

S1 = 0, S0 = 1, OUTPUT = 0

S1 = 1, S0 = 0, OUTPUT = 1

S1 = 1, S0 = 1, OUTPUT = 0
```

四位脉动进位全加器

在这个例子中使用门级原语设计了一个四位全加器，其端口列表已在 4.2.1 节中定义过。然后，编写激励模块来验证这个四位全加器的功能。为了简化设计，将实现一个脉动进位加法器（ripple adder），它的基本组成部分是一位全加器，一位全加器的数学表示如下所示：

$$sum = (a \oplus b \oplus cin)$$
$$cout = (a \cdot b) + cin \cdot (a \oplus b)$$

图 5.6 所示为一位全加器的逻辑图。

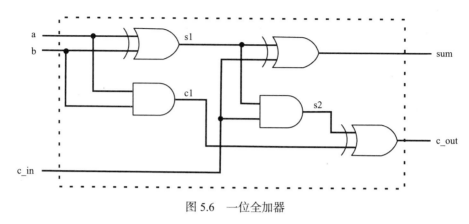

图 5.6　一位全加器

根据一位全加器的逻辑图，我们可以把它转换为 Verilog 门级描述，如例 5.7 所示。

例 5.7　一位全加器的 Verilog 描述

```verilog
// 定义一位全加器
module fulladd(sum, c_out, a, b, c_in);

// 输入/输出端口声明
output sum, c_out;
input a, b, c_in;

// 内部线网
wire s1, c1, c2;

// 调用（实例引用）逻辑门级原语
xor (s1, a, b);
and (c1, a, b);

xor (sum, s1, c_in);
and (c2, s1, c_in);

xor (c_out, c2, c1);

endmodule
```

四位脉动进位全加器可以用四个一位全加器构成（见图 5.7）。fa0，fa1，fa2 和 fa3 是四个一位全加器（fulladd）的实例名。

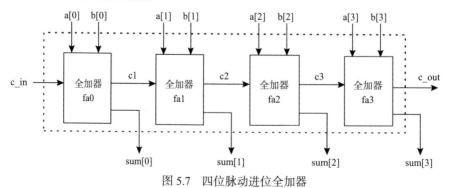

图 5.7　四位脉动进位全加器

　　根据图 5.7 给出的四位脉动进位全加器结构图，可以将其转换为 Verilog 描述（见例 5.8）。注意，虽然一位全加器和四位加法器的端口名相同，但是它们却代表着不同的元件。在 Verilog 中，标识符的作用范围只局限于本模块，从模块外部不可见，除非使用层次名进行访问，这也意味着不同的模块可以使用相同的标识符。在这个例子中，一位全加器中的 sum 是标量，而四位全加器中的 sum 则表示向量。在结构化建模时，调用（实例引用）用户定义模块时必须指定模块实例的名字，而调用（实例引用）Verilog 门级原语时不一定需要指定实例名。

例 5.8　四位脉动进位全加器的 Verilog 描述

```
// 定义四位全加器
module fulladd4(sum, c_out, a, b, c_in);

// 输入/输出端口声明
output [3:0] sum;
output c_out;
input[3:0] a, b;
input c_in;

// 内部线网
wire c1, c2, c3;

// 调用（实例引用）四个一位全加器
fulladd fa0(sum[0], c1, a[0], b[0], c_in);
fulladd fa1(sum[1], c2, a[1], b[1], c1);
fulladd fa2(sum[2], c3, a[2], b[2], c2);
fulladd fa3(sum[3], c_out, a[3], b[3], c3);

endmodule
```

　　最后，必须通过仿真对设计的正确性进行检查（见例 5.9）。名为 stimulus 的模块使用了一些输入信号组合对四位全加器进行仿真，并且对其输出进行监视。

例 5.9　四位脉动进位全加器的激励模块

```
// 定义激励（顶层模块）
module stimulus;

// 设置变量
reg [3:0] A, B;
reg C_IN;
wire [3:0] SUM;
wire C_OUT;

// 调用（实例引用）四位全加器，把它命名为 FA1_4
fulladd4 FA1_4(SUM, C_OUT, A, B, C_IN);


// 设置信号值的监视
initial
begin
  $monitor($time," A= %b, B=%b, C_IN= %b, --- C_OUT= %b, SUM= %b\n",
                        A, B, C_IN, C_OUT, SUM);
```

```
  end

  // 激励信号的输入
  initial
  begin
    A = 4'd0; B = 4'd0; C_IN = 1'b0;

    #5 A = 4'd3; B = 4'd4;

    #5 A = 4'd2; B = 4'd5;

    #5 A = 4'd9; B = 4'd9;

    #5 A = 4'd10; B = 4'd15;

    #5 A = 4'd10; B = 4'd5; C_IN = 1'b1;
  end

  endmodule
```

仿真结果如下：

```
  0 A= 0000, B=0000, C_IN= 0, --- C_OUT= 0, SUM= 0000

  5 A= 0011, B=0100, C_IN= 0, --- C_OUT= 0, SUM= 0111

  10 A= 0010, B=0101, C_IN= 0, --- C_OUT= 0, SUM= 0111

  15 A= 1001, B=1001, C_IN= 0, --- C_OUT= 1, SUM= 0010

  20 A= 1010, B=1111, C_IN= 0, --- C_OUT= 1, SUM= 1001

  25 A= 1010, B=0101, C_IN= 1,, C_OUT= 1, SUM= 0000
```

5.2　门延迟

迄今为止，我们所描述的电路都是无延迟的（即零延迟）。然而，在实际的电路中，任何一个逻辑门都具有延迟。Verilog 允许用户通过门延迟来说明逻辑电路中的延迟；此外，用户还可以指定端到端的延迟，这部分内容将在第 10 章中进行讨论。

5.2.1　上升、下降和关断延迟

在 Verilog 门级原语中，有三种从输入到输出的延迟。

- **上升延迟**　在门的输入发生变化的情况下，门的输出从 0，x，z 变化为 1 所需的时间称为上升延迟。

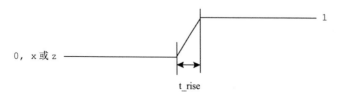

- **下降延迟** 下降延迟是指门的输出从 1, x, z 变化为 0 所需的时间。

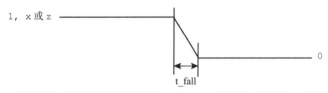

- **关断延迟** 关断延迟是指门的输出从 0, 1, x 变化为高阻抗 z 所需的时间。

另外，如果值变化到不确定值 x，则所需的时间可以看成以上三种延迟值中最小的那个。

在 Verilog 中，用户可以使用三种不同的方法来说明门的延迟。如果用户只指定了一个延迟值，那么对所有类型的延迟都使用这个延迟值；如果用户指定了两个延迟值，则它们分别代表上升延迟和下降延迟，两者中的小者为关断延迟；如果用户指定了三个延迟值，则它们分别代表上升延迟、下降延迟和关断延迟。如果未指定延迟值，则默认延迟值为 0。例 5.10 给出了延迟值说明的例子。

例 5.10 延迟值说明的类型

```
// 以上三种延迟都等于 delay_time 所表示的延迟时间
and #(delay_time) a1(out, i1, i2);

// 说明了上升延迟和下降延迟
and #(rise_val, fall_val) a2(out, i1, i2);

// 说明了上升延迟、下降延迟和关断延迟
bufif0 #(rise_val, fall_val, turnoff_val) b1 (out, in, control);
```

下面是几个延迟声明的例子：

```
and #(5) a1(out, i1, i2); // 所有类型的延迟均为 5
and #(4,6) a2(out, i1, i2); // 上升延迟为 4，下降延迟为 6，关断延迟也为 4
bufif0 #(3,4,5) b1 (out, in, control);// 上升延迟为 3，下降延迟为 4，关断延迟为 5
```

5.2.2 最小/典型/最大延迟

在 Verilog 中，用户除了可以指定上面所述的三种类型的延迟，对每种类型的延迟还可以指定其最小值、最大值和典型值。用户可以在仿真一开始时就决定具体选择使用哪一种延迟值（最小值/最大值/典型值）。在建立器件行为模型时要用到延迟的最小值/最大值/典型值，这是因为受到集成电路制造工艺过程的影响，真实的器件延迟总是在最大值和最小值之间变化的。三种延迟值的定义为：

- **最小值** 设计者预期逻辑门所具有的最小延迟。
- **典型值** 设计者预期逻辑门所具有的典型延迟。
- **最大值** 设计者预期逻辑门所具有的最大延迟。

除了在仿真开始时，用户在仿真过程中也可以控制延迟值的使用。控制的具体方法与使用的仿真器和操作系统有关（例如，在 Verilog-XL 仿真器中，可以使用选项+maxdelays，+typdelays 和+mindelays 进行控制。如果用户未指定，则默认使用典型延迟值）。通过这种方法，Verilog 用户可以灵活地对设计中的各种类型的延迟（上升/下降/典型）使用三个不同的具体数值，不必修改设计就可以使用不同的延迟值进行仿真。

在 Verilog-XL 仿真器中指定最小/典型/最大值的例子见例 5.11。

例 5.11　最小、最大和典型的延迟值

```
// 一个延迟
// 若最小延迟=4
// 若典型延迟=5
// 若最大延迟=6
and #(4:5:6) a1(out, i1, i2);

// 两个延迟
// 若最小延迟, 则上升延迟=3, 下降延迟=5, 关断延迟=min(3, 5)
// 若典型延迟, 则上升延迟=4, 下降延迟=6, 关断延迟=min(4, 6)
// 若最大延迟, 则上升延迟=5, 下降延迟=7, 关断延迟=min(5, 7)
and #(3:4:5, 5:6:7) a2(out, i1, i2);

// 三个延迟
// 若最小延迟, 则上升延迟=2, 下降延迟=3, 关断延迟=4
// 若典型延迟, 则上升延迟=3, 下降延迟=4, 关断延迟=5
// 若最大延迟, 则上升延迟=4, 下降延迟=5, 关断延迟=6
and #(2:3:4, 3:4:5, 4:5:6) a3(out, i1,i2);
```

使用命令行方式调用 Verilog-XL 仿真器的方法如下所示，假定仿真模块文件为 test.v。

```
// 启动仿真器, 使用最大延迟值进行仿真
> verilog test.v +maxdelays

// 启动仿真器, 使用最小延迟值进行仿真
> verilog test.v +mindelays

// 启动仿真器, 使用典型延迟值进行仿真
> verilog test.v +typdelays
```

5.2.3　举例

让我们考虑一个简单的例子，通过这个例子可以说明如何使用门延迟为逻辑电路建立时序模型。假设模块 D 实现了以下的逻辑功能：

$$out = (a \cdot b) + c$$

其门级实现如模块 D 的逻辑图所示（见图 5.8），其中包含了一个延迟为 5 个时间单位的**与门**和一个延迟为 4 个时间单位的**或门**。

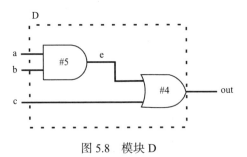

图 5.8　模块 D

用 Verilog 描述的模块 D 见例 5.12。

例 5.12　有延迟的模块 D 的 Verilog 描述

```
// 定义简单的组合逻辑模块，把该模块命名为 D
module D (out, a, b, c);

// 输入/输出端口声明
output out;
input a,b,c;

// 内部线网声明
wire e;

// 调用（实例引用）门级原语来构造电路
and #(5) a1(e, a, b); //Delay of 5 on gate a1
or  #(4) o1(out, e,c); //Delay of 4 on gate o1

endmodule
```

以上模块由例 5.13 提供的激励文件进行测试。

例 5.13　有延迟的模块 D 的测试激励模块

```
// 顶层模块 stimulus
module stimulus;

// 变量声明
reg A, B, C;
wire OUT;

// 调用（实例引用）模块 D
D d1( OUT, A, B, C);

// 仿真输入信号，在 40 个时间单位后结束仿真
initial
begin
  A= 1'b0; B= 1'b0; C= 1'b0;

  #10 A= 1'b1; B= 1'b1; C= 1'b1;

  #10 A= 1'b1; B= 1'b0; C= 1'b0;

  #20 $finish;
end

endmodule
```

仿真波形显示在图 5.9 中。注意，图 5.9 中的波形并不是严格按照比例绘制的，但是我们在输出信号的每一次变化的下面标出了准确的仿真时间。从图中可以看到门延迟对于仿真结果的影响：

1. 输出 E 和 OUT 在仿真开始时都是未知的；

2. 在仿真时刻为 10 个时间单位时，当输入 A，B 和 C 均变为 1 后，分别经过 4 个和 5 个时间单位之后，输出 OUT 和 E 先后变为 1；

3. 在仿真时刻为 20 个时间单位时，输入 B 和 C 变为 0；输出 E 经过 5 个时间单位之后变为 0；在 E 变为 0 之后 4 个时间单位，OUT 变为 0。

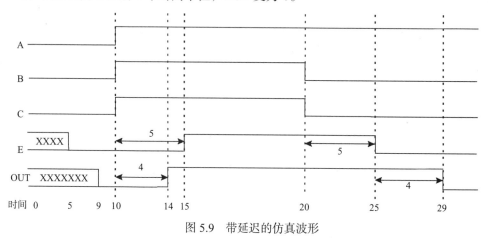

图 5.9 带延迟的仿真波形

希望读者自己结合仿真波形对模块 D 的功能进行分析，这对于理解门延迟对模块时序的影响是很有帮助的。

5.3 小结

本章讲解了如何使用 Verilog 对门级逻辑进行建模，同时对门级建模的不同方面进行了讨论。

- 门的基本类型包括：and（与门），or（或门），xor（异或门），buf（缓冲器）和 not（非门）等。每种门都有逻辑符号、真值表和对应的 Verilog 原语。这些原语的调用（实例引用）方法和模块的调用方法一样，但这些原语是 Verilog 语言预定义的（无须自行编写）。门的任意一个输入发生变化以后，门的输出立即被重新计算。

- Verilog 支持内部原语实例数组和用户定义的模块。

- 通过两个设计实例，即四选一多路选择器和四位全加器的门级设计和仿真，可以看到使用 Verilog 进行门级设计的具体步骤，画出电路的逻辑图，用门级原语将逻辑图转换为 Verilog 语言的门级描述，然后编写激励模块对其进行仿真并观察输出，确定其功能是否正确。

- 每种门都具有三种类型的延迟：上升延迟、下降延迟和关断延迟。Verilog 语言允许对每种门指定一个、两个或三个不同的延迟值。Verilog 仿真器会根据指定的数值对三种（上升、下降和关断）延迟的具体值进行计算。

- 用户可以对 Verilog 中的每种延迟分别指定最小值、典型值和最大值，并且可以在仿真时指定具体使用哪个值进行仿真。这种机制使得用户可以灵活地使用不同的延迟值进行仿真，而无须改变 Verilog 源描述。

- 通过由两个门组成的电路的简单例子，解释了传输延迟对于仿真波形的影响。对于延迟为 t 的门，如果它的输入发生任何变化，则其输出必须经过 t 个时间单位之后才会发生改变。

5.4 习题

1. 利用双输入端的 nand 门，用 Verilog 编写自己的双输入端的与门、或门和非门，把它们分别命名为 my_or，my_and 和 my_not，并通过激励模块验证这些门的功能。

2. 使用上题中完成的 my_or，my_and 和 my_not 门构造一个双输入端的 xor 门，其功能是计算 $z = x'y + xy'$，其中 x 和 y 为输入，z 为输出；编写激励模块对 x 和 y 的四种输入组合进行测试仿真。

3. 本章中的一位全加器使用乘积项之和的形式可以表示为[①]：

$$sum = a \cdot b \cdot c\_in + a' \cdot b \cdot c\_in' + a' \cdot b' \cdot c\_in + a \cdot b' \cdot c\_in'$$

$$c\_out = a \cdot b + b \cdot c\_in + a \cdot c\_in$$

其中 a，b 和 c_in 为输入，sum 和 c_out 为输出；只使用与门、或门、非门实现一个一位全加器，写出其 Verilog 描述，限制是每个门最多只能有四个输入端。编写激励模块对其功能进行检查，并对全部的输入组合进行测试。

4. 带有延迟的 RS 锁存器如下图所示，写出其带有延迟的 Verilog 门级描述。编写其激励模块，根据下面的输入-输出关系表对其功能进行验证。

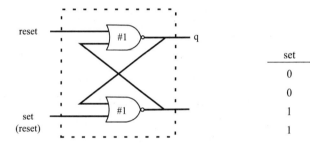

set	reset	q_{n+1}
0	0	q_n
0	1	0
1	0	1
1	1	?

5. 使用 bufif0 和 bufif1 设计一个二选一多路选择器，如下图所示：

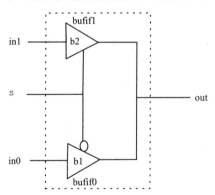

门 b1 和 b2 的延迟说明如下所示：

	最 小 值	典 型 值	最 大 值
上升延迟	1	2	3
下降延迟	3	4	5
关断延迟	5	6	7

在设计完成后，写出激励模块对其进行仿真。

---

① 上面两个习题中，作者用"'"表示取反操作，用"·"表示与操作。——译者注

第6章 数据流建模

在电路规模较小的情况下，由于包含的门数比较少，设计者可以逐个地引用逻辑门实例，把它们互相连接起来，因此使用门级建模进行设计是很合适的。对于具有数字逻辑电路设计基本知识的用户来讲，门级建模是非常直观的。然而，如果电路的功能比较复杂，其中包含的逻辑门的数目就会很多，这时使用门级设计不但很烦琐并且很容易出错。在这种情况下，如果设计者能从更高的抽象层次入手，将设计重点放在功能的实现上，则不仅能够避免烦琐的细节，而且还可以大大提高设计的效率。因此，Verilog 支持用户从数据流的角度对电路建模。数据流建模意味着根据数据在寄存器之间的流动和处理过程对电路进行描述，而不是直接对电路的逻辑门进行实例引用。随着本章的深入，我们将会逐渐体会到这种建模方式的优点。

随着芯片集成度的迅速提高，数据流建模的重要性越来越显著。现在已经没有任何一家设计公司从门级结构的角度进行整个数字系统的设计。目前普遍采用的设计方法是借助于计算机辅助设计工具，自动将电路的数据流设计直接转换为门级结构，这个过程也称为**逻辑综合**。随着逻辑综合工具的功能不断地完善，数据流建模已经成为主流的设计方法。数据流设计可以使得设计者根据数据流来优化电路，而不必专注于电路结构的细节。为了在设计过程中获得最大的灵活性，设计者常常将门级、数据流级和行为级的各种方式结合起来使用。在数字设计领域，寄存器传输级（Register Transfer Level，RTL）建模通常是指数据流建模和行为级建模的结合。

学习目标

- 讲述连续赋值语句（assign）、对于连续赋值语句的限制，以及隐式连续赋值语句。
- 解释赋值延迟、隐式赋值延迟，以及用于连续赋值语句的线网声明延迟。
- 定义表达式、操作符和操作数。
- 列表解释所有类型的操作符，包括算术操作符、逻辑操作符、关系操作符、等价操作符、按位操作符、缩减操作符、移位操作符、拼接操作符和条件操作符等。
- 使用数据流结构对实际的数字电路建模。

6.1 连续赋值语句

连续赋值语句是 Verilog 数据流建模的基本语句，用于对线网进行赋值。它等价于门级描述，然而是从更高的抽象角度来对电路进行描述。连续赋值语句必须以关键字 assign 开始，其语法如下：

```
continuous_assign ::= assign [ drive_strength ] [ delay3 ]
                      list_of_net_assignments ;
list_of_net_assignments ::= net_assignment { , net_assignment }
net_assignment ::= net_lvalue = expression
```

注意，上面语法中的驱动强度是可选项，可以根据 3.2.1 节讨论的内容进行说明，其默认值为 strong1 和 strong0，但是在本章中将不对此进行讨论。延迟值也是可选的，用于指定赋值的延迟，类似于门的延迟。本章将对赋值延迟进行讨论。连续赋值语句具有以下特点：

1. 连续赋值语句的左值必须是一个标量或向量线网，或者是标量或向量线网的拼接，而不能是向量或向量寄存器。6.4.8 节将对**拼接操作**进行讨论；
2. 连续赋值语句总是处于激活状态。只要任意一个操作数发生变化，表达式就会被立即重新计算，并且将结果赋给等号左边的线网；
3. 操作数可以是标量或向量的线网或寄存器，也可以是函数调用；
4. 赋值延迟用于控制对线网赋予新值的时间，根据仿真时间单位进行说明。赋值延迟类似于门延迟，对于描述实际电路中的时序是非常有用的。

例 6.1 给出了几个连续赋值语句的例子，6.4 节将解释该例中使用的 &，^，|，{，}，+ 等操作符。这里主要关注如何使用连续赋值语句。

例 6.1 连续赋值语句举例

```
// 连续赋值语句, out 是线网, i1 和 i2 也是线网
assign out = i1 & i2;

// 向量线网的连续赋值语句。addr 是 16 位向量线网
// addr1_bits 和 addr2_bits 是 16 位向量寄存器
assign addr[15:0] = addr1_bits[15:0] ^ addr2_bits[15:0];

// 拼接操作。赋值操作符左侧是标量线网和向量线网的拼接
assign {c_out, sum[3:0]} = a[3:0] + b[3:0] + c_in;
```

下面讨论对线网进行连续赋值的另一种简便方法。

6.1.1 隐式连续赋值

除了首先声明然后对其进行连续赋值，Verilog 还提供了另一种对线网赋值的简便方法：在线网声明的同时对其进行赋值。由于线网只能被声明一次，因此对线网的隐式声明赋值只能有一次。

在下面的例子中，对隐式声明赋值和普通的连续赋值进行了对比：

```
// 普通的连续赋值
wire out;
assign out = in1 & in2;

// 使用隐式连续赋值实现与上面两条语句同样的功能
wire out = in1 & in2;
```

6.1.2 隐式线网声明

如果一个信号名被用在连续赋值语句的左侧，则 Verilog 编译器认为该信号是一个隐式声明的线网。如果线网被连接到模块的端口上，则 Verilog 编译器认为隐式声明线网的宽度等于模块端口的宽度。举例如下：

```
// 连续赋值, out 为线网类型
wire i1, i2;
assign out = i1 & i2; // 注意, out 并未声明为线网, 但 Verilog 仿真器会推断出
                      // out 是一个隐式声明的线网
```

6.2 延迟

连续赋值语句中的延迟用于控制任一操作数发生变化到语句左值被赋予新值之间的时间间隔。指定赋值延迟的方法有三种：**普通赋值延迟**、**隐式赋值延迟**和**线网声明延迟**。

6.2.1 普通赋值延迟

指定延迟的第一种方法是在连续赋值语句中说明延迟值，延迟值位于关键字 assign 的后面。在上面的例子中，如果 in1 和 in2 中的任意一个发生变化，在计算表达式 in1 & in2 的新值并将新值赋给语句左值之前，就会产生 10 个时间单位的延迟。如果在此 10 个时间单位期间，即左值获得新值之前，in1 或 in2 的值再次发生变化，在计算表达式的新值时就会取 in1 或 in2 的当前值。这种性质称为**惯性延迟**。也就是说，脉冲宽度小于赋值延迟的输入变化不会对输出产生影响。

```
assign #10 out = in1 & in2; // 连续赋值语句中的延迟
```

图 6.1 给出了对上面的连续赋值语句进行仿真的波形，从中可以看到延迟对输出信号的影响：

1. 当 in1 和 in2 在时间单位 20 处变为高电平时，out 在 10 个时间单位之后（即时间单位 30 处）变为高电平；
2. 当 in1 和 in2 在时间单位 60 处变为低电平时，out 在时间单位 70 处变为低电平；
3. in1 在时间单位 80 处变为高电平，但是在 10 个时间单位之内重新变为低电平；
4. 因此，在时间单位 80 之后再过 10 个时间单位，重新计算表达式，此时 in1 的值已经为 0，因此 out 的值仍然为 0。这说明如果脉冲的宽度小于指定的赋值延迟，就不会影响输出（即不会对赋值语句等号左边的值产生影响）。

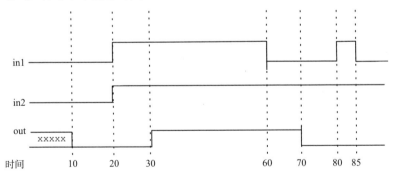

图 6.1　延迟对输出信号的影响

惯性延迟同样适用于门延迟，详见第 5 章。

6.2.2 隐式连续赋值延迟

另一种指定延迟的等效方法是使用隐式连续赋值语句来说明对线网的赋值以及赋值延迟。隐

式连续赋值等效于声明一个线网并且对其进行连续赋值。举例如下：

```
// 隐式连续赋值延迟
wire #10 out = in1 & in2;

// 等效于
wire out;
assign #10 out = in1 & in2;
```

上面的一条声明语句与下面的两条语句（即把 out 定义为 wire 类型之后，再用连续赋值语句为 out 赋值）等价。

6.2.3　线网声明延迟

Verilog 允许在声明线网的时候指定一个延迟，这样对该线网的任何赋值都会被推迟指定的时间。线网声明同样可以用于门级建模中。举例如下：

```
// 线网延迟
wire # 10 out;
assign out = in1 & in2;

// 等效于上面两条语句
wire out;
assign #10 out = in1 & in2;
```

在对连续赋值和延迟进行了详细的讨论之后，下面来学习用于连续赋值语句中的表达式、操作符和操作数。

6.3　表达式、操作符和操作数

数据流建模使用表达式而不是门级原语来描述设计。表达式、操作符和操作数构成了数据流建模的基础。

6.3.1　表达式

表达式由操作符和操作数构成，其目的是根据操作符的意义计算出一个结果值。

```
// 表达式的例子，组合了操作符和操作数
a ^ b
addr1[20:17] + addr2[20:17]
in1 | in2
```

6.3.2　操作数

操作数可以是 3.2 节中定义的任何数据类型，但是某些语法结构要求使用特定类型的操作数。操作数可以是常数、整数、实数、线网、寄存器、时间、位选（向量线网或向量寄存器的一位）、域选（向量线网或向量寄存器的一组选定的位）以及存储器和函数调用（将在后续章节中学习）。举例如下：

```
integer count, final_count;
final_count = count + 1; // count 是整型操作数

real a, b, c;
c = a - b;  // a 和 b 是实型操作数

reg [15:0] reg1, reg2;
reg [3:0] reg_out;
reg_out = reg1[3:0] ^ reg2[3:0]; // reg1[3:0]和 reg2[3:0]是域选的寄存器操作数

reg ret_value;
ret_value = calculate_parity(A, B); // calculate_parity 是函数型操作数
```

6.3.3　操作符

操作符对操作数进行运算并产生一个结果。Verilog 提供了各种类型的操作符，6.4 节将对它们进行讨论。举例如下：

```
d1 && d2 // 操作符&&具有两个操作数 d1 和 d2
!a[0] // 操作符!具有一个操作数 a[0]
B >> 1 // 操作符>>具有两个操作数 B 和 1
```

6.4　操作符类型

Verilog 提供了许多种类型的操作符，分别是算术、逻辑、关系、等价、按位、缩减、移位、拼接和条件操作符。这些操作符中的一部分与 C 语言中的操作符类似。每个操作符都用一个符号来表示。表 6.1 按照不同的类型列出了所有操作符的符号。

表 6.1　操作符的类型和符号

操 作 类 型	操 作 符	执行的操作	操作数的数目
算术	*	乘	2
	/	除	2
	+	加	2
	−	减	2
	%	取模	2
	**	求幂	2
逻辑	!	逻辑取反	1
	&&	逻辑与	2
	||	逻辑或	2
关系	>	大于	2
	<	小于	2
	>=	大于等于	2
	<=	小于等于	2
等价	==	相等	2
	!=	不等	2
	===	case 相等	2
	!==	case 不等	2

（续表）

操作类型	操作符	执行的操作	操作数的数目
按位	~	按位取反	1
	&	按位与	2
	|	按位或	2
	^	按位异或	2
	^~或 ~^	按位同或	2
缩减	&	缩减与	1
	~&	缩减与非	1
	|	缩减或	1
	~|	缩减或非	1
	^	缩减异或	1
	^~或 ~^	缩减同或	1
移位	>>	右移	2
	<<	左移	2
	>>>	算术右移	2
	<<<	算术左移	2
拼接	{ }	拼接	任意数目
重复	{ { } }	重复	任意数目
条件	?:	条件	3

下面按照不同的类型进行详细的讨论。

6.4.1 算术操作符

算术操作符可以分为两种：双目操作符和单目操作符。

双目操作符

双目操作符对两个操作数进行算术运算，包括乘（*）、除（/）、加（+）、减（−）、求幂（**）和取模（%）。举例如下：

```
A = 4'b0011; B = 4'b0100; // A 和 B 是寄存器类型向量
D = 6; E = 4; F=2 // D, E 和 F 是整型数

A * B // A 和 B 相乘，等于 4'b1100
D / E // D 被 E 除等于 1，余数部分取整
A + B // A 和 B 相加，等于 4'b0111
B - A // B 减去 A，等于 4'b0001
F = E ** F; // E 的 F 次幂等于 16
```

如果操作数的任意一位为 x，那么运算结果的全部位为 x。这一点是很好理解的：如果一个操作数的值不完全确定，那么结果肯定是未知的。

```
in1 = 4'b101x;
in2 = 4'b1010;
sum = in1 + in2; // sum 的计算结果为 4'bx
```

取模运算的结果是两数相除的余数部分，它同 C 语言中的取模运算是一样的。举例如下：

```
13 % 3 // 结果为 1
16 % 4 // 结果为 0
-7 % 2 // 结果为 -1，取第一个操作数的符号
7 % -2 // 结果为 +1，取第一个操作数的符号
```

单目操作符

$+$ 和 $-$ 操作符也可以作为单目操作符来使用，这时它们表示操作数的正负。单目的 $+$ 和 $-$ 操作符比双目操作符具有更高的优先级。

```
-4 // 负 4
+5 // 正 5
```

在 Verilog 内部，负数是用其二进制补码来表示的。作者建议读者使用整数或实数来表示负数，而避免使用<sss>'<base> <nnn>的格式来表示负数，这是因为它们将被转换为无符号的 2 的补码形式，这样会产生意想不到的结果。举例如下：

```
// 建议使用整型数和实型数
-10 / 5 // 等于 -2

// 不要使用 <sss> '<base> <nnn>的形式来表示负数
-'d10 / 5 // 等于(10 的二进制补码)除以 5 =(2³²-10) / 5
// 默认的机器字长为 32 位
// 这样算出的结果不符合一般的预期，容易出错
```

6.4.2 逻辑操作符

逻辑操作符包括**逻辑与**（&&）、**逻辑或**（||）和**逻辑非**（!）。操作符&&和||是双目操作符，而!是单目操作符。逻辑操作符执行的规则为：

1. 逻辑操作符的计算结果是一个 1 位的值：0 表示假，1 表示真，x 表示不确定；
2. 如果一个操作数不为 0，则等价于逻辑 1（真）；如果它等于 0，则等价于逻辑 0（假）；如果它的任意一位为 x 或 z，则它等价于 x（不确定），而且仿真器一般将其作为假来处理；
3. 逻辑操作符取变量或表达式作为操作数。

建议读者使用括号来提高代码的可读性，同时应注意操作符之间的优先级。举例如下：

```
// 逻辑操作符
A = 3; B = 0;
A && B // 等于 0。相当于(逻辑值 1 && 逻辑值 0)
A || B // 等于 1。相当于(逻辑值 1 || 逻辑值 0)
!A // 等于 0。相当于逻辑值 1 取反
!B // 等于 1。相当于逻辑值 0 取反

// 有未知值
A = 2'b0x; B = 2'b10;
```

```
A && B // 等于 x, 相当于 (x && 逻辑值 1)

// 表达式
(a == 2) && (b == 3) // 如果 a == 2 和 b == 3 都成立, 则等于逻辑值 1
                     // 只要两个中有一个不成立, 则等于逻辑值 0
```

6.4.3　关系操作符

关系操作符包括大于（>）、小于（<）、大于等于（>=）和小于等于（<=）。如果将关系操作符用于一个表达式中，则如果表达式为真，结果就为 1；如果表达式为假，结果就为 0；如果操作数中某一位为未知或高阻抗 z，则表达式的结果为 x。这些操作符的功能和 C 语言中操作符的功能是相同的。举例如下：

```
// A = 4, B = 3
// X = 4'b1010, Y = 4'b1101, Z = 4'b1xxx

A <= B // 等于逻辑值 0
A > B  // 等于逻辑值 1
Y >= X // 等于逻辑值 1
Y < Z  // 等于逻辑值 x
```

6.4.4　等价操作符

等价操作符包括**逻辑等**（==）、**逻辑不等**（!=）、**case 等**（===）和 **case 不等**（!==）。当用于表达式中时，如果运算结果为真，则返回逻辑值 1，否则返回 0。这些操作符对两个操作数进行逐位比较；如果两个操作数位宽不相等，则使用 0 来填充那些不存在的位（填充左边）。表 6.2 列出了这些操作符。

表 6.2　等价操作符

表 达 式	说　明	可能返回的逻辑值
a == b	a 等于 b, 若在 a 或 b 中有 x 或 z, 则结果不定	0, 1, x
a != b	a 不等于 b, 若在 a 或 b 中有 x 或 z, 则结果不定	0, 1, x
a === b	a 等于 b, 包括 x 和 z	0, 1
a !== b	a 不等于 b, 包括 x 和 z	0, 1

注意，逻辑等价操作符和 case 等价操作符是不同的。对于逻辑等价操作符，如果操作数的某位为 x 或 z，则结果为 x；而 case 等价操作符必须包括 x 和 z 进行逐位的精确比较，只有在两者完全相等的情况下，结果才会为 1，否则结果为 0。case 等价操作符产生的结果肯定不会为 x。举例如下：

```
// A = 4, B = 3
// X = 4'b1010, Y = 4'b1101
// Z = 4'b1xxz, M = 4'b1xxz, N = 4'b1xxx

A == B // 结果为逻辑值 0
X != Y // 结果为逻辑值 1
```

```
X == Z // 结果为逻辑值 x
Z === M // 结果为逻辑值 1（所有的位都一致，包括 x 和 z）
Z === N // 结果为逻辑值 0（最低位不一致）
M !== N // 结果为逻辑值 1
```

6.4.5　按位操作符

　　按位操作符包括**取反**（~）、**与**（&）、**或**（|）、**异或**（^）和**同或**（^~，~^）。按位操作符对两个操作数中的每一位进行按位操作。如果两个操作数的位宽不相等，则使用 0 来向左扩展较短的操作数，使两个操作数的位宽相等。表 6.3 给出了按位操作的逻辑规则。与其他几个按位操作数不同，按位取反操作符（~）只有一个操作数，它对操作数的每一位执行取反操作。

表 6.3　按位操作符的真值表

按位与	0	1	x
0	0	0	0
1	0	1	x
x	0	x	x

按位或	0	1	x
0	0	1	x
1	1	1	1
x	x	1	x

按位异或	0	1	x
0	0	1	x
1	1	0	x
x	x	x	x

按位同或	0	1	x
0	1	0	x
1	0	1	x
x	x	x	x

按位取反	结果
0	1
1	0
x	x

　　下面给出了几个使用按位操作符的例子。

```
// X = 4'b1010, Y = 4'b1101
// Z = 4'b10x1

~X      // 按位取反。结果为：4'b0101
X & Y   // 按位与。结果为：4'b1000
X | Y   // 按位或。结果为：4'b1111
X ^ Y   // 按位异或。结果为：4'b0111
X ^~ Y  // 按位同或。结果为：4'b1000
X & Z   // 按位与。结果为：4'b10x0
```

　　注意，按位操作符~，&和|与逻辑操作符!，&&和||是完全不同的。逻辑操作符执行逻辑操作，运算的结果是一个逻辑值 0，1 或 x；按位操作符产生一个跟较长位宽操作数等宽的数值，该数值的每一位都是两个操作数按位运算的结果。举例如下：

```
// X = 4'b1010, Y = 4'b0000

X | Y // 按位操作，结果为 4'b1010
X || Y // 逻辑操作，等价于 1 || 0，结果为 1
```

6.4.6　缩减操作符

缩减操作符包括**缩减与**（&）、**缩减与非**（~&）、**缩减或**（|）、**缩减或非**（~|）、**缩减异或**（^）和**缩减同或**（~^，^~）。缩减操作符只有一个操作数，它对这个向量操作数逐位进行操作，产生一个一位的结果。它们的运算规则与 6.4.5 节中给出的运算规则相同，两者的区别在于**按位操作符**对两个操作数的对应位进行运算，而缩减操作符对一个操作数的所有位逐位地从左至右进行运算。**缩减与**和**缩减与非**、**缩减或**和**缩减或非**、**缩减异或**和**缩减同或**的计算结果恰好相反。举例如下：

```
// X = 4'b1010

&X // 相当于 1 & 0 & 1 & 0，结果为 1'b0
|X// 相当于 1 | 0 | 1 | 0，结果为 1'b1
^X// 相当于 1 ^ 0 ^ 1 ^ 0，结果为 1'b0
// 缩减 xor（异或）或缩减 xnor（同或）可以用来产生一个向量的奇偶校验位
```

由于逻辑操作符、按位操作符和缩减操作符都使用相同的符号表示，因此有时容易混淆。区分这些操作符的重点在于分清操作数的数目和计算结果的规则。

6.4.7　移位操作符

移位操作符包括**右移**（>>）、**左移**（<<）、**算术左移**（<<<）和**算术右移**（>>>）。普通移位操作符的功能是将向量操作数向左或向右移动指定的位数，因此它的两个操作数分别是要进行移位的向量（操作符左侧）和移动的位数（操作符右侧）。当向量被移位之后，所产生的空余位使用 0 来填充，而不是循环（首尾相连）移位。算术移位操作符则根据表达式的内容来确定空余位的填充值[①]。举例如下：

```
// X = 4'b1100

Y = X >> 1; // Y 是 4'b0110，右移一位，最高位用 0 填充
Y = X << 1; // Y 是 4'b1000，左移一位，最低位用 0 填充
Y = X << 2; // Y 是 4'b0000，左移两位，最低位用 0 填充

integer a, b, c; // 有正负号的数据类型
a = 0;
b = -10; // 二进制表示为：1111 1111 1111 1111 1111 1111 1111 0110
c = a + (b >>> 3); // 结果为 -2，由于算术移位的缘故，右移三位，空缺位填 1
```

由于移位操作符可以用来实现移位操作、实现乘法算法的移位相加以及其他许多有用的操作，因此在具体设计中是很有用处的。

---

① 算术移位操作专用于负整型数右移，空缺位用 1 填充。——译者注

6.4.8　拼接操作符

使用**拼接操作符**（{, }）可以将多个操作数拼接在一起，组成一个操作数。拼接操作符的每个操作数必须是有确定位宽的数，这是由于为了确定拼接结果的位宽，必须知道每个操作数的位宽，因此无位宽的数不能作为拼接操作符的操作数。

拼接操作符的用法是将各个操作数用大括号括起来，之间用逗号隔开。操作数的类型可以是变量线网或寄存器、向量线网或寄存器、位选、域选和有确定位宽的常数。举例如下：

```
// A = 1'b1, B = 2'b00, C = 2'b10, D = 3'b110

Y = {B , C} // 结果为 4'b0010
Y = {A , B , C , D , 3'b001} // 结果为 11'b10010110001
Y = {A , B[0], C[1]} // 结果为 3'b101
```

6.4.9　重复操作符

如果需要多次拼接同一个操作数，则可以使用重复操作符；重复拼接的次数用常数来表示，该常数指定了其后大括号内变量的重复次数。举例如下：

```
reg A;
reg [1:0] B, C;
reg [2:0] D;
A = 1'b1; B = 2'b00; C = 2'b10; D = 3'b110;

Y = { 4{A} } // 结果为 4'b1111
Y = { 4{A} , 2{B} } // 结果为 8'b11110000
Y = { 4{A} , 2{B} , C } // 结果为 10'b1111000010
```

6.4.10　条件操作符

条件操作符（**?:**）带有三个操作数：

用法：condition_expr ?　true_expr　:　false_expr ;
　　　即，条件表达式 ？　真表达式 : 假表达式 ;

执行过程为：首先计算条件表达式（condition_expr），如果为真（即逻辑 1），则计算"真表达式"（true_expr）；如果为假（即逻辑 0），则计算"假表达式"（false_expr）；如果为不确定 x，则两个表达式都进行计算，然后对两个结果进行逐位比较。如果相等，则结果中该位的值为操作数中该位的值；如果不相等，则结果中该位的值取 x。

条件表达式的作用类似于多路选择器；另外可以用 if-else 语句来替代条件表达式[1]。

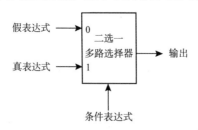

---

[1] 不能用 if-else 在连续赋值语句中替代条件操作符，只能在块语句中替代。——译者注

　　条件操作符经常用于数据流建模中的条件赋值，条件表达式的作用相当于控制开关。举例如下：

```
// 三态缓冲器的功能建模
assign addr_bus = drive_enable ? addr_out : 36'bz;

// 二选一多路选择器的功能建模
assign out = control ? in1 : in0;
```

　　条件操作符可以嵌套使用，每个"真表达式"和"假表达式"本身也可以是一个条件表达式。在下面的例子中，"A==3"和"control"是四选一多路选择器的两个控制输入，x，y，m，n 为输入，out 为输出。举例如下：

```
assign out = (A == 3) ? ( control ? x : y ): ( control ? m : n ) ;
```

6.4.11　操作符的优先级

　　在学习了各类操作符的用法和功能之后，我们来讨论它们之间的优先级。如果不使用小括号将表达式的各个部分分开，则 Verilog 将根据操作符之间的优先级对表达式进行计算。在表 6.4 中按照从高至低的顺序列出了操作符之间的优先级。为了避免由于操作符优先级造成的运算错误，除非是单目操作符或不至于造成混淆，否则建议读者使用小括号将各个表达式分开。

表 6.4　操作符的优先级

操　　作	操 作 符 号	优 先 级 别
单目运算	+ − ! ~	最高
乘、除、取模	* / %	
加、减	+ −	
移位	<< >>	
关系	< <= > >=	
等价	== !=	
	=== !==	
缩减	& ~&	
	^ ^~	
	|~|	
逻辑	&&	
	||	
条件	?:	最低

6.5　举例

　　通过前面的学习已知，可以从门级、数据流级或行为级等不同的角度来描述同一个设计。下面将从数据流的角度来重新设计 5.1.4 节的几个例子所给出的四选一多路选择器和四位全加器，在 5.1.4 节中它们是直接根据逻辑图转换为门级设计的。同时，还将讨论另外两个例子：一个**四位超前进位加法器**和一个**由负跳变沿触发的 D 触发器构成的四位计数器**。

6.5.1　四选一多路选择器

　　在 5.1.4 节的例子中，用门级建模描述了四选一多路选择器，其逻辑图如图 5.5 所示，例 5.5 给出了其门级的 Verilog 描述。本节使用两种方法从数据流级的角度来描述四选一多路选择器，并与其门级描述进行比较。

方法 1：使用逻辑等式

　　在这种方法中，使用逻辑等式来代替门实例。从例 6.2 中可以看到，两者的区别仅仅在于输出 out 的计算是由操作符的逻辑方程完成的，而不是用门的实例引用完成的。两个模块的输入/输出端口是一致的，即模块的对外接口没有任何变化，改变的只是内部的实现方式。同门级实例引用相比，显然使用逻辑等式是非常简捷的。

例 6.2　用逻辑方程描述四选一多路选择器

```
// 用数据流描述的四选一多路选择器模块，采用了逻辑方程
// 用来与门级描述的模型进行比较
module mux4_to_1 (out, i0, i1, i2, i3, s1, s0);

// 来自输入/输出图的端口声明
output out;
input i0, i1, i2, i3;
input s1, s0;

// 产生输出 out 的逻辑方程
assign out =    (~s1 & ~s0 & i0)|
                (~s1 & s0 & i1) |
                (s1 & ~s0 & i2) |
                (s1 & s0 & i3) ;

endmodule
```

方法 2：使用条件操作符

　　还有更加简捷的方法来描述四选一多路选择器。6.4.10 节介绍了如何用**条件操作符**来描述多路选择器的操作。下面将用条件操作符实现四选一多路选择器（见例 6.3）。请确认例 6.3 中的描述正确地为四选一多路选择器建立了模型。

例 6.3　用条件操作语句描述的四选一多路选择器

```
// 用数据流描述的四选一多路选择器模块，利用了条件操作语句
// 用来与门级描述的模型进行比较
module multiplexer4_to_1 (out, i0, i1, i2, i3, s1, s0);

// 来自输入/输出图的端口声明
output out;
input i0, i1, i2, i3;
input s1, s0;

// 采用嵌套的条件操作语句
assign out = s1 ? ( s0 ? i3 : i2) : (s0 ? i1 : i0) ;

endmodule
```

　　在对上面的模块进行仿真时，可以用它替代例 5.5 中的门级描述，并且直接使用例 5.6 中的测试激励模块。两种描述的仿真结果是完全相同的。通过将逻辑功能封装在模块中，可以用数据流级实现的模块来代替门级实现的模块，而不会影响其他仿真模块。这一特点使得 Verilog 成为功能非常强大的数字电路设计和仿真语言。

6.5.2　四位全加器

　　在 5.1.4 节所举的例子中，四位全加器是用门级建模实现的，其逻辑图见图 5.7 和图 5.6。在本节使用数据流级对其进行描述。在门级建模中，首先实现的是一个一位全加器，然后使用四个

一位全加器组成四位脉动进位全加器。在这个例子中，依然使用两种方法完成数据流级建模。

方法 1：数据流操作符

在例 6.4 中，使用+和{ }操作符实现了加法器的描述。

例 6.4　用数据流操作语句描述的四位全加器

```
// 用数据流语句定义四位全加器
module fulladd4(sum, c_out, a, b, c_in);

// 输入/输出端口声明
output [3:0] sum;
output c_out;
input[3:0] a, b;
input c_in;

// 指定全加器的功能
assign {c_out, sum} = a + b + c_in;

endmodule
```

在仿真时，如果使用数据流级描述模块代替门级模块，则仿真环境中的其他模块无须改变，仿真结果也完全一样。

方法 2：带超前进位的全加器

在脉动进位加法器中，在输出端得到最终结果值之前，进位信息必须通过门来逐级传递。一个 n 位的脉动进位加法器共有 $2n$ 门。如果 n 值较大，则进位传递所需的时间会对电路的运算速度产生严重的影响。为了克服这个缺点，现在通常使用超前进位的方法来减少延迟时间。通过使用这种方法，可以将延迟减少到四级门延迟，而与总的门的级数无关。读者可以在有关逻辑设计的书籍中找到完成超前进位的逻辑等式。例 6.5 中给出了超前进位加法器的 Verilog 描述。在仿真环境中可以使用这一模块代替先前的门级模块，仿真环境中的其他模块无须改变，仿真结果保持一致。

例 6.5　带超前进位的四位全加器

```
module fulladd4(sum, c_out, a, b, c_in);
// 输入和输出端口声明
output [3:0] sum;
output c_out;
input [3:0] a,b;
input c_in;

// 内部连线
wire p0,g0, p1,g1, p2,g2, p3,g3;
wire c4, c3, c2, c1;

// 计算每一级的 p
assign p0 = a[0] ^ b[0],
       p1 = a[1] ^ b[1],
```

```
        p2 = a[2] ^ b[2],
        p3 = a[3] ^ b[3];

    // 计算每一级的 g
    assign g0 = a[0] & b[0],
           g1 = a[1] & b[1],
           g2 = a[2] & b[2],
           g3 = a[3] & b[3];

    // 计算每一级的进位
    // 注意：在计算超前进位的算术方程中 c_in 等于 c0
    assign c1 = g0 | (p0 & c_in),
           c2 = g1 | (p1 & g0) | (p1 & p0 & c_in),
           c3 = g2 | (p2 & g1) | (p2 & p1 & g0) | (p2 & p1 & p0 & c_in),
           c4 = g3 | (p3 & g2) | (p3 & p2 & g1) | (p3 & p2 & p1 & g0) |
                                 (p3 & p2 & p1 & p0 & c_in);
    // 计算加法的总和
    assign sum[0] = p0 ^ c_in,
           sum[1] = p1 ^ c1,
           sum[2] = p2 ^ c2,
           sum[3] = p3 ^ c3;

    // 进位输出赋值
    assign c_out = c4;

    endmodule
```

6.5.3　脉动进位计数器

本节使用下降沿触发的触发器来设计四位脉动进位计数器。第 2 章曾经从非常抽象的角度进行了讨论，而在**门级建模**中没有涉及。下面使用 Verilog 的数据流语句来对其进行描述，并使用激励模块进行测试。四位脉动进位计数器的逻辑图如图 6.2 所示，它是由 4 个 T 触发器构成的。

图 6.3 给出了由 D 触发器和反相门构成的 T 触发器。

最后，图 6.4 给出了由基本逻辑门构成的 D 触发器。

下面根据给出的逻辑图，按照自顶向下的顺序使用数据流语句写出 Verilog 描述。首先设计 counter 模块，如例 6.6 所示，可以看到其中包含了 4 个 T_FF 模块的实例。

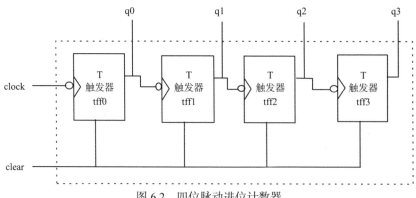

图 6.2　四位脉动进位计数器

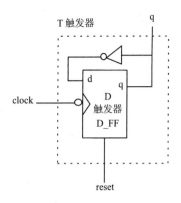

图 6.3　T 触发器

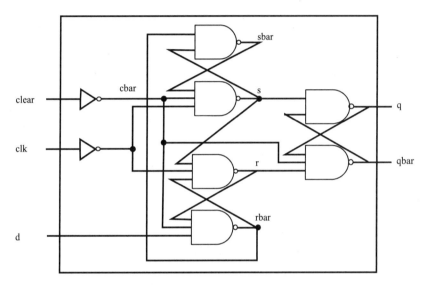

图 6.4　带清零端的负跳变沿触发的 D 触发器

例 6.6　脉动计数器的 Verilog 描述

```
// 脉动计数器
module counter(Q , clock, clear);


// 输入/输出端口
output [3:0] Q;
input clock, clear;

// 调用（实例引用）T 触发器
T_FF tff0(Q[0], clock, clear);
T_FF tff1(Q[1], Q[0], clear);
T_FF tff2(Q[2], Q[1], clear);
T_FF tff3(Q[3], Q[2], clear);


endmodule
```

接下来设计 T_FF 模块（见例 6.7）。注意，在描述中我们使用操作符~来代替 not 门对 q 取反。

例 6.7   T 触发器的 Verilog 描述

```
    // 边沿触发的 T 触发器，每个时钟周期翻转一次
    module T_FF(q, clk, clear);

    // 输入/输出端口
    output q;
    input clk, clear;

    // 调用（实例引用）边沿触发的 D 触发器
    // 输出 q 取反后反馈到输入
    // 注意 D 触发器的 qbar 端口不需要，让它悬空
    edge_dff ff1(q, ,~q, clk, clear);

    endmodule
```

最后，使用数据流语句来定义底层的 D_FF 模块。例 6.8 的描述中的数据流语句是与图 6.4 相对应的。逻辑图中的每个线网都在描述中进行了定义。

例 6.8   边沿触发的 D 触发器的 Verilog 描述

```
    // 边沿触发的 D 触发器
    module edge_dff(q, qbar, d, clk, clear);

    // 输入/输出端口声明
    output q,qbar;
    input d, clk, clear;

    // 内部变量
    wire s, sbar, r, rbar,cbar;

    // 数据流声明语句
    // 生成 clear 的反相信号
    assign cbar = ~clear;

    // 输入锁存；锁存器是电平敏感的。边沿触发的寄存器由三个 SR 锁存器组成
    assign  sbar = ~(rbar & s),
            s = ~(sbar & cbar & ~clk),
            r = ~(rbar & ~clk & s),
            rbar = ~(r & cbar & d);

    // 输出锁存
    assign  q = ~(s & qbar),
            qbar = ~(q & r & cbar);

    endmodule
```

现在我们已经完成了功能块的设计，下面通过在激励块中实例引用功能块来对其进行测试。激励块示于例 5.9 中，仿真时钟周期为 20 个时间单位，其占空比为 50%。

例 6.9　脉动计数器的激励块

```
// 顶层激励块
module stimulus;

// 声明产生激励输入的变量
reg CLOCK, CLEAR;
wire [3:0] Q;

initial
        $monitor($time, " Count Q = %b Clear= %b",  Q[3:0],CLEAR);

// 调用（实例引用）已经设计的模块 counter
counter c1(Q, CLOCK, CLEAR);

// 产生清零（CLEAR）激励信号
initial
begin
        CLEAR = 1'b1;
        #34 CLEAR = 1'b0;
        #200 CLEAR = 1'b1;
        #50 CLEAR = 1'b0;
end
// 产生时钟信号，每 10 个时间单位翻转一次
initial
begin
        CLOCK = 1'b0;
        forever #10 CLOCK = ~CLOCK;
end
// 在时间单位 400 处结束仿真
initial
begin
        #400 $finish;
end
endmodule
```

下面列出了仿真结果，注意清零信号 reset 对 count 进行了复位。

```
  0 Count Q = 0000 Clear= 1
 34 Count Q = 0000 Clear= 0
 40 Count Q = 0001 Clear= 0
 60 Count Q = 0010 Clear= 0
 80 Count Q = 0011 Clear= 0
100 Count Q = 0100 Clear= 0
120 Count Q = 0101 Clear= 0
140 Count Q = 0110 Clear= 0
160 Count Q = 0111 Clear= 0
180 Count Q = 1000 Clear= 0
200 Count Q = 1001 Clear= 0
220 Count Q = 1010 Clear= 0
234 Count Q = 0000 Clear= 1
284 Count Q = 0000 Clear= 0
300 Count Q = 0001 Clear= 0
320 Count Q = 0010 Clear= 0
```

```
340 Count Q = 0011 Clear= 0
360 Count Q = 0100 Clear= 0
380 Count Q = 0101 Clear= 0
```

6.6 小结

本章讨论了以下各方面的内容。

- **连续赋值**是数据流建模的主要语法结构。连续赋值总是处于有效（active）状态，即任一操作数的变化都会立即导致对表达式的重新计算。连续赋值语句的左值（赋值目标）必须是线网类型的变量或其连接。任何逻辑功能都能够使用连续赋值语句来完成。
- 延迟值用于控制右侧变量的改变和语句左侧被赋予新值之间的时间间隔。线网的（赋值）延迟可以通过 assign 语句、隐式连续赋值和线网声明三种方法来实现。
- 赋值语句包含表达式、操作符和操作数。
- 操作符的类型包括**算术**、**逻辑**、**关系**、**等价**、**按位**、**缩减**、**移位**、**拼接**、**重复**和**条件**。单目、双目和三目操作符分别具有一个、两个和三个操作数，而拼接操作符可以具有任意多个操作数。
- **条件操作符**的功能类似硬件中的多路选择器或软件编程语言中的 if-then-else 语句。
- 电路的数据流级描述要比门级描述简明。第 5 章讨论的四选一多路选择器和四位全加器同样可以用数据流语句来实现。本章使用两种方法重新设计了这两个电路。此外，还使用负跳变沿触发的 D 触发器设计了一个四位脉动计数器。

6.7 习题

1. 一个全减器具有三个一位输入：x，y 和 z（前面的借位），两个一位输出 D（差）和 B（借位）。计算 D 和 B 的逻辑等式如下所示：

$$D = x' \cdot y' \cdot z' + x' \cdot y \cdot z' + x \cdot y' \cdot z' + x \cdot y \cdot z$$
$$B = x' \cdot y + x' \cdot z + y \cdot z$$

根据上面的定义写出 Verilog 描述，包括 I/O 端口（注意：逻辑等式中的+对应于数据流建模中的逻辑或（||）操作符）。编写激励块，在模块中实例引用全减器。对 x，y 和 z 这三个输入的 8 种组合及其对应的输出进行测试。

x	y	z	B	D
0	0	0	0	0
0	0	1	1	1
0	1	0	1	1
0	1	1	1	0
1	0	0	0	1
1	0	1	0	0
1	1	0	0	0
1	1	1	1	1

2. **大小比较器**的功能是比较两个数之间的关系：大于、小于或等于。一个四位大小比较器的输入

是两个四位数 A 和 B。我们可以将它们写成下面的形式，最左边的位为最高有效位：

A =A(3) · A(2) · A(1) · A(0)

B =B(3) · B(2) · B(1) · B(0)

两个数的比较可以从最高有效位开始，逐位进行。如果两个位不相等，则该位值为 0 的数为较小的数。为了用逻辑等式实现这个功能，我们需要定义一个中间变量 x。注意下面实现的是同或（xnor）的功能。

x (i) = A(i) · B (i) + A (i) ' · B (i) '

大小比较器的三个输出为：A_gt_B，A_lt_B 和 A_eq_B。其计算公式为：

A_gt_B = A(3) · B(3) ' + x(3) · A(2) · B(2) ' + x(3) · x(2) · A(1) · B(1) ' + x(3) · x(2) · x(1) · A(0) · B(0) '

A_lt_B = A(3) ' · B(3) + x(3) · A(2} ' · B(2) + x(3) · x(2) · A(1) ' · B(1) + x(3) · x(2) · x(1) · A(0) ' · B(0)

A_eq_B = x (3) · x (2) · x (1) · x (0)

写出模块 magnitude_comparator 的 Verilog 描述。写出激励模块并在模块中实例引用 magnitude_comparator 模块。选择 A 和 B 的几种组合，对模块的功能进行测试。

3. 一个同步计数器可以使用**主从 JK 触发器**来设计。设计一个同步计数器，其逻辑图和 JK 触发器的逻辑图如图 6.5 和图 6.6 所示。清零信号 clear 低电平有效，输入数据在时钟信号 clock 的上升沿被锁存，触发器在 clock 的下降沿输出；当 count_enable 信号为低电平时停止计数。写出同步计数器的 Verilog 描述和激励模块，在激励模块中使用 clear 和 count_enable 对计数器进行测试，并显示输出计数 Q[3:0]。

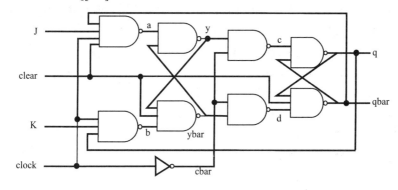

图 6.5　主从 JK 触发器

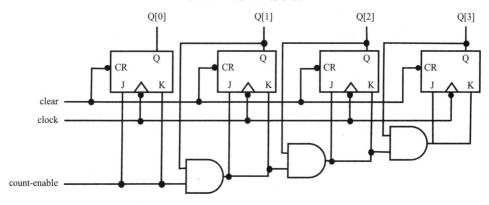

图 6.6　四位带清零端和计数使能端的同步计数器

第 7 章　行为级建模

随着设计复杂程度的不断提高，在设计早期进行良好的整体规划变得非常重要。设计者在对整体结构和算法做进一步的优化之前，必须首先对各种整体结构与算法之间的折中进行全面评估，以期获得最佳的性能价格比。这种对于整体结构的评估建立在硬件所完成的算法上，而不是建立在门级结构或数据流上。从这个角度讲，设计者所关心的是算法用硬件实现的方式及其性能。只有在确定了整体结构和算法之后，设计者才开始考虑如何在数字电路中实现这一算法。

Verilog 支持设计者从算法的角度，即从电路外部行为的角度对其进行描述，因此行为级建模是从一个很高的抽象角度来表示电路的。在这个层次上设计数字电路更类似于使用 C 语言编程，而且 Verilog 行为级建模的语法结构与 C 语言相当类似。Verilog 提供了许多行为级建模语法结构，为设计者的使用提供了很大的灵活性。

学习目标

- 解释结构化过程 always 和 initial 在行为级建模中的重要性。
- 定义**阻塞**（blocking）和**非阻塞**（non-blocking）过程性赋值语句。
- 理解行为级建模中基于延迟的时序控制机制。学习使用**一般延迟、内嵌赋值延迟和零延迟**。
- 理解行为级建模中基于事件的时序控制机制。学习使用**一般事件控制、命名事件控制和事件 OR（或）控制**。
- 在行为级建模中使用电平敏感的时序控制机制。
- 使用 if 和 else 解释条件语句。
- 使用 case，casex 和 casez 语句讲解多路分支。
- 理解 while，for，repeat 和 forever 等循环语句。
- 定义**顺序块和并行块**语句。
- 理解命名块和命名块的禁用。
- 在设计实例中进行行为级建模。

7.1　结构化过程语句

在 Verilog 中有两种结构化的过程语句：initial 语句和 always 语句，它们是行为级建模的两种基本语句。其他所有的行为语句只能出现在这两种结构化过程语句里。

与 C 语言不同，Verilog 在本质上是并发而非顺序的。Verilog 中的各个执行流程（进程）并发执行，而不是顺序执行的。每个 initial 语句和 always 语句代表一个独立的执行过程，每个执行过程从仿真时间 0 开始执行，并且这两种语句不能嵌套使用。下面解释这两种语句之间的差别。

7.1.1　initial 语句

所有在 initial 语句内的语句构成了一个 initial 块。initial 块从仿真 0 时刻开始执行，在整个仿真过程中只执行一次。如果一个模块中包括了若干个 initial 块，则这些 initial 块从仿真 0 时刻开始并发执行，且每个块的执行是各自独立的。如果在块内包含了多条行为语句，则需要将这些语句组成一组，一般是使用关键字 begin 和 end 将它们组合为一个块语句；如果块内只有一条语句，则不必使用 begin 和 end。这一点类似于 Pascal 语言中的 begin-end 块或 C 语言中的{ }语句块。例 7.1 给出了使用 initial 语句的例子。

例 7.1　initial 语句

```
module stimulus;

reg x,y, a,b, m;

initial
    m = 1'b0;  // 只有一条语句，不必使用 begin-end

initial
begin
    #5 a = 1'b1; // 多条语句，需要使用 begin-end
    #25 b = 1'b0;
end

initial
begin
    #10 x = 1'b0;
    #25 y = 1'b1;
end

initial
    #50 $finish;

endmodule
```

在上面的例子中，三条 initial 语句在仿真 0 时刻开始并行执行。如果在某一条语句前面存在延迟#<delay>，那么对这条 initial 语句的仿真将会停顿下来，在经过指定的延迟时间之后再继续执行。因此上面 initial 语句的执行顺序为：

```
时间              所执行的语句
0                m = 1'b0;
5                a = 1'b1;
10               x = 1'b0;
30               b = 1'b0;
35               y = 1'b1;
50               $finish;
```

由于 initial 块语句在整个仿真期间只能执行一次，因此它一般被用于初始化、信号监控、生成仿真波形等目的。下文讨论如何使用另一种简便的语法来进行初始化。这种方法与 initial 语句和变量声明的组合具有同样的效果。

在变量声明的同时进行初始化

Verilog 允许在变量声明时进行初始化，例 7.2 给出了这样的声明语句。

例 7.2 声明时赋初值

```
// 最先定义时钟变量
reg clock;
// 把时钟变量的值设置为 0
initial clock = 0;

// 不用上述方法，也可以在时钟变量声明时将其初始化
// 这种方法只适用于模块一级的变量声明
reg clock = 0;
```

同时进行端口/数据声明和初始化

在端口/数据声明的同时可以对其赋初始值，如例 7.3 所示。

例 7.3 端口/数据组合声明初始化

```
module adder (sum, co, a, b, ci);
output reg [7:0] sum = 0; // 初始化 8 位输出变量 sum
output reg       co  = 0; // 初始化 1 位输出变量 co
input      [7:0] a, b;
input            ci;

…
…
endmodule
```

ANSI C 风格端口声明初始化

例 7.4 给出了 ANSI C 风格端口声明的声明初始化。

例 7.4 ANSI C 风格端口声明的声明初始化

```
module adder (output reg [7:0] sum = 0, // 初始化 8 位输出变量 sum
              output reg       co  = 0, // 初始化 1 位输出变量 co
              input      [7:0] a, b,
              input            ci
              );
…
…
endmodule
```

7.1.2 always 语句

always 语句包括的所有行为语句构成了一个 always 语句块。该 always 语句块从仿真 0 时刻开始顺序执行其中的行为语句；在最后一条执行完成后，再次开始执行其中的第一条语句，如此循环往复，直至整个仿真结束。因此 always 语句通常用于对数字电路中一组反复执行的活动进行建模。例如时钟信号发生器，每半个时钟周期时钟信号翻转一次。在现实电路中只要电源接通，时钟信号发生器从时刻 0 就有效，一直工作下去。例 7.5 说明了用 Verilog 语言为时钟发生器建立模型的一种方法。

例 7.5　always 语句

```
module clock_gen (output reg clock);

    // 在 0 时刻把 clock 变量初始化
    initial
        clock = 1'b0;

    // 每半个周期把 clock 信号的值翻转一次（周期 =20）
    always
        #10 clock = ~clock;

    initial
        #1000 $finish;

endmodule
```

在例 7.5 中，always 语句从仿真 0 时刻起，每隔 10 个时间单位执行一次对 clock 信号的取反操作。注意，在这个例子中，clock 信号是在 initial 语句中进行初始化的；如果将初始化语句放在 always 块内，那么 always 语句的每次执行都会导致 clock 被初始化，而不是像 initial 那样只执行一次。如果没有使用$stop 或$finish 语句停止仿真，这个时钟发生器就会一直工作下去。

从 C 语言的角度来看，always 类似于一个无限循环；然而从硬件设计者的角度来看，它真实地反映了硬件电路在通电以后连续地反复执行的特点。这种执行停止的原因只能是断电（$finish）和中断（$stop）。

7.2　过程赋值语句

过程赋值语句的更新对象是寄存器、整数、实数或时间变量。这些类型的变量在被赋值后，其值将保持不变，直到被其他过程赋值语句赋予新值。这与第 6 章所讨论的**连续赋值**语句是不同的。连续赋值语句总是处于活动状态，任意一个操作数的变化都会导致表达式的重新计算以及重新赋值，但过程赋值语句只有在执行到时才会起作用。过程赋值语句最简单的语法形式为：

```
assignment ::= variable_lvalue = [ delay_or_event_control ]
               expression
```

过程赋值语句的左值<lvalue>可以是以下类型：

- reg，整型数、实型数、时间寄存器变量或存储器单元。
- 上述各种类型的位选（例如，addr [0]）。
- 上述各种类型的域选（例如，addr [31 : 16]）。
- 上面三种类型的拼接。

赋值符的右侧可以是任意类型的合法表达式，在表达式中可以使用表 6.1 列出的所有操作符。Verilog 包括两种类型的过程赋值语句：**阻塞赋值**和**非阻塞赋值**语句。

7.2.1　阻塞赋值语句

串行块语句中的阻塞赋值语句按顺序执行，它不会阻塞其后并行块中语句的执行。7.7 节将对**串行块**和**并行块**进行讨论。阻塞赋值语句使用 "=" 作为赋值符。

在例 7.6 中，只有在语句 x = 0 执行完成之后，才会执行 y = 1，而语句 count = count + 1 按顺序在最后执行。由于阻塞赋值语句是按顺序执行的，因此如果在一个 begin-end 块中使用了阻塞赋值语句，这个块语句表现的就是串行行为。在例 7.6 中，begin-end 块中各条语句执行的仿真时间如下所示：

- x = 0 到 reg_b = reg_a 之间的语句在仿真时刻 0 执行；
- 语句 reg_a [2] = 0 在仿真时刻 15 执行；
- 语句 reg_b [15 : 13] = { x, y, z } 在仿真时刻 25 执行；
- 语句 count = count + 1 在仿真时刻 25 执行；
- 由于前面的语句中分别包含了 15 个和 10 个时间单位的延迟，因此语句 count = count + 1 将在第 25 个时间单位处执行。

例 7.6　阻塞赋值语句

```
reg x, y, z;
reg [15:0] reg_a, reg_b;
integer count;

// 所有行为语句必须放在 initial 或 always 块内部
initial
begin
        x = 0; y = 1; z = 1; // 标量赋值
        count = 0; // 整型变量赋值
        reg_a = 16'b0; reg_b = reg_a; // 向量的初始化

        #15 reg_a[2] = 1'b1; // 带延迟的位选赋值
        #10 reg_b[15:13] = {x, y, z}  // 把拼接操作的结果赋值给向量的部分位（域）

        count = count + 1; // 给整型变量赋值（递增）
end
```

注意，在对寄存器类型变量进行过程赋值时，如果赋值符两侧的位宽不相等，则采用以下原则：

1. 如果右侧表达式的位宽较宽，则将保留从最低位开始的右侧值，丢弃超过左侧位宽的高位；
2. 如果左侧位宽大于右侧位宽，则不足的高位补 0。

7.2.2　非阻塞赋值语句

非阻塞赋值语句允许赋值调度，但它不会阻塞位于同一个顺序块中其后语句的执行。非阻塞赋值使用 "<=" 作为赋值符。读者会注意到，它与"小于等于"关系操作符是同一个符号，但在表达式中它被解释为关系操作符，而在非阻塞赋值的环境下被解释成非阻塞赋值。为了说明非阻塞赋值的意义以及与阻塞赋值的区别，可将例 7.6 中的部分阻塞赋值改为非阻塞赋值后的结果，例 7.7 给出了修改后的语句。

例 7.7　非阻塞赋值语句

```
reg x, y, z;
reg [15:0] reg_a, reg_b;
integer count;


// 所有的行为语句必须写在 initial 和 always 块内
initial
```

```
begin
        x = 0; y = 1; z = 1;  // 标量赋值
        count = 0;  // 整型变量赋值
        reg_a = 16'b0; reg_b = reg_a;  // 向量的初始化

        reg_a[2] <= #15 1'b1;  // 带延迟的位选赋值
    reg_b[15:13] <= #10 {x, y, z};  // 把拼接操作的结果赋值给向量的部分位（域）

        count <= count + 1;  // 给整型变量赋值（递增）
    end
```

在这个例子中，从 x = 0 到 reg_b = reg_a 之间的语句是在仿真 0 时刻顺序执行的，之后的三条非阻塞赋值语句在 reg_b = reg_a 执行完成后并发执行。

- reg_a[2] = 0 被调度到 15 个时间单位之后执行，即仿真时刻为 15；
- reg_b[15:13] = {x, y, z} 被调度到 10 个时间单位之后执行，即仿真时刻为 10；
- count = count + 1 被调度到无任何延迟执行，即仿真时刻为 0。

从上面的分析中可以看到，仿真器将非阻塞赋值调度到相应的仿真时刻，然后继续执行后面的语句，而不是停下来等待赋值的完成。一般情况下，非阻塞赋值是在当前仿真时刻的最后一个时间步，即阻塞赋值完成之后才执行的。

在上面的例子中，将阻塞和非阻塞赋值语句混合在一起使用，目的是更清楚地比较和说明它们的行为。注意，不要在同一个 always 块中混合使用阻塞和非阻塞赋值语句。

非阻塞赋值语句的应用

描述了非阻塞赋值的行为之后，理解究竟为什么要在硬件设计中使用非阻塞赋值是很重要的。非阻塞赋值可以被用来为常见的硬件电路行为建立模型，例如当某一事件发生后，多个数据并发传输的行为。在下面这个例子中，当时钟信号的上升沿到来之后，执行三个数据的并发传输：

```
always @(posedge clock)
begin
    reg1 <= #1 in1;
    reg2 <= @(negedge clock) in2 ^ in3;
    reg3 <= #1 reg1;  // reg1 的 "旧值"
end
```

每当一个时钟上升沿到来时，其中的非阻塞赋值语句按下面的顺序执行：

1. 在每个时钟上升沿到来时读取操作数变量 in1，in2，in3 和 reg1，计算右侧表达式的值，该值由仿真器临时保存；

2. 对左值的赋值由仿真器调度到相应的仿真时刻，延迟时间由语句中内嵌的延迟值确定。在本例中，对 reg1 的赋值需要等 1 个时间单位，对 reg2 的赋值需要等到时钟信号下降沿到来的时刻，对 reg3 的赋值需要等 1 个时间单位；

3. 每个赋值操作在被调度的仿真时刻完成。注意，对左侧变量的赋值使用的是由仿真器保存的表达式 "旧值"，因此赋值完成的实际顺序并不重要。在本例中，对 reg3 赋值使用的是 reg1 的 "旧值"，而不是在此之前对 reg1 赋予的新值，reg1 的 "旧值" 是在赋值事件调度时由仿真器保存的。

由上面的分析可见，reg1，reg2 和 reg3 的最终值与赋值完成的顺序无关，体现了非阻塞赋值并行的特点。

为了进一步理解阻塞和非阻塞赋值，来看看例 7.8 中的例子。这个例子的目的是在每个时钟上升沿处交换 a 和 b 这两个寄存器变量的值，其中使用了两个 always 语句。

例 7.8　使用非阻塞赋值来避免竞争

```
// 说明 1：使用阻塞语句的两个并行的 always 块
always @(posedge clock)
        a = b;

always @(posedge clock)
        b = a;

// 说明 2：使用非阻塞语句的两个并行的 always 块
always @(posedge clock)
        a <= b;

always @(posedge clock)
        b <= a;
```

在第一种描述中使用了阻塞赋值，这样就产生了竞争的情况：a = b 和 b = a，具体执行顺序的先后取决于所使用的仿真器。因此这段代码达不到交换 a 和 b 值的目的，而是使得两者具有相同的值（在时钟上升沿到来之前 a 或 b 的值），具体是哪一个值与使用的仿真器有关。

在第二种描述中，通过使用非阻塞赋值语句来避免竞争：在每个时钟上升沿到来的时候，仿真器读取每个操作数的值，进而计算表达式的值并保存在临时变量中；当赋值的时候，仿真器将这些保存的值赋予非阻塞赋值语句的左侧变量。这样就将读和写操作分开来了，达到了交换数据的目的，并且不受语句执行顺序的影响。例 7.9 介绍了如何用阻塞赋值实现例 7.8 中（说明 2）使用非阻塞语句才能实现的数值交换。

例 7.9　使用阻塞赋值来达到非阻塞赋值的目的

```
// 使用临时变量和阻塞赋值来模仿非阻塞赋值的行为
always @(posedge clock)
begin
    // 读操作
    // 把右侧表达式的值放在临时变量中
    temp_a = a;
    temp_b = b;
    // 写操作
    // 把临时变量的值放到左侧变量中
    a = temp_b;
    b = temp_a;
end
```

在数字电路设计中，如果某事件发生后将产生多个数据的并发传输，那么强烈建议读者使用非阻塞赋值来描述这种情形。如果使用阻塞赋值来描述这种情形，则由于最终结果依赖于语句的具体执行顺序，有可能引起竞争风险；而非阻塞赋值语句的执行结果是与执行顺序无关的，因此它能够准确地描述这种情况。非阻塞赋值的典型应用包括流水线建模和多个互斥（mutually exclusive）数据传输的建模。使用非阻塞赋值所带来的问题是，它会引起仿真速度的下降以及内存使用量的增加。

7.3 时序控制

Verilog 为使用者提供了多种类型的时序控制方法。在 Verilog 中，时序控制起着非常重要的作用，它使得设计者可以指定过程赋值发生的时刻，进而控制仿真时间如何向前推进。Verilog 提供了三种时序控制方法：**基于延迟的时序控制、基于事件的时序控制**和**电平敏感的时序控制**。

7.3.1 基于延迟的时序控制

基于延迟的时序控制出现在表达式中，它指定了语句开始执行到执行完成之间的时间间隔。在前面章节中的几个模块里，已经使用过基于延迟的时序控制，但未对其进行解释。本节将对其进行讨论。下面给出了指定延迟的语法。

```
delay3 ::= # delay_value | # ( delay_value [ , delay_value [ ,
           delay_value ] ] )
delay2 ::= # delay_value | # ( delay_value [ , delay_value ] )
delay_value ::=
           unsigned_number
         | parameter_identifier
         | specparam_identifier
         | mintypmax_expression
```

延迟值可以是**数字、标识符**或**表达式**，需要在延迟值前加上关键字 # 。对于过程赋值，Verilog 提供了三种类型的延迟控制：**常规延迟控制、赋值内嵌延迟控制**和**零延迟控制**。

常规延迟控制

常规延迟控制位于赋值语句的左边，用于指定一个非零延迟值。例 7.10 给出了使用常规延迟控制的例子。

例 7.10 常规延迟控制

```
// 定义参数
parameter latency = 20;
parameter delta = 2;
// 定义寄存器变量

reg x, y, z, p, q;

initial
begin
        x = 0; // 没有延迟控制
        #10 y = 1; // 延迟值是数字的延迟控制。第 10 个单位时间才执行 y = 1

        #latency z = 0; // 使用标识符的延迟控制。延迟 20 个单位时间
        #(latency + delta) p = 1; // 使用表达式控制的延迟

        #y x = x + 1; // 使用标识符的延迟控制，用 y 的值

        #(4:5:6) q = 0; // 最小、典型和最大延迟值，第 5 章已经讨论过
end
```

在例 7.10 中，过程赋值语句被推迟执行的时间是由延迟控制指定的。对于 begin-end 块中的语句，延迟值总是指遇到该赋值语句时，需要等待执行的相对时间。以例 7.10 中的语句来说明，因为 begin-end 块中的第一条语句是在仿真时刻 0 开始执行的，在第 10 个时间单位时刻遇到第二条语句，于是执行 y = 1。

内嵌赋值延迟控制

除了可以将延迟控制置于赋值语句之前，还可以将它嵌入赋值语句中，放在赋值符的右边。这种延迟方式的效果与常规延迟赋值完全不同。例 7.11 对这两种延迟控制进行了比较。

例 7.11　内嵌赋值延迟

```
// 定义寄存器变量
reg x, y, z;

// 内嵌赋值延迟
initial
begin
        x = 0; z = 0;
        y = #5 x + z;  // 在仿真的 0 时刻取得 x 和 z 的值，计算 x + z，
                       // 然后等待 5 个单位时间，把计算结果赋给 y


end

// 用临时变量和正规的延迟控制，达到同样的效果
initial
begin
        x = 0; z = 0;
        temp_xz = x + z;  // 在当前时刻计算 x + z 的值，把计算结果存储在临时变量中。
        #5 y = temp_xz;   // 即使在 0 ~ 5 个时间单位期间，x 和 z 的值都发生了变化，在
                          // 仿真时间单位 5 时刻，赋给 y 的结果仍然不受影响（即
                          // 保留 0 时刻的计算结果）

end
```

注意常规延迟和内嵌赋值延迟的区别。对于常规延迟控制，它推迟的是整个赋值语句的执行。对于内嵌赋值延迟，仿真器首先立即计算右侧表达式的值，推迟指定的时间之后，再将这个值赋予左侧变量。因此，内嵌延迟的效果相当于将表达式的值保存在临时变量中，然后使用常规延迟控制将这个值赋给左侧变量。

零延迟控制

在同一仿真时刻，位于不同 always 和 initial 块中的过程语句有可能被同时计算，但是执行（赋值）顺序是不确定的，与使用的仿真器类型有关。在这种情况下，零延迟控制可以保证带零延迟控制的语句将在执行时刻相同的多条语句中最后执行，从而避免发生竞争。但需要注意的是，如果存在多条带有零延迟的语句，则它们之间的执行顺序也将是不确定的。例 7.12 说明了零延迟控制。

例 7.12　零延迟控制

```
    initial
    begin
        x = 0;
        y = 0;
    end

    initial
    begin
        #0 x = 1; // 零延迟控制
        #0 y = 1;
    end
```

例 7.12 中的四条赋值语句都将在仿真 0 时刻执行；但由于后面两条语句具有零延迟，因此它们将被安排在最后执行。因此，在仿真 0 时刻结束时，x 和 y 的值都为 1，但它们的执行顺序是不确定的。

在实际设计中，我们建议读者尽量不要使用零延迟控制。

7.3.2　基于事件的时序控制

在 Verilog 中，**事件**是指某一个寄存器或线网变量的值发生了变化。事件可以用来触发声明语句或块语句的执行。Verilog 提供了 4 种类型的事件控制：**常规事件控制、命名事件控制、or（或）事件控制和电平敏感时序控制**。

常规事件控制

事件控制使用符号@来说明，语句继续执行的条件是信号的值发生变化、发生**正向跳变**和**负向跳变**。关键字 posedge 用于指明正向跳变，negedge 用于指明负向跳变（见例 7.13）。

例 7.13　常规事件控制

```
    @(clock) q = d; // 只要信号 clock 的值改变，就执行 q = d 语句
    @(posedge clock) q = d; // 只要信号 clock 的值发生正向跳变，即当由 0 变到 1，x 或 z，
                            //   由 x 变到 1，由 z 变到 1 时，就执行 q = d 语句
    @(negedge clock) q = d; // 只要信号 clock 的值发生负向跳变，即当由 1 变到 0，x 或 z，
                            //   由 x 变到 0，由 z 变到 0 时，就执行 q = d 语句
    q = @(posedge clock) d; // 立即计算 d 值，在 clock 正向跳变沿时刻赋值给 q
```

命名事件控制

Verilog 语言提供了命名事件控制机制。用户可以在程序中声明 event（事件）类型的变量，触发该变量，并且识别该事件是否已经发生（见例 7.14）。命名事件由关键字 event 声明，它不能保存任何值。事件的触发用符号 –> 表示；判断事件是否发生使用符号@来识别。

例 7.14　命名事件控制

```
    // 本例中的代码描述在最后一组数据到达以后，把数据存储在缓存器中的行为
    event received_data; // 定义一个名为 received_data（接收数据）的事件

    always @(posedge clock)
    begin
            if(last_data_packet) // 如果这是最后一组数据
                    ->received_data; // 触发接收数据事件（received_data）
    end
```

```
always @(received_data)  // 等待接收数据事件的触发
                         // 当事件触发时，用拼接操作把数据存入数据缓存器
        data_buf = {data_pkt[0], data_pkt[1], data_pkt[2], data_pkt[3]};
```

or 事件控制

有时，多个信号或者事件中发生的任意一个变化都能够触发语句或语句块的执行。在 Verilog 语言中，可以使用"或"表达式来表示这种情况。由关键字 or 连接的多个事件名或者信号名组成的列表称为**敏感列表**。关键字 or 用于表示这种关系，如例 7.15 所示。

例 7.15　or 事件控制（敏感列表）

```
// 有异步复位的电平敏感锁存器
always @( reset or clock or d)
                          // 等待复位信号 reset，时钟信号 clock 或输入信号 d 的改变
begin
        if (reset)        // 若 reset 信号为高，则将 q 置零
                q = 1'b0;
        else    if(clock) // 若 clock 信号为高，则锁存输入信号 d
                q = d;
end
```

关键字 or 也可以使用"，"来代替。例 7.16 给出了使用逗号的例子。使用"，"来代替关键字 or 也适用于跳变沿敏感的触发器。

例 7.16　使用逗号的敏感列表

```
// 有异步复位的电平敏感锁存器
always @( reset, clock, d)
                          // 等待复位信号 reset，时钟信号 clock 或输入信号 d 的改变
begin

        if (reset)              // 若 reset 信号为高，则将 q 置零
                q = 1'b0;
    else    if(clock)       // 若 clock 信号为高，则锁存输入信号 d
            q = d;
end


// 用 reset 异步下降沿复位，clk 正跳变沿触发的 D 寄存器
always @(posedge clk, negedge reset) // 注意，使用逗号来代替关键字 or
if(!reset)
   q <=0;
else
   q <=d;
```

如果组合逻辑块语句的输入变量很多，编写敏感列表就会很烦琐并且容易出错。针对这种情况，Verilog 提供了另外两个特殊的符号：@*和@(*)，它们都表示对其后语句块中的所有输入变量的变化是敏感的[1]。例 7.17 说明了如何用这两个符号表示组合逻辑的敏感列表。

---

[1] 读者可以阅读 *IEEE Standard Verilog Hardware Description Language* 文档中关于这两个符号的使用细节及其限制。

例 7.17　@*操作符的使用

```
// 用 or 操作符的组合逻辑块编写敏感列表很烦琐，并且容易漏掉一个输入
always @(a or b or c or d or e or f or g or h or p or m)

begin
out1 = a ? b+c : d+e;
out2 = f ? g+h : p+m;
end

// 不用上述方法，用符号@(*)来代替，可以把所有输入变量都自动包括进敏感列表
always @(*)
begin
out1 = a ? b+c : d+e;
out2 = f ? g+h : p+m;
end
```

7.3.3　电平敏感时序控制

前面讨论的事件控制都需要等待信号值的变化或者事件的触发，使用符号@和后面的敏感列表来表示。Verilog 同时也允许使用另外一种形式表示的电平敏感时序控制（即后面的语句和语句块需要等待某个条件为真才能执行）。Verilog 语言用关键字 **wait** 来表示等待电平敏感的条件为真。

```
always
    wait (count_enable) #20 count = count + 1;
```

在上面的例子中，仿真器连续监视 count_enable 的值。如果其值为 0，则不执行后面的语句，仿真会停顿下来；如果其值为 1，则在 20 个时间单位之后执行这条语句。如果 count_enable 始终为 1，那么 count 将每 20 个时间单位加 1。

7.4　条件语句

条件语句用于根据某个条件来确定是否执行其后的语句，关键字 if 和 else 用于表示条件语句。Verilog 语言共有三种类型的条件语句，条件语句的用法如下所示，其形式化语法见附录 D。

```
// 第一类条件语句: 没有 else 语句
// 其后的语句执行或不执行
if (<expression>) true_statement ;

// 第二类条件语句: 有一条 else 语句
// 根据表达的值，决定执行 true_statement 或者 false_statement
if (<expression>) true_statement ; else false_statement ;

// 第三类条件语句: 嵌套的 if-else-if 语句
// 可供选择的语句有许多条，只有一条被执行
if (<expression1>) true_statement1 ;
else if (<expression2>) true_statement2 ;
else if (<expression3>) true_statement3 ;
else default_statement ;
```

条件语句的执行过程为：计算条件表达式<expression>，如果结果为真（1 或非零值），则执行 true_statement 语句；如果条件为假（0 或不确定值 x），则执行 false_statement 语句。在条件表

达式中可以包含表 6.1 中所列举的任何操作符。true_statement 和 false_statement 可以是一条语句，也可以是一组语句。如果是一组语句，则通常使用 begin 和 end 关键字将它们组成一个块语句。具体的使用方法见例 7.18。

例 7.18 条件语句举例

```
// 第一类条件语句
if(!lock) buffer = data;
if(enable) out = in;

// 第二类条件语句
if (number_queued < MAX_Q_DEPTH)
begin
        data_queue = data;
        number_queued = number_queued + 1;
end
else
        $display("Queue Full. Try again");

// 第三类条件语句
// 根据不同的算术逻辑单元的控制信号 alu_control 执行不同的算术运算操作
if (alu_control == 0)
        y = x + z;
else if(alu_control == 1)
        y = x - z;
else if(alu_control == 2)
        y = x * z;
else
        $display("Invalid ALU control signal");
```

7.5 多路分支语句

上节所讲述的第三种条件语句使用 if-else-if 的形式从多个选项中确定一个结果。如果选项的数目很多，使用起来就会很不方便，而使用 case 语句来描述这种情况则非常简便。

7.5.1 多路分支

case 语句使用关键字 case，endcase 和 default 来表示。

```
case (expression)
    alternative1: statement1;
    alternative2: statement2;
    alternative3: statement3;
        …
        …
    default: default_statement;
endcase
```

case 语句中的每一条分支语句都可以是一条语句或一组语句。多条语句需要使用关键字 begin 和 end 组合为一个块语句。在执行时，首先计算条件表达式的值，然后按顺序将它和各个候选项进行比较。如果等于第一个候选项，则执行对应的语句 statement1；如果和全部候选项都不相等，则执行 default_statement 语句。注意，default_statement 语句是可选的，而且在一条 case 语句中不允许有多条 default_statement。另外，case 语句可以嵌套使用。下面的 Verilog 代码实现了例 7.18 中的第三类条件语句。

```
// 根据不同的 alu_control 信号，执行不同的语句
reg [1:0] alu_control;
…
…
case (alu_control)
  2'd0 : y = x + z;
  2'd1 : y = x - z;
  2'd2 : y = x * z;
  default : $display("Invalid ALU control signal");
endcase
```

case 语句的行为类似于多路选择器。为了说明这一点，例 7.19 使用 case 语句对 6.5 节中的四选一多路选择器建模。由于只是实现方式的改变，因此模块的 I/O 端口保持不变。从这个例子中可以看到，八选一或十六选一多路选择器也很容易用 case 语句来实现。

例 7.19　使用 case 语句实现四选一多路选择器

```
module mux4_to_1 (out, i0, i1, i2, i3, s1, s0);

// 根据输入/输出图的端口声明
output out;
input i0, i1, i2, i3;
input s1, s0;
reg out;

always @(s1 or s0 or i0 or i1 or i2 or i3)
case ({s1, s0}) // 开关变量是由两个控制信号拼接而成的
        2'd0 : out = i0;
        2'd1 : out = i1;
        2'd2 : out = i2;
        2'd3 : out = i3;
        default: $display("Invalid control signals");
endcase

endmodule
```

case 语句逐位比较表达式的值和候选项的值，每一位的值可能是 0，1，x 或 z。如果两者的位宽不相等，则使用 0 填补空缺位来使两者的位宽相等。例 7.20 使用 case 语句定义了输出完全指定的一进四出分路器（1-to-4 demultiplexer）。在输入选择信号的组合中，包括了不确定（x）位和高阻抗（z）位，对于选择信号的任意组合，该分路器的每个输出值都已被程序明确指定了。

例 7.20　带 x 和 z 的 case 语句

```
module demultiplexer1_to_4 (out0, out1, out2, out3, in, s1, s0);

// 根据输入/输出图的端口声明
output out0, out1, out2, out3;
reg out0, out1, out2, out3;
input in;
```

```
input s1, s0;

always @(s1 or s0 or in)
case ({s1, s0}) //Switch based on control signals
    2'b00 : begin  out0 = in;   out1 = 1'bz; out2 = 1'bz; out3 = 1'bz; end
    2'b01 : begin  out0 = 1'bz;  out1 = in;   out2 = 1'bz; out3 = 1'bz; end
    2'b10 : begin  out0 = 1'bz;  out1 = 1'bz; out2 = in;   out3 = 1'bz; end
    2'b11 : begin  out0 = 1'bz;  out1 = 1'bz; out2 = 1'bz; out3 = in; end

    // 考虑选择信号中有不确定值 x。若选择信号为不确定值（x），则输出为 x
    // 考虑选择信号中有高阻抗值 z。若选择信号为高阻抗值（z），则输出为 z
    // 若选择信号中一位为 x，另外一位为 z，则 x 的优先级高
        begin
                out0 = 1'bx;  out1 = 1'bx;  out2 = 1'bx;  out3 = 1'bx;
        end
    2'bz0, 2'bz1, 2'bzz, 2'b0z, 2'b1z :
        begin
                out0 = 1'bz;  out1 = 1'bz;  out2 = 1'bz;  out3 = 1'bz;
        end
    default: $display("Unspecified control signals");
endcase

endmodule
```

在例 7.20 中，将引起同一输出块执行的多个选择信号组合，如 2'bz0，2'bz1，2'bzz，2'b0z 和 2'b1z 放在同一个语句块的候选项中，使用逗号将其分开。

7.5.2　casex 和 casez 关键字

除了上面讲述的 case 语句，case 语句还有两个变形，分别用关键字 casex 和 casez 来表示。

- casez 语句将条件表达式或候选项表达式中的 z 作为无关值，所有值为 z 的位也可以用"?"来代表；
- casex 语句将条件表达式或候选项表达式中的 x 作为无关值。

使用 casex 和 casez，可以实现在 case 表达式中只对非 x 或非 z 的位置进行比较。例 7.21 说明了如何在使用 casex 语句的有限状态机中比较状态位。casez 的使用与 casex 的使用类似。在确定下一个状态时，只有一位需要考虑，其余各位可以忽略不计。

例 7.21　casex 的用法

```
reg [3:0] encoding;
integer state;

casex (encoding) // 逻辑值 x 表示无关位
4'b1xxx : next_state = 3;
4'bx1xx : next_state = 2;
4'bxx1x : next_state = 1;
4'bxxx1 : next_state = 0;
default : next_state = 0;
endcase
```

在上面的例 7.21 中，如果输入 encoding 的值为 4'b10xz，则执行 next_state = 3。

7.6 循环语句

Verilog 语言中有四种类型的循环语句：while，for，repeat 和 forever。这些循环语句的语法与 C 语言中的循环语句相当类似。循环语句只能在 always 或 initial 块中使用，循环语句可以包含延迟表达式。

7.6.1 while 循环

while 循环使用关键字 while 来表示。while 循环执行的中止条件是 while 表达式的值为假。如果遇到 while 语句时 while 表达式的值已经为假，那么循环语句一次也不执行。在 while 语句中可以使用表 6.1 中列出的各种操作符，并且可以用这些操作符构成任意的逻辑表达式。如果循环中有多条语句，则必须将它们组合成 begin 和 end 块。例 7.22 给出了 while 循环的例子。

例 7.22 while 循环

```verilog
// 说明 1: 计数器变量 count 从 0 增加到 127，并显示 count 变量
// 当 count 为 128 时停止计数
integer count;

initial
begin
        count = 0;
        while (count < 128) // 执行循环直到计数器为 127
                            // 当计数器为 128 时退出
        begin
             $display("Count = %d", count);
            count = count + 1;
        end
end


// 说明 2: 在标志向量 flag 中（从最低位起）寻找第一个值为 1 的位
variable)
'define TRUE 1'b1';
'define FALSE 1'b0';
reg [15:0] flag;
integer i; // 整型数用于计数
reg continue;

initial
begin
  flag = 16'b 0010_0000_0000_0000;
  i = 0;
  continue = 'TRUE;

  while((i < 16) && continue ) // 用操作符的多个条件构成 while 表达式
  begin
    if (flag[i])
    begin
      $display("Encountered a TRUE bit at element number %d", i);
      continue = 'FALSE;
    end
    i = i + 1;
```

```
        end
    end
```

7.6.2　for 循环

for 循环使用关键字 for 来表示，它由三个部分组成：

1. 初始条件；
2. 检查终止条件是否为真；
3. 改变控制变量的过程赋值语句。

例 7.22 中用 while 循环语句描述的计数器也可以用 for 循环语句来描述（见例 7.23）。从例 7.23 中可以看到，初始条件和完成自加操作的过程赋值语句都包括在 for 循环中，无须另外说明，因此它的写法较 while 循环更为紧凑。但是要注意，while 循环比 for 循环更为通用，并不是在所有情况下都能使用 for 循环来代替 while 循环。

例 7.23　for 循环

```
integer count;

initial
    for ( count=0; count < 128; count = count + 1)
            $display("Count = %d", count);
```

此外，for 循环还经常用来对数组或存储器进行初始化。举例如下：

```
// 数组元素的初始化
`define MAX_STATES 32
integer state [0:`MAX_STATES-1]; // 整型数数组 state 共有元素 state[0]至 state[31]
integer i;

initial
begin
    for(i = 0; i < 32; i = i + 2) // 把所有偶元素初始化为 0
        state[i] = 0;
    for(i = 1; i < 32; i = i + 2) // 把所有奇元素初始化为 1
        state[i] = 1;
end
```

for 循环一般用于具有固定开始和结束条件的循环。如果只有一个执行循环的条件，则最好还是使用 while 循环。

7.6.3　repeat 循环

关键字 repeat 用来表示这种循环。repeat 循环的功能是执行固定次数的循环，它不能像 while 循环那样根据一个逻辑表达式来确定循环是否继续进行。repeat 循环的次数必须是一个常量、一个变量或者一个信号。如果循环重复次数是变量或者信号，则循环次数是循环开始执行时变量或者信号的值，而不是循环执行期间的值。

例 7.22 中的计数器可以使用 repeat 循环来描述，见例 7.24 中的说明 1。说明 2 给出了如何使用 repeat 循环对数据缓冲区建模，这个数据缓冲区的功能是在收到开始信号之后第 8 个时钟上升沿处锁存输入数据。

例 7.24　repeat 循环

```
    // 说明 1: 从 0 增加到 127 计数并显示
    integer count;

    initial
    begin
        count = 0;
        repeat(128)
        begin

            $display("Count = %d", count);
            count = count + 1;
        end
    end

    // 说明 2: 数据缓冲模块举例
    // 在收到 data_start 信号后, 其后 8 个时钟周期读入数据
    module data_buffer(data_start, data, clock);

    parameter cycles = 8;
    input data_start;
    input [15:0] data;
    input clock;

    reg [15:0] buffer [0:7];
    integer i;

    always @(posedge clock)
    begin
      if(data_start) // data_start 信号为真
      begin
        i = 0;
        repeat(cycles) // 在接下来的 8 个时钟周期的正跳变沿存储数据

        begin
          @(posedge clock) buffer[i] = data; // 等待下一个正跳变沿的到来锁存数据

          i = i + 1;
        end
      end
    end

    endmodule
```

7.6.4　forever 循环

关键字 forever 用来表示永久循环。在永久循环中不包含任何条件表达式, 只执行无限的循环, 直到遇到系统任务$finish 为止。forever 循环等价于条件表达式永远为真的 while 循环, 例如 while(1)。如果需要从 forever 循环中退出, 则可以使用 disable 语句。

通常情况下 forever 循环是和时序控制结构结合使用的。如果没有时序控制结构, 那么仿真器将无限次地执行这条语句, 并且仿真时间不再向前推进, 使得其余部分的代码无法执行。例 7.25 解释了如何使用 forever 循环。

例 7.25　forever 循环

```
//Example 1: Clock generation
// 例1: 时钟发生器
// 用 forever 循环, 不用 always 块

initial
begin
        clock = 1'b0;
        forever #10 clock = ~clock; // 时钟周期为 20 个时间单位
end

// 例2: 在每个时钟正跳变沿处使两个寄存器的值一致

reg clock;
reg x, y;

initial
        forever @(posedge clock) x = y;
```

7.7　顺序块和并行块

块语句的作用是将多条语句合并成一组，使它们像一条语句那样。在前面的例子中，使用关键字 begin 和 end 将多条语句合并成一组。由于这些语句需要一条接一条地顺序执行，因此常称为顺序块。本节将讨论 Verilog 语言中的块语句：**顺序块和并行块**，另外还要讨论三种有特点的块语句：**命名块、命名块的禁用**以及**嵌套块**。

7.7.1　块语句的类型

块语句包括两种类型：**顺序块和并行块**。

顺序块

关键字 begin 和 end 用于将多条语句组成顺序块。顺序块具有以下特点：

1. 顺序块中的语句是一条接一条按顺序执行的；只有前面的语句执行完成之后才能执行后面的语句（除了带有内嵌延迟控制的非阻塞赋值语句）；
2. 如果语句包括延迟或事件控制，则延迟总是相对于前面那条语句执行完成的仿真时间的。

前面的各章节给出了许多顺序块的例子。例 7.26 将进一步给出了两个顺序块语句的例子。顺序块中的语句按顺序执行，如例 7.26 的说明 1，在仿真 0 时刻，x，y，z 和 w 的最终值分别为 0，1，1 和 2。在说明 2 中，这四个变量的最终值也是 0，1，1 和 2，但是块语句完成时的仿真时刻为 35。

例 7.26　顺序块

```
// 说明1
reg x, y;
reg [1:0] z, w;

initial
begin
        x = 1'b0;
```

```
            y = 1'b1;
            z = {x, y};
            w = {y, x};
    end

// 说明 2：带延迟的顺序块
reg x, y;
reg [1:0] z, w;

initial
begin
        x = 1'b0; // 在仿真时刻 0 完成
        #5 y = 1'b1; // 在仿真时刻 5 完成
        #10 z = {x, y}; // 在仿真时刻 15 完成
        #20 w = {y, x}; // 在仿真时刻 35 完成
    end
```

并行块

并行块由关键字 fork 和 join 声明，它的仿真特点是很有趣的。并行块具有以下特性：

1. 并行块内的语句并发执行；
2. 语句执行的顺序是由各自语句中的延迟或事件控制决定的；
3. 语句中的延迟或事件控制是相对于块语句开始执行的时刻而言的。

注意，顺序块和并行块之间的根本区别在于：当控制转移到块语句的时刻，并行块中所有的语句同时开始执行，语句之间的先后顺序是无关紧要的。

考虑例 7.26 中带有延迟的顺序块语句，并且将其转换为一个并行块。转换后的 Verilog 代码见例 7.27。除了所有语句在仿真 0 时刻开始执行，仿真结果是完全相同的。这个并行块执行结束的时间是仿真时刻 20，而不是仿真时刻 35。

例 7.27　并行块

```
// 例 1：带延迟的并行块
reg x, y;
reg [1:0] z, w;

initial
fork
        x = 1'b0; // 在仿真时刻 0 完成
        #5 y = 1'b1; // 在仿真时刻 5 完成
        #10 z = {x, y}; // 在仿真时刻 10 完成
        #20 w = {y, x}; // 在仿真时刻 20 完成
join
```

并行块提供了并行执行语句的机制。但是，在使用并行块时需要注意，如果两条语句在同一时刻对同一个变量产生影响，就会引起隐含的竞争，这种情况是需要避免的。下面给出了例 7.26 中说明 1 的并行块描述。在这段代码中，故意引入了竞争。所有的语句在仿真 0 时刻开始执行，但是实际的执行顺序是未知的。在这个例子中，如果 x = 1'b0 和 y = 1'b1 两条语句首先执行，那

么变量 z 和 w 的值为 1 和 2；如果这两条语句最后执行，那么 z 和 w 的值都是 2'bxx。因此执行这个块语句后 z 和 w 的值不确定，取决于仿真器的具体实现方法。从仿真的角度来讲，并行块中的所有语句是一起执行的，但是实际上运行仿真程序的 CPU 在任一时刻只能执行一条语句，而且不同的仿真器按照不同的顺序执行。因此无法正确地处理竞争是目前所使用的仿真器的一个缺陷，这一缺陷并不是并行块所引起的。

```
// 故意引入竞争条件的并行块
reg x, y;
reg [1:0] z, w;

initial
fork
        x = 1'b0;
        y = 1'b1;
        z = {x, y};
        w = {y, x};
join
```

并行块的关键字 fork 可看成将一个执行流分成多个独立的执行流，而关键字 join 则将多个独立的执行流合并为一个执行流。每个独立的执行流之间是并发执行的。

7.7.2 块语句的特点

下面讨论块语句具有的三个特点：**嵌套块**、**命名块**和**命名块的禁用**。

嵌套块

块可以嵌套使用，顺序块和并行块能够混合在一起使用，如例 7.28 所示。

例 7.28　嵌套块

```
// 嵌套块
initial
begin
        x = 1'b0;
        fork
                #5 y = 1'b1;
                #10 z = {x, y};
        join
        #20 w = {y, x};
end
```

命名块

块可以具有自己的名字，我们称之为命名块。

1. 在命名块中，可以声明局部变量。

2. 命名块是设计层次的一部分，在命名块中声明的变量可以通过层次名引用进行访问。

3. 命名块可以被禁用，例如停止其执行。

例 7.29 显示了命名块和命名块的层次名引用。

例 7.29　命名块

```
// 命名块
module top;

initial
begin: block1  // 名字为 block1 的顺序命名块
integer i; // 整型变量 i 是 block1 命名块的静态本地变量
                   // 可以通过层次名 top.block1.i 被其他模块访问
…
…
end


initial
fork: block2  // 名字为 block2 的并行命名块
reg i; // 寄存器变量 i 是 block2 命名块的静态本地变量
                   // 可以通过层次名 top.block2.i 被其他模块访问
…
…
join
```

命名块的禁用

Verilog 通过关键字 disable 提供了一种终止命名块执行的方法。disable 可以用来从循环中退出、处理错误条件以及根据控制信号来控制某些代码段是否被执行。对块语句的禁用导致紧接在块后面的那条语句被执行。对于 C 程序员来说，这一点非常类似于使用 break 退出循环。两者的区别在于 break 只能退出当前所在的循环，而使用 disable 则可以禁用设计中的任意一个命名块。

考虑例 7.22 中的说明 2，这段代码的功能是在一个标志寄存器中查找第一个不为零的位。例 7.22 中的 while 循环可以使用 disable 来进行改写，使得在找到不为零的位后马上退出 while 循环，如例 7.30 所示。

例 7.30　命名块的禁用

```
// 在（向量）标志寄存器的各个位中从低有效位开始查找第一个值为 1 的位
// 从向量标志寄存器的低有效位开始查找第一个值为 1 的位
reg [15:0] flag;
integer i; // 用于计数的整数

initial
begin
  flag = 16'b 0010_0000_0000_0000;
  i = 0;
  begin: block1  // while 循环声明中的主模块是命名块 block1
  while(i < 16)
    begin
        if (flag[i])
        begin
            $display("Encountered a TRUE bit at element number %d", i);
            disable block1; // 在标志寄存器中找到了值为真（1）的位, 禁用 block1
        end
        i = i + 1;
    end
  end
end
```

7.8　生成块

在仿真开始之前，在代码编写的仔细推敲过程中，生成语句可以动态地生成 Verilog 代码。这一声明语句方便了参数化模块的生成。当对向量中的多个位进行重复操作时，当进行多个模块的实例引用的重复操作时，或者在根据参数的定义来确定程序中是否应该包括某段 Verilog 代码时，使用生成语句能够大大简化程序的编写过程。

生成语句能够控制变量的声明、任务或函数的调用，还能对实例引用进行全面的控制。编写代码时必须在模块中说明生成的实例范围，关键字 generate 和 endgenerate 用来指定该范围。

生成实例可以是以下的一种或多种类型：

- 模块
- 用户自定义原语
- 门级原语
- 连续赋值语句
- initial 和 always 块

生成的声明和生成的实例能够在设计中被有条件地调用（实例引用）。在设计中可以多次调用（实例引用）生成的实例和生成的变量声明。生成的实例具有唯一的标识名，因此可以用层次命名规则引用。为了支持结构化的元件与过程块语句的相互连接，Verilog 语言允许在生成范围内声明下列数据类型：

- net（线网）和 reg（寄存器）
- integer（整型数）、real（实型数）、time（时间型）和 realtime（实数时间型）
- event（事件）

生成的数据类型具有唯一的标识名，可以被层次引用。此外，究竟是使用按照次序或者参数名赋值的参数重新定义，还是使用 defparam 声明的参数重新定义，都可以在生成范围中定义。但需要注意的是，生成范围中定义的 defparam 语句所能重新定义的参数必须是在同一个生成范围内，或者是在生成范围的层次化实例当中。

任务和函数的声明也允许出现在生成范围中，但是不能出现在循环生成当中。生成任务和函数同样具有唯一的标识符名称，可以被层次引用。

不允许出现在生成范围中的模块项声明包括：

- 参数、局部参数
- 输入、输出和输入/输出声明
- 指定块

生成模块实例的连接方法与常规模块实例相同。

在 Verilog 中有三种创建生成语句的方法，它们是：

- 循环生成
- 条件生成
- case 生成

下文将对这三种方法进行详细说明。

7.8.1 循环生成语句

循环生成语句允许使用者对下面的模块或模块项进行多次实例引用：

- 变量声明
- 模块
- 用户自定义原语、门级原语
- 连续赋值语句
- initial 和 always 块

例 7.31 说明了如何使用生成语句对两个 N 位的总线用门级原语进行按位异或。这里的目的在于说明循环生成语句的使用方法。实际上，对于这个例子，如果使用向量线网的逻辑表达式，则比用门级原语实现起来更简单。

例 7.31 对两个 N 位总线变量进行按位异或

```
// 本模块生成两条 N 位总线变量的按位异或

module bitwise_xor (out, i0, i1);
// 参数声明语句。参数可以重新定义
parameter N = 32; // 默认的总线位宽为 32 位

// 端口声明语句
output [N-1:0] out;
input [N-1:0] i0, i1;

// 声明一个临时循环变量，该变量只用于生成块的循环计算。Verilog 仿真时该变量在设计中并不存在
genvar j;

// 用一个单循环生成按位异或的异或门（xor）
generate for (j=0; j<N; j=j+1) begin: xor_loop
 xor g1 (out[j], i0[j], i1[j]);
end // 在生成块内部结束循环
endgenerate // 结束生成块

// 另外一种编写形式
// 异或门可以用 always 块来替代
// reg [N-1:0] out;
//generate for (j=0; j<N; j=j+1) begin: bit
// always @(i0[j] or i1[j]) out[j] = i0[j] ^ i1[j];
//end
//endgenerate

endmodule
```

从例 7.31 中可以观察到下面几个有趣的现象：

- 在仿真开始之前，仿真器会对生成块中的代码进行**确立（展平）**，将生成块转换为展开的代码，然后对展开的代码进行仿真。因此，生成块的本质是使用循环内的一条语句来代替多条重复的 Verilog 语句，简化用户的编程；
- 关键字 genvar 用于声明生成变量，生成变量只能用在生成块中；在确立后的仿真代码中，生成变量是不存在的；

- 一个生成变量的值只能由循环生成语句来改变；
- 循环生成语句可以嵌套使用。但是使用同一个生成变量作为索引的循环生成语句不能相互嵌套；
- xor_loop 是赋予循环生成语句的名字，目的在于通过它对循环生成语句中的变量进行层次化引用。因此，循环生成语句中各个异或门的相对层次名分别为：xor_loop[0].g1，xor_loop[1].g1，…，xor_loop[31].g1。

循环生成语句的使用是相当灵活的。各种 Verilog 语法结构都可以用在循环生成语句中。对于读者来说，重要的是能够想像出循环生成语句被展平之后的形式，这对于理解循环生成语句的作用是很有必要的。例 7.32 给出了使用生成语句描述的脉动加法器，并且在循环生成语句中声明了线网变量。

例 7.32 用循环生成语句描述的脉动加法器

```
// 本模块生成一个门级脉动加法器

module ripple_adder(co, sum, a0, a1, ci);
// 参数声明语句，参数可以重新定义
parameter N = 4; // 默认的总线位宽为 4

// 端口声明语句
output [N-1:0] sum;
output co;
input [N-1:0] a0, a1;
input ci;

// 本地线网声明语句
wire [N-1:0] carry;

// 指定进位变量的第 0 位等于进位的输入
assign carry[0] = ci;

// 声明临时循环变量。该变量只用于生成块的计算
// 由于在仿真之前循环生成已经展平，所以用 Verilog 对设计进行仿真时，该变量已经不再存在
genvar i;

// 用一个单循环生成按位异或门等逻辑
generate for (i=0; i<N; i=i+1) begin: r_loop

    wire t1, t2, t3;
    xor g1 (t1, a0[i], a1[i]);
    xor g2 (sum[i], t1, carry[i]);
    and g3 (t2, a0[i], a1[i]);
    and g4 (t3, t1, carry[i]);
    or  g5 (carry[i+1], t2, t3);
end // 生成块内部循环的结束
endgenerate // 生成块的结束

// 根据上面的循环生成，Verilog 编译器会自动生成以下相对层次实例名
// xor : r_loop[0].g1, r_loop[1].g1, r_loop[2].g1, r_loop[3].g1
//       r_loop[0].g2, r_loop[1].g2, r_loop[2].g2, r_loop[3].g2
// and : r_loop[0].g3, r_loop[1].g3, r_loop[2].g3, r_loop[3].g3
```

```
//          r_loop[0].g4, r_loop[1].g4, r_loop[2].g4, r_loop[3].g4
// or :   r_loop[0].g5, r_loop[1].g5, r_loop[2].g5, r_loop[3].g5

// 上面生成的实例用下面这些生成的线网连接起来
// Nets:  r_loop[0].t1, r_loop[0].t2, r_loop[0].t3
//        r_loop[1].t1, r_loop[1].t2, r_loop[1].t3
//        r_loop[2].t1, r_loop[2].t2, r_loop[2].t3
//        r_loop[3].t1, r_loop[3].t2, r_loop[3].t3

assign co = carry[N];
```

7.8.2　条件生成语句

条件生成语句类似于 if-else-if 的生成构造，该生成构造可以在设计模块中依据经过仔细推敲后编写的表达式值的真假，决定是否调用（实例引用）以下这些 Verilog 结构：

- 模块
- 用户自定义原语、门级原语
- 连续赋值语句
- initial 或 always 块

例 7.33 说明如何用条件生成语句实现参数化乘法器。如果参数 a0_width 或 a1_width 小于 8（生成实例的条件），则调用（实例引用）超前进位乘法器；否则调用（实例引用）树形乘法器。

例 7.33　使用条件生成语句实现参数化乘法器

```
// 本模块实现一个参数化乘法器

module multiplier (product, a0, a1);
// 参数声明，该参数可以重新定义
parameter a0_width = 8; // 8-bit bus by default
parameter a1_width = 8; // 8-bit bus by default

// 本地参数声明
// 本地参数不能用参数重新定义（defparam）修改
// 也不能在实例引用时通过传递参数语句，即 #(参数1，参数2，…)的方法修改
localparam product_width = a0_width + a1_width;

// 端口声明语句
output [product_width-1:0] product;
input [a0_width-1:0] a0;
input [a1_width-1:0] a1;

// 有条件地调用（实例引用）不同类型的乘法器
// 根据参数 a0_width 和 a1_width 的值，在调用时引用相对应的乘法器实例
generate
 if (a0_width <8) || (a1_width < 8)
    cla_multiplier #(a0_width, a1_width) m0 (product, a0, a1);
 else
    tree_multiplier #(a0_width, a1_width) m0 (product, a0, a1);
endgenerate // 生成块的结束

endmodule
```

7.8.3　case 生成语句

case 生成语句可以在设计模块中，经过仔细推敲确定多选一 case 构造，有条件地调用（实例引用）下面这些 Verilog 结构：

- 模块
- 用户自定义原语、门级原语
- 连续赋值语句
- initial 或 always 块

例 7.34 说明了如何使用 case 生成语句实现 N 位加法器。

例 7.34　case 生成语句举例

```
// 本模块生成 N 位的加法器
module adder(co, sum, a0, a1, ci);
// 参数声明，本参数可以重新定义
parameter N = 4; // 默认的总线位宽为 4

// 端口声明
output [N-1:0] sum;
output co;
input [N-1:0] a0, a1;
input ci;

// 根据总线的位宽，调用（实例引用）相应的加法器
// 参数 N 在调用（实例引用）时可以重新定义
// 调用（实例引用）不同位宽的加法器是根据不同的 N 来决定的
generate
case (N)
  // 当 N=1 或 2 时分别选用位宽为 1 位或 2 位的加法器
  1: adder_1bit adder1(c0, sum, a0, a1, ci); // 1 位的加法器
  2: adder_2bit adder2(c0, sum, a0, a1, ci); // 2 位的加法器
  // 默认的情况下选用位宽为 N 位的超前进位加法器
  default: adder_cla #(N) adder3(c0, sum, a0, a1, ci);
endcase
endgenerate // 生成块的结束

endmodule
```

7.9　举例

本节使用下面三个例子来说明前面各节中讨论的各种行为级结构的使用方法。前面两个例子是从 6.5 节中选取的四选一多路选择器和四位计数器，当时这两个例子是使用数据流语句来设计的。下面将使用行为级语句对它们进行描述。第三个例子是一个新的例子：交通信号灯控制器。我们将使用行为级语句对其进行描述并仿真。

7.9.1　四选一多路选择器

6.5.1 节曾使用数据流语句对四选一多路选择器进行了描述。在例 7.35 中，使用行为级的 case 语句来实现它。行为级的描述可以被数据流级描述所替代，不会对四选一多路选择器的仿真结果造成影响。

例 7.35　行为级描述的四选一多路选择器

```
// 四选一多路选择器，其端口列表完全根据输入/输出图编写
module mux4_to_1 (out, i0, i1, i2, i3, s1, s0);

// 根据输入/输出图的端口声明

output out;
input i0, i1, i2, i3;
input s1, s0;
// 输出端口被声明为寄存器类型变量
reg out;

// 若输入信号改变，则重新计算输出信号 out
// 造成输出信号 out 重新计算的所有输入信号必须写入 always @(…) 的电平敏感列表
always @(s1 or s0 or i0 or i1 or i2 or i3)
begin
  case ({s1, s0})
  2'b00: out = i0;
  2'b01: out = i1;
  2'b10: out = i2;
  2'b11: out = i3;
  default: out = 1'bx;
  endcase
end

endmodule
```

7.9.2　四位计数器

6.5.3 节曾设计过一个四位脉动进位计数器，下面将从行为级来对它进行描述。在数据流级或门级，可以根据硬件实现方式将其设计成脉动进位、同步计数等。但是，在行为级是从一个更抽象的角度来考虑问题的，并不关心具体的硬件实现方法，而是对它的功能进行说明。计数器的行为级设计如例 7.36 所示。从这个例子可以看到，行为级描述与数据流级描述相比是非常简洁的。如果输入信号的值不包括 x 和 z，使用行为级的描述代替数据流级描述就不会对计数器的仿真结果造成影响。

例 7.36　四位计数器的行为级描述

```
// 四位二进制计数器
module counter(Q , clock, clear);

// 输入/输出端口
output [3:0] Q;
input clock, clear;
// 输出变量 Q 被定义为寄存器类型
reg [3:0] Q;

always @( posedge clear  or negedge clock)
begin
  if (clear)
     Q <= 4'd0;  // 为了能生成诸如触发器一类的时序逻辑，建议使用非阻塞赋值
```

```
    else
        Q <= Q + 1; // Q 是一个 4 位寄存器，计数超过 15 之后又会归零，因此模 16 没有必要
end

endmodule
```

7.9.3　交通信号灯控制器

交通信号灯控制器这个例子是新的，没有在前面的章节中讨论过。下面使用有限状态机（Finite State Machine，FSM）对其进行设计。

功能说明

该交通信号灯控制器用于控制一条主干道与一条乡村公路的交叉口的交通，它必须具有下面的功能：

- 由于主干道上来往的车辆很多，因此控制主干道的交通信号具有最高优先级，在默认情况下主干道的绿灯点亮；
- 乡村公路间断性地有车经过，有车来时乡村公路的交通灯必须变为绿灯，只需维持一段足够长的时间，以便让车通过。
- 只要乡村公路上不再有车辆，乡村公路上的绿灯马上就变为黄灯，然后变为红灯；同时，主干道上的绿灯重新点亮；
- 一个传感器用于监视乡村公路上是否有车等待，它向控制器输入信号 X；如果 X = 1，则表示有车等待，否则 X = 0；
- 当从 S1 状态转换到 S2 状态、从 S2 状态转换到 S3 状态、从 S3 状态转换到 S4 状态以及从 S4 状态转换到 S0 状态时，具有一定的延迟，这些延迟必须能够控制。

图 7.1 为交通信号控制器的状态图和状态定义。

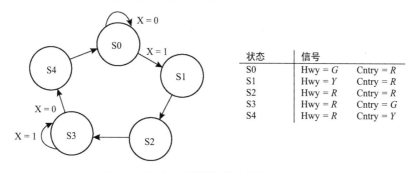

图 7.1　控制交通信号灯的有限状态机（FSM）

Verilog 描述

我们可以使用行为级的语法结构来设计交通信号控制器模块，如例 7.37 所示。

例 7.37 交通信号灯控制器

```verilog
`define TRUE   1'b1
`define FALSE  1'b0

// 延迟
`define Y2RDELAY  3 // 黄灯亮转到红灯亮的延迟
`define R2GDELAY  2 // 红灯亮转到绿灯亮的延迟

module sig_control
    (hwy, cntry, X, clock, clear);

// 输入/输出端口声明
output [1:0] hwy, cntry;
        // 表示 3 个状态的 2 位输出
        // GREEN（绿）, YELLOW（黄）, RED（红）
reg [1:0] hwy, cntry;
        // 声明输出信号为寄存器类型

input X;
        // 若为真（TRUE），则表示有汽车通过乡村公路，否则为假（FALSE）

input clock, clear;
// 交通灯的状态
parameter RED = 2'd0,
          YELLOW = 2'd1,
          GREEN = 2'd2;

// 状态定义               HWY           CNTRY
parameter S0 = 3'd0, //GREEN          RED
          S1 = 3'd1, //YELLOW         RED
          S2 = 3'd2, //RED            RED
          S3 = 3'd3, //RED            GREEN
          S4 = 3'd4; //RED            YELLOW

// 内部状态变量
reg [2:0] state;
reg [2:0] next_state;

// 状态只能在时钟信号的正跳变沿改变
always @(posedge clock)
  if (clear)
     state <= S0; // 控制器的状态从 S0 起始
  else
     state <= next_state; // 状态的改变

// 计算主路信号和乡村公路信号的值
always @(state)
begin
  hwy = GREEN; // 默认的主路信号灯颜色赋值
  cntry = RED; // 默认的乡村公路信号灯颜色赋值
  case(state)
    S0: ; // 没有改变，用默认值
    S1: hwy = YELLOW;
    S2: hwy = RED;
```

```
            S3:  begin
                    hwy = RED;
                    cntry = GREEN;
                 end
            S4:  begin
                    hwy = RED;
                    cntry = `YELLOW;
                 end
      endcase
end

// 用 case 语句描述的状态机
always @(state or  X)
begin
     case (state)
        S0: if(X)
                next_state = S1;
            else
                next_state = S0;
        S1: begin // 延迟几个正跳变沿时钟
                repeat(`Y2RDELAY) @(posedge clock) ;
                next_state = S2;
            end

        S2: begin // 延迟几个正跳变沿时钟
                repeat(`R2GDELAY) @(posedge clock);
                next_state = S3;
            end
        S3: if(X)
                next_state = S3;
            else
                next_state = S4;
        S4: begin // 延迟几个正跳变沿时钟
                repeat(`Y2RDELAY) @(posedge clock) ;
                next_state = S0;
            end
        default: next_state = S0;
     endcase
end

endmodule
```

测试激励

下面使用输入激励进行测试，当乡村公路上有车时，控制器能否正确地转换控制信号。激励模块如例 7.38 所示，在其中实例引用了控制器模块，并且对控制器的所有状态进行了检查。

例 7.38　交通信号灯控制器的激励模块

```
// 测试激励信号模块
module stimulus;

wire [1:0] MAIN_SIG, CNTRY_SIG;
reg CAR_ON_CNTRY_RD;
       // 若为真（TRUE），则表明乡村公路上有车
```

```
reg CLOCK, CLEAR;

// 调用（实例引用）交通信号灯控制器模块
sig_control SC(MAIN_SIG, CNTRY_SIG, CAR_ON_CNTRY_RD, CLOCK, CLEAR);

// 设置监视系统任务
initial
  $monitor($time, "Main Sig = %b Country Sig = %b Car_on_cntry = %b",
                   MAIN_SIG, CNTRY_SIG, CAR_ON_CNTRY_RD);

// 设置时钟
initial
begin
    CLOCK = `FALSE;
    forever #5 CLOCK = ~CLOCK;
end

// 控制清零信号
initial
begin
    CLEAR = `TRUE;
    repeat (5) @(negedge CLOCK);
    CLEAR = `FALSE;
end

// 施加激励信号
initial
begin
    CAR_ON_CNTRY_RD = `FALSE;

    repeat(20)@(negedge CLOCK); CAR_ON_CNTRY_RD = `TRUE;
    repeat(10)@(negedge CLOCK); CAR_ON_CNTRY_RD = `FALSE;

    repeat(20)@(negedge CLOCK); CAR_ON_CNTRY_RD = `TRUE;
    repeat(10)@(negedge CLOCK); CAR_ON_CNTRY_RD = `FALSE;

    repeat(20)@(negedge CLOCK); CAR_ON_CNTRY_RD = `TRUE;
    repeat(10)@(negedge CLOCK); CAR_ON_CNTRY_RD = `FALSE;

    repeat(10)@(negedge CLOCK); $stop;
end
endmodule
```

注意，这里只对控制器的行为进行了描述，而没有考虑它的硬件实现方式。

7.10　小结

本章讨论了用行为级结构设计数字电路的方法。

- 行为级描述根据电路实现的算法对其进行描述，不必包含硬件实现方面的细节。行为级设计一般用于设计初期，使用它来对各种与设计相关的折中进行评估。在许多方面，行为建模与 C 语言编程很类似。

- 结构化的过程块：即 initial 和 always 块，构成了行为级建模的基础。其他所有的行为级语句只能出现在这两种块中。initial 块只执行一次，而 always 块不断地反复执行，直到仿真结束。

- 行为级建模中的过程赋值用于对寄存器类型的变量赋值。**阻塞赋值**必须按照顺序执行，前面语句完成赋值之后才能执行后面的阻塞赋值；而**非阻塞赋值**将产生赋值调度，同时执行其后面的语句。

- Verilog 中控制时序和语句执行顺序的 3 种方式是**基于延迟的时序控制、基于事件的时序控制和电平敏感的时序控制**。基于延迟的时序控制包括 3 种形式：**常规延迟、零延迟和内嵌延迟**。基于事件的时序控制则包括**常规事件、命名事件和 OR（或）事件**。wait 语句用于对电平敏感的时序控制。

- 行为级条件语句使用关键字 if 和 else 来表示。如果条件分支比较多，则使用 case 语句更方便。casex 语句和 casez 语句是 case 语句的特殊形式。

- Verilog 中的 4 种循环语句分别用关键字 while，for，repeat 和 forever 表示。

- 顺序块和并行块使用两种类型的块语句。顺序块使用关键字 begin 和 end，而并行块使用关键字 fork 和 join 来表示。块可以具有名字，并且可以嵌套使用。如果块具有名字，则可以在设计中的任何地方对其禁用。命名块能够通过层次名进行引用。

- 生成语句可以在仿真开始前的详细设计阶段动态地生成 Verilog 代码，这促进了参数化建模。当需要对向量的多个位进行重复操作、重复引用模块实例或根据参数的定义确定是否包括某段代码的时候，使用生成语句是非常方便的。生成语句有 3 种类型，分别是：循环生成语句、条件生成语句和 case 生成语句。

7.11　习题

1. 声明一个名为 oscillate 的寄存器变量并将它初始化为 0。使其每 30 个时间单位进行一次取反操作。不要使用 always 语句。提示：使用 forever 循环。

2. 设计一个周期为 40 个时间单位的时钟信号，其占空比为 25%。使用 always 和 initial 块进行设计。将其在仿真 0 时刻的值初始化为 0。

3. 给定下面含有阻塞过程赋值语句的 initial 块。每条语句在什么仿真时刻开始执行？a，b，c 和 d 在仿真过程中的中间值和仿真结束时的值是什么？

```
initial
begin
    a = 1'b0;
    b = #10 1'b1;
    c = #5 1'b0;
    d = #20 {a, b, c};
end
```

4. 在第 3 题中，如果 initial 块中包括的是非阻塞过程赋值语句，那么各个问题的答案是什么？

5. 指出在下面的 Verilog 代码中各条语句的执行顺序。其中是否含有不确定的执行顺序？a，b，c 和 d 的最终值是什么？

```
initial
begin
        a = 1'b0;
        #0 c = b;
end
initial
begin
        b = 1'b1;
        #0 d = a;
end
```

6. 在下面的例子中，d 的最终值是什么？

```
initial
begin
        b = 1'b1; c = 1'b0;
        #10 b = 1'b0;
initial
begin
        d = #25 (b | c);
end
```

7. 使用带有同步清零端的 D 触发器（清零端高电平有效，在时钟下降沿执行清零操作）设计一个下降沿触发的 D 触发器，只能使用行为语句。提示：D 触发器的输出 q 应当声明为寄存器变量。使用设计出的 D 触发器输出一个周期为 10 个时间单位的时钟信号。

8. 使用带有异步清零端的 D 触发器设计第 7 题中要求的 D 触发器（在清零端变为高电平后立即执行清零操作，无须等待下一个时钟下降沿），并对这个 D 触发器进行测试。

9. 使用 wait 语句设计一个电平敏感的锁存器，该锁存器的输入信号为 d 和 clock，输出为 q。其功能是当 clock = 1 时 q = d。

10. 使用条件语句设计例 7.19 中的四选一多路选择器。外部端口必须保持不变。

11. 使用条件语句对本章中的交通信号灯控制器进行重新设计。

12. 使用 case 语句设计八功能的算术逻辑单元，其输入信号 a 和 b 均为 4 位，功能选择信号 select 为 3 位，输出信号 out 为 5 位。算术逻辑单元所执行的操作与 select 信号有关，具体关系见右表。忽略输出结果中的上溢和下溢的位。

select 信号	功　　能
3'b 000	out = a
3'b 001	out = a + b
3'b 010	out = a − b
3'b 011	out = a / b
3'b 100	out = a % b（余数）
3'b 101	out = a << 1
3'b 110	out = a >> 1
3'b 111	out = a > b（大小幅值比较）

13. 使用 while 循环设计一个时钟信号发生器。时钟信号的初值为 0，周期为 10 个时间单位。

14. 使用 for 循环对一个长度为 1024（地址从 0 到 1023）、位宽为 4 的寄存器类型数组 cache_ var 进行初始化，把所有单元都设置为 0。

15. 使用 forever 循环设计一个时钟信号，周期为 10，占空比为 40%，初值为 0。

16. 使用 repeat 将语句 a = a + 1 延迟 20 个时钟上升沿之后再执行。

17. 下面是一个内嵌顺序块和并行块的块语句。该块的执行结束时间是多少？事件的执行顺序是怎样的？每条语句的仿真结束时间是多少？

```
initial
begin
        x = 1'b0;
        #5 y = 1'b1;
        fork
                #20 a = x;
                #15 b = y;
        join
        #40 x = 1'b1;
        fork
                #10 p = x;
                begin
                        #10 a = y;
                        #30 b = x;
                end
                #5 m = y;
        join
end
```

18. 用 forever 循环语句、命名块和禁用命名块来设计一个八位计数器。这个计数器从 count = 5 开始计数，到 count = 67 结束计数。每个时钟正跳变沿计数器加 1。时钟的周期为 10。计数器的计数只用了一次循环，然后就被禁用了（提示：使用 disable 语句）。

第 8 章　任务和函数

在行为级设计中，设计者经常需要在程序的多个不同地方实现同样的功能。这表明有必要把这些公共的部分提取出来，将其组成子程序，然后在需要的地方调用这些子程序，以避免重复编码。绝大多数程序设计语言都提供了过程或子程序来达到这个目的。同样，Verilog 语言提供的**任务和函数**可以将较大的行为级设计划分为较小的代码段，允许 Verilog 设计者将在多个地方使用的相同代码提取出来，编写成任务和函数，以使代码简洁、易懂。

任务具有输入（input）、输出（output）和输入/输出（inout，即双向）变量，而函数具有输入变量。这使得数据能够传入任务和函数，并且能够将结果输出。与 FORTRAN 语言相比较，Verilog 中的任务类似于 SUBROUTINE，而函数类似于 FUNCTION。

任务和函数与命名块一样，也包含在设计层次中，可以通过层次名进行访问。

学习目标

- 理解任务和函数之间的区别。
- 理解定义任务所需的条件，学会任务的声明和调用。
- 理解定义函数所需的条件，学会函数的声明和调用。

8.1　任务和函数的区别

在 Verilog 中，任务和函数用于不同的目的。下面的几节将对两者进行更详细的讨论。但是，在学习之前，理解两者之间的区别是很重要的，表 8.1 对两者的不同点进行了概括。

表 8.1　任务和函数

函　　数	任　　务
函数能调用另一个函数，但不能调用另一个任务	任务能调用另一个任务，也能调用另一个函数
函数总是在仿真时刻 0 就开始执行	任务可以在非零仿真时刻执行
函数一定不能包含任何延迟、事件或者时序控制声明语句	任务可以包含延迟、事件或者时序控制声明语句
函数至少有一个输入变量，函数可以有多个输入变量	任务可以没有或者有多个输入（input）、输出（output）和双向（inout）变量
函数只能返回一个值，函数不能有输出（output）或者双向（inout）变量	任务不返回任何值，任务可以通过输出（output）或者双向（inout）变量传递多个值

任务和函数都必须在模块内进行定义，其作用范围仅局限于定义它们的模块。任务用于代替普通的 Verilog 代码，其中可以包括延迟、时序、事件等语法结构，并且可以具有**多个输出变量**。函数用于代替表示纯组合逻辑的 Verilog 代码，在仿真时刻 0 就开始执行，只能有**一个输出**。因此函数一般用于完成各类转换和常用的计算。

任务可以具有输入、输出和输入/输出（双向）变量，而函数只有输入变量。另外，可以在任务和函数中声明局部变量，如寄存器、时间、整数、实数和事件，但是不能声明线网类型的变量。在任务和函数中只能使用行为级语句，但是不能包含 always 和 initial 块。设计者可以在 always 块、initial 块或其他的任务和函数中调用任务和函数。

8.2　任务

任务使用关键字 task 和 endtask 进行声明。如果子程序满足下面任意一个条件，则必须使用任务而不能使用函数：

- 子程序中包含有延迟、时序或者事件控制结构。
- 没有输出或者输出变量的数目大于 1。
- 没有输入变量。

8.2.1　任务的声明和调用

任务声明和任务调用的语法如例 8.1 所示。

例 8.1　有关任务的语法

```
task_declaration ::=
            task [ automatic ] task_identifier ;
            { task_item_declaration }
            statement
            endtask
          | task [ automatic ] task_identifier ( task_port_list ) ;
            { block_item_declaration }
            statement
            endtask

task_item_declaration ::=
            block_item_declaration
          | { attribute_instance } tf_input_declaration ;
          | { attribute_instance } tf_output_declaration ;
          | { attribute_instance } tf_inout_declaration ;
task_port_list ::= task_port_item { , task_port_item }
task_port_item ::=
            { attribute_instance } tf_input_declaration
          | { attribute_instance } tf_output_declaration
          | { attribute_instance } tf_inout_declaration
tf_input_declaration  ::=
            input [ reg ] [ signed ] [ range ] list_of_port_identifiers
          | input [ task_port_type ] list_of_port_identifiers
tf_output_declaration ::=
            output [ reg ] [ signed ] [ range ] list_of_port_identifiers
          | output [ task_port_type ] list_of_port_identifiers
tf_inout_declaration  ::=
            inout [ reg ] [ signed ] [ range ] list_of_port_identifiers
          | inout [ task_port_type ] list_of_port_identifiers
task_port_type ::=
            time | real | realtime | integer
```

　　根据所使用的变量类型，使用关键字 input，output 或 inout 对任务的端口进行声明。input（输入）类型和 inout（输入/输出）类型的变量从外部传递到任务中，input（输入）类型的变量在任务所包含的语句中进行处理。当任务执行完成时，output（输出）类型和 inout（输入/输出）类型的变量传回给任务调用语句中相应的变量。除了在模块中，任务也可以在其他任务或函数中被调用（函数能调用另一个函数，但不能调用另一个任务，见表 8.1）。

　　虽然在任务中也使用关键字 input，output 或 inout 进行输入/输出变量的声明，就像在模块中声明端口一样，但是两者在本质上是有区别的：模块的端口用来和外部信号相连接，而任务的 I/O（输入/输出）变量则用来向任务中传入或从任务中传出变量。

8.2.2　任务举例

　　下面给出两个关于任务的例子。第一个例子说明了任务的输入和输出变量的使用方法，第二个例子用来对一个非对称序列发生器建模，这个非对称序列发生器根据时钟信号产生一个非对称的信号序列。

输入和输出变量的使用

　　例 8.2 说明了任务的输入和输出端口的使用方法。考虑一个名为 bitwise_oper 的任务，它的功能是对两个 16 位数进行按位与（and）、按位或（or）和按位异或（xor）操作。两个 16 位数 a 和 b 为该任务的输入，三个 16 位的输出为 ab_and，ab_or 和 ab_xor，此外在任务中还使用了一个名为 delay 的参数。

例 8.2　任务中的输入和输出变量

```
// 定义一个名为 operation 的模块，其内部有一个名为 bitwise_oper 的任务
module operation;
…
…
parameter delay = 10;
reg [15:0] A, B;
reg [15:0] AB_AND, AB_OR, AB_XOR;

always @(A or B) // 无论何时只要 A 或 B 的值发生改变
begin
        // 启动 bitwise_oper 任务，该任务提供两个输入变量 A 和 B
        // 有三个输出变量 AB_AND, AB_OR 和 AB_XOR
        // 变量的指定必须按照任务定义时的声明次序
        bitwise_oper(AB_AND, AB_OR, AB_XOR, A, B);
end
…
…
// 定义 bitwise_oper 任务
task bitwise_oper;
output [15:0] ab_and, ab_or, ab_xor; // 任务的输出变量
input [15:0] a, b; // 输入到任务中的变量
begin
        #delay ab_and = a & b;
        ab_or = a | b;
```

```
            ab_xor = a ^ b;
    end
endtask
…
endmodule
```

在上面的任务中，传递给任务的输入值是 A 和 B，因此在任务执行时首先将 A 赋予 a，将 B 赋予 b。在经过一段延迟之后，输出值被计算出来。延迟由参数 delay 指定，在本例中参数 delay 的值是 10 个时间单位。当任务执行结束之后，输出值被传递回调用任务时使用的输出变量。因此在任务结束时，仿真器会执行 AB_AND = ab_and，AB_OR = ab_or 以及 AB_XOR = ab_xor。

任务变量声明的另一种方法是采用 ANSI C 风格。例 8.3 说明了如何用 ANSI C 风格的变量声明来定义任务 bitwise_oper。

例 8.3　使用 ANSI C 风格的变量声明进行任务定义

```
//define task bitwise_oper
task bitwise_oper (output [15:0] ab_and, ab_or, ab_xor,
                   input [15:0] a, b);
begin
        #delay ab_and = a & b;
        ab_or = a | b;
        ab_xor = a ^ b;
end
endtask
```

非对称序列发生器

在任务中可以直接对任务所在模块中声明的寄存器变量进行操作。在例 8.4 中，任务 init_sequence 和 asymmetric_sequence 直接对模块中声明的寄存器变量 clock 进行操作，产生一个非对称序列。clock 的初始化是使用一个初始化序列任务完成的。

例 8.4　直接对寄存器变量进行操作

```
// 定义包含名为 asymmetric_sequence 的任务的模块
module sequence;
…
reg clock;
…
initial
        init_sequence; // 启动 init_sequence 任务
…
always
begin
        asymmetric_sequence; // 启动 asymmetric_sequence 任务
end
…
…
// 定义名为 init_sequence（初始化序列）的任务
task init_sequence;
begin
        clock = 1'b0;
```

```
        end
        endtask

        // 定义能产生非对称序列的任务
        // 直接根据模块中定义的序列来操作时钟（clock）信号
        task asymmetric_sequence;
        begin
                #12 clock = 1'b0;
                #5 clock = 1'b1;
                #3 clock = 1'b0;
                #10 clock = 1'b1;
        end
        endtask
        …
        …
        endmodule
```

8.2.3　自动（可重入）任务

任务在本质上是静态的，任务中的所有声明项的地址空间是静态分配的，同时并发执行的多个任务共享这些存储区。因此，如果这个任务在模块中的两个地方被同时调用，则这两个任务调用将对同一块地址空间进行操作。操作的结果很有可能是错误的。

为了避免这个问题，Verilog 通过在 task 关键字前面添加 automatic 关键字，使任务成为可重入的，这样声明的任务也称为**自动任务**。每次调用时，在动态任务中声明的所有模块项的存储空间都是动态分配的，每个调用都对各自独立的地址空间进行操作。这样，每个任务调用只对自己所拥有的独立变量副本进行操作，因此可以得到正确的执行结果。所以，如果某一任务有可能在程序代码的两处被同时调用，则建议读者最好使用自动任务。

例 8.5 说明了如何定义和使用自动任务。

例 8.5　自动（可重入）任务

```
    // 包含自动（可重入）任务的模块
    // 本例子中只列出了模块中的一小部分（即包含任务定义的部分）
    // 本模块共有两个时钟。clk2 的频率是 clk 的两倍，并与 clk 同步
    module top;
    reg [15:0] cd_xor, ef_xor; // 顶层模块中的变量
    reg [15:0] c, d, e, f; // 顶层模块中的变量
    -
    task automatic bitwise_xor;
    output [15:0] ab_xor; // 从任务输出
    input [15:0] a, b; // 输入到任务中的变量
    begin
        #delay ab_and = a & b;
        ab_or = a | b;
        ab_xor = a ^ b;
    end
    endtask
    …
    -
    // 下面两个 always 块将会在 clk 的正跳变沿同时调用 bitwise_xor 任务
    // 因为该任务是可以重入的，所以并发的同时调用能正常地运行
```

```
always @(posedge clk)
    bitwise_xor(ef_xor, e, f);
-
always @(posedge clk2) // twice the frequency as the previous block
    bitwise_xor(cd_xor, c, d);
-
-
endmodule
```

8.3　函数

Verilog 使用关键字 function 和 endfunction 来进行函数声明。对于一个子程序来说，如果下面的所有条件全部成立，则可以使用函数来完成：

- 在子程序内不含有延迟、时序或者控制结构。
- 子程序只有一个返回值。
- 至少有一个输入变量。
- 没有输出或者双向变量。
- 不含有非阻塞赋值语句。

8.3.1　函数的声明和调用

有关函数的语法如例 8.6 所示。

例 8.6　有关函数的语法

```
function_declaration ::=
            function [ automatic ] [ signed ] [ range_or_type ]
            function_identifier ;
            function_item_declaration { function_item_declaration }
            function_statement
            endfunction
          | function [ automatic ] [ signed ] [ range_or_type ]
            function_identifier (function_port_list ) ;
            block_item_declaration { block_item_declaration }
            function_statement
            endfunction
function_item_declaration ::=
            block_item_declaration
          | tf_input_declaration ;
function_port_list ::= { attribute_instance } tf_input_declaration {,
                       { attribute_instance } tf_input_declaration }
range_or_type ::= range | integer | real | realtime | time
```

函数具有一些独特的性质。当声明函数的时候，在 Verilog 的内部隐含地声明了一个名为 function_identifier（函数标识符）的寄存器类型变量，函数的输出结果将通过这个寄存器类型变量被传递回来。函数的调用通过指明函数名及其输入变量来进行。在函数执行结束时，返回值被传回到调用处。可选项 range_or_type（类型或范围）说明了内部寄存器的位宽。如果没有指定返回值的类型或位宽，则默认位宽为 1。Verilog 中的函数和 FORTRAN 中的函数非常类似。

注意，在函数声明中必须至少有一个输入声明，同时由于隐含的寄存器变量 function_ identifier

包含了函数的返回值，因此函数是没有输出变量的。另外，在函数中不能调用任务，只能调用其他函数。

8.3.2　函数举例

本节将讨论两个例子。第一个例子是奇偶校验位计算器，它的返回值是一个 1 位值；第二个例子对能左/右移位的 32 位寄存器建模，它的返回值是移位后的 32 位值。

奇偶校验位的计算

这个函数的功能是计算 32 位**地址值**的偶校验位，并返回校验位的值。在这个例子中假设采用偶校验。例 8.7 给出了函数 calc_parity 的定义和调用。

例 8.7　偶校验位的计算

```
// 定义一个模块, 其中包含能计算偶校验位的函数 calc_parity
module parity;
…
reg [31:0] addr;
reg parity;

// 每当地址值发生变化, 计算新的偶校验位
always @(addr)
begin
        parity = calc_parity(addr); // 第一次启动校验位计算函数 calc_parity
        $display("Parity calculated = %b", calc_parity(addr) );
                                    // 第二次启动校验位计算函数 calc_parity
end
…
…
// 定义偶校验位计算函数
function calc_parity;
input [31:0] address;
begin

        // 适当地设置输出值, 使用隐含的内部寄存器 calc_parity

        calc_parity = ^address; // 返回所有地址位的异或值
end
endfunction
…
…
endmodule
```

在函数第一次被调用时，它的返回值被用来设置寄存器变量 parity；在第二次被调用时，它的返回值直接使用系统任务$display 进行显示。从这一点可以看出，函数的返回值被用在函数调用的地方。

声明函数变量的另一种方法是使用 ANSI C 风格。例 8.8 给出了使用 ANSI C 风格进行变量声明的 calc_parity 定义。

例 8.8　使用 ANSI C 风格的变量声明进行函数定义

```
// 定义偶校验位计算函数, 该函数采用 ANSI C 风格的变量声明
function calc_parity (input [31:0] address);
```

```
begin
        // 适当地设置输出值，使用隐含的内部寄存器 calc_parity
        calc_parity = ^address; // 返回所有地址位的异或值
end
endfunction
```

左/右移位寄存器

为了说明如何声明函数的输出范围，下面考虑一个具有移位功能的函数，它根据控制信号的不同将一个 32 位数每次左移或者右移一位。例 8.9 定义了这个函数。

例 8.9 左/右移位寄存器

```
// 定义一个包含移位函数的模块
module shifter;
…
// 左/右移位寄存器
`define LEFT_SHIFT      1'b0
`define RIGHT_SHIFT     1'b1
reg [31:0] addr, left_addr, right_addr;
reg control;


// 每当新地址出现时就计算右移位和左移位的值
always @(addr)
begin
        // 调用下面定义的具有左右移位功能的函数
        left_addr = shift(addr, `LEFT_SHIFT);
        right_addr = shift(addr, `RIGHT_SHIFT);
end
…
…
// 定义移位函数，其输出是一个 32 位的值
function [31:0] shift;
input [31:0] address;
input control;
begin
        // 根据控制信号适当地设置输出值
        shift = (control == `LEFT_SHIFT) ?(address << 1) : (address >> 1);

end
endfunction
…
…
endmodule
```

8.3.3 自动（递归）函数

Verilog 中的函数是不能进行递归调用的。在设计模块中，若某函数在两个不同的地方被同时并发调用，由于这两个调用同时对同一块地址空间进行操作，那么计算结果将是不确定的。

若在函数声明时使用了关键字 automatic，那么该函数将成为自动的或可递归的，即仿真器

为每一次函数调用动态地分配新的地址空间，每个函数调用对各自的地址空间进行操作。因此，自动函数中声明的局部变量不能通过层次名进行访问，而自动函数本身可以通过层次名进行调用。

例 8.10 说明了如何定义自动函数来完成阶乘运算。

例 8.10 递归（自动）函数

```verilog
// 用函数的递归调用定义阶乘计算
module top;
…
// 定义自动（递归）函数
function automatic integer factorial;
input [31:0] oper;
integer i;
begin
if (operand >= 2)
    factorial = factorial (oper -1) * oper; // 递归调用
else
    factorial = 1 ;
end
endfunction


// 调用该函数
integer result;
initial
begin
    result = factorial(4); // 调用 4 的阶乘
    $display("Factorial of 4 is %0d", result); // 显示 24
end
…
…
endmodule
```

8.3.4 常量函数

常量函数[①]实际上是一个带有某些限制的常规 Verilog 函数。这种函数能够用来引用复杂的值，因此可用来代替常量。

例 8.11 声明了一个常量函数，可以用来计算模块中地址总线的宽度。

例 8.11 常量函数

```verilog
// 定义一个 RAM 类型
module ram (...);
parameter RAM_DEPTH = 256;
input [clogb2(RAM_DEPTH)-1:0] addr_bus; // 通过调用下面定义的函数得到 clogb2=8
                                        // 相当于 input[7: 0] addr_bus;
…
…
```

---

① 查阅 *IEEE Standard Verilog Hardware Description Language* 文档可以详细了解关于常量函数的限制。

```
// 常量函数
function integer clogb2(input integer depth);
begin
    for(clogb2=0; depth >0; clogb2=clogb2+1)
        depth = depth >> 1;
end
endfunction
…

endmodule
```

8.3.5　带符号函数

带符号函数的返回值可以作为带符号数进行运算。例 8.12 给出了带符号函数的例子。

例 8.12　带符号函数

```
module top;
…
// 带符号的函数声明
// 返回一个 64 位带符号数
function signed [63:0] compute_signed(input [63:0] vector);
…
…
endfunction
…
// 从上层模块调用带符号函数
if(compute_signed(vector) < -3)
begin
…
end

…
endmodule
```

8.4　小结

本章对 Verilog 行为建模中使用的任务和函数进行了讨论。

- **任务**和**函数**都用来对设计中多处使用的公共代码进行定义。使用任务和函数可以将模块分割成许多个可独立管理的子单元，增强了模块的可读性和可维护性。它们和 C 语言中的子程序起着相同的作用；

- 任务可以具有任意多个输入、输入/输出（inout）和输出变量。在任务中，可以使用延迟、事件和时序控制结构，还可以调用其他的任务和函数；

- 可重入任务使用关键字 automatic 进行定义，它的每一次调用都对不同的地址空间进行操作。因此，在被多次并发调用时仍然可以获得正确的结果；

- 函数只能有一个返回值，并且至少要有一个输入变量。在函数中不能使用延迟、事件和时序控制结构。在函数中可以调用其他函数，但是不能调用任务；

- 当声明函数时，Verilog 仿真器都会隐含地声明一个同名的寄存器变量，函数的返回值通过这个寄存器传递回调用处；

- 递归函数使用关键字 automatic 进行定义，递归函数的每一次调用都拥有不同的地址空间。因此对这种函数的递归调用和并发调用可以得到正确的结果；
- 任务和函数都包含在设计层次中，可以通过层次名对它们进行调用。

8.5　习题

1. 定义一个输出为 32 位的函数，其功能是计算一个 4 位数的阶乘。设计激励模块对这个函数进行调用，并且检查功能的正确性。
2. 定义一个输出为 8 位的函数，功能是将两个 4 位数相乘。设计激励模块对这个函数进行调用，并且检查功能的正确性。
3. 设计一个实现 8 位算术逻辑单元功能的函数，其输入为两个 4 位操作数变量 a 和 b，以及一个 3 位的选择信号 select，输出为 5 位变量 out，具体关系见下表。不考虑计算结果的上溢和下溢。

select 信号	函数的输出
3'b000	a
3'b001	a + b
3'b010	a − b
3'b011	a / b
3'b100	a % 1（余数）
3'b101	a << 1
3'b110	a >> 1
3'b111	(a > b)（大小幅值比较）

4. 定义一个输出为 32 位的任务，其功能是计算一个 4 位数的阶乘。在计算完成之后的第 10 个时间单位将结果赋给任务输出。
5. 定义一个任务，该任务能计算出一个 16 位变量的偶校验位（1 位）作为该任务的输出。在计算结束后，经过三个时钟上升沿将该校验位（结果）赋给任务输出。提示：在任务中使用 repeat 循环。
6. 使用命名事件、任务和函数设计 7.9.3 节中的交通信号灯控制器。

第 9 章　实用建模技术

我们在前面的各章节里学习了 Verilog 的基本特性。本章将探讨 Verilog 语言的另外一些增强特性，这些特性使 Verilog 语言在建模和设计分析等方面具有更强大的灵活性。

学习目标

- 描述过程连续赋值语句 assign，deassign，force 和 release，解释它们在建模和调试时的重要性。
- 掌握怎样在模块调用时用 defparam 语句重新定义参数值。
- 解释条件编译和 Verilog 描述部件的执行。
- 认识和理解系统任务，如文件输出、显示层次、选通显示（strobing）、随机数生成、存储器初始化和值变转储等系统任务。

9.1　过程连续赋值

7.2 节讨论了过程赋值。**过程赋值**将值赋给寄存器，值一直保存在寄存器中，直到另一个过程赋值将另外一个值存放在该寄存器中。**过程连续赋值**行为与之不同，它们是这样的过程语句：允许在有限时间段内将表达式的值连续地加（驱动）到寄存器或者线网。过程连续赋值改写了寄存器或线网上的现有值。**过程连续赋值**给一般过程赋值语句提供了一种有用的扩展。

9.1.1　assign 和 deassign

关键字 assign 和 deassign 用来表示第一类过程连续赋值语句。过程连续赋值语句的左边只能是一个**寄存器**或一个**拼接的寄存器组**，不能是线网类型变量的**部分位选择**、**位选择**或**寄存器组**。过程连续赋值语句可以改写（覆盖）常用的过程赋值的结果。过程连续赋值一般只用于受控制的一段时间内。

在例 6.8 中曾建立过一个具有异步复位端，由下降沿触发的 D 触发器的模型。在例 9.1 中，将改用 assign 和 deassign 语句来建立同样的 D_FF 模型。

例 9.1　用过程连续赋值语句描述的 D 触发器

```
// 具有异步复位端，由下降沿触发的 D 触发器
module edge_dff(q, qbar, d, clk, reset);

// 输入和输出
output q,qbar;
input d, clk, reset;
reg q, qbar; // 把 q 和 qbar 声明为寄存器

always @(negedge clk) // 在有效的时钟沿为 q 和 qbar 赋值
```

```
    begin
            q = d;
            qbar = ~d;
    end

    always @(reset) // 当 reset 跳变为高电平时，使用过程连续赋值语句
                    // 改写（覆盖）常规赋值语句对 q 和 qbar 的赋值

            if(reset)
            begin   // 如果 reset 为高电平，则用过程连续赋值语句中的新值
                    // 改写（覆盖）常规赋值语句对 q 和 qbar 的赋值
                    assign q = 1'b0;
                    assign qbar = 1'b1;
            end
            else
            begin   // 如果 reset 跳变为低电平，则通过 deassign 语句取消对 q 和 qbar 值的覆盖。
                       该操作之后，
                    // 常规赋值语句 q = d 和 qbar = ~d 将能够在下一个时钟下降沿时刻改变寄存器的值

                    deassign q;
                    deassign qbar;
            end

    endmodule
```

在例 9.1 中，当 reset 信号变为高电平时，改写对 q 和 qbar 的赋值，给它们赋予新的值。deassign 之后寄存器变量一直保持被赋予的值，直到下一条过程赋值语句改变它们为止。assign 和 deassign 结构目前被认为是一种很糟糕的编码风格，建议在 Verilog HDL 代码中不要使用这种形式的赋值语句。

9.1.2　force 和 release

关键字 force 和 release 用来表示过程连续赋值语句的第二种形式。它们既可以用来改写（覆盖）寄存器上的赋值也可以改写（覆盖）线网上的赋值。force 和 release 语句的典型应用是在交互式调试过程中。此时，某些寄存器或线网被强制赋值，并且提示对其他寄存器和线网的影响。建议不要在设计模块内部使用 force 和 release 语句，它们应当只出现在激励中，或仅作为调试语句。

作用在寄存器上的 force 和 release

作用在寄存器上的 force 改写（覆盖）对寄存器的任何过程赋值或过程连续赋值，直到释放该寄存器。被释放后，寄存器变量将继续保存强制值，但是可以被之后的过程赋值改变。要在一个受控时间段内改写（覆盖）例 9.1 中 q 和 qbar 的值，可以进行如下操作：

```
module stimulus;
…
…
// 调用（实例引用）该 D 触发器
edge_dff dff(Q, Qbar, D, CLK, RESET);
…
…
initial
```

```
begin
    // 下面这两条语句在时间单位时刻 50 ~ 100 之间给 dff.q 强制赋值 1
    // 不考虑 edge_dff 触发器的实际输出
    #50 force dff.q = 1'b1; // 在时间单位 50 时刻，给 q 强制赋值 1
    #50 release dff.q;   // 在时间单位 100 时刻，释放给 q 的赋值
end
…
…
endmodule
```

作用在线网上的 force 和 release

作用在线网上的 force 可改写（覆盖）任何由连续赋值语句所赋的值，直到释放线网。当线网被释放时它将立即返回自己的正常驱动值。线网可以被强制赋值为一个表达式或一个数值。

```
module top;
…
…
assign out = a & b & c; // 用连续赋值语句对线网变量 out 赋值
…
initial
    #50 force out = a | b & c;
    #50 release out;
end
…
…
endmodule
```

在上例中，在时间单位时刻 50 ~ 100 之间，线网 out 被强制赋予一个新表达式。在时间单位时刻 50 ~ 100 之间，force 语句是激活的，若此时 a，b 或 c 的信号值有任何改变，则表达式 a | b & c 都将被重新计算，求出值并赋予 out。因此，force 语句除去仅在一个有限时间段内有效以外，它的其他所有行为就像连续赋值语句一样。

9.2 改写（覆盖）参数

正如前面在 3.2.8 节里所讨论的，**参数**可以在模块定义内定义。但是，在 Verilog 模块编译过程中，参数值可以针对每个模块调用单独改变。这样就允许在编译时将一组组不同的参数值组合传递给每个模块，而不考虑预定义的参数值。

有两种方法改写（覆盖）参数值：通过 defparam 语句或通过模块调用参数赋值。

9.2.1 defparam 语句

在设计中，可以用关键字 defparam 在任意模块调用中改变参数值。模块调用的层次名称可以用在改写（覆盖）参数值的语句中。考虑例 9.2，它用 defparam 来改写（覆盖）模块调用中的参数值。

例 9.2 defparam 语句

```
// 定义模块 hello_world
module hello_world;
parameter id_num = 0; // 定义模块标识号为 0
```

```
initial // 显示模块标识号
        $display("Displaying hello_world id number = %d", id_num);
endmodule


// 定义顶层模块
module top;

// 用 defparam 语句，改变引用的实例模块中的参数值
defparam w1.id_num = 1, w2.id_num = 2;

// 调用两个 hello_world 实例模块
hello_world w1();
hello_world w2();

endmodule
```

在例 9.2 中，用默认值 id_num = 0 定义模块 hello_world。但是，当创建类型为 hello_world 的模块调用 w1 和 w2 时，用 defparam 语句修改了它们的 id_num 值。如果对上面的设计进行仿真，则会得到下列输出：

```
Displaying hello_world id number = 1
Displaying hello_world id number = 2
```

一个模块中可以出现多个 defparam 语句。可以用 defparam 语句覆盖任何参数。defparam 结构现在被认为是一种糟糕的编码风格，建议在 Verilog HDL 代码中使用替代形式。

注意，模块 hello_world 也可以用 ANSI C 风格的参数声明。例 9.3 显示了模块 hello_world 的 ANSI C 风格的参数声明。

例 9.3　ANSI C 风格的参数声明

```
// 定义模块 hello_world
module hello_world #(parameter id_num = 0) ;// ANSI C 风格的参数

initial // 显示模块标识号
        $display("Displaying hello_world id number = %d", id_num);
endmodule
```

9.2.2　模块实例的参数值

在调用模块时，可以改写（覆盖）模块原来定义的参数值。为了解释这种用法，以例 9.2 为例，对它做一点修改，在模块调用时将新参数值传入模块。顶层模块可以把参数传递给被调用的 w1 和 w2 实例，如下所示。注意，无须使用 defparam。仿真输出将与用 defparam 语句所得到的输出一样。

```
// 定义顶层模块
module top;

// 调用两个 hello_world 实例模块
// 通过有序的列表将参数的新值传入被调用的实例模块
```

```
hello_world #(1) w1; // 把参数值 1 传递到 w1 模块实例中

// 按名赋参数值
hello_world #(.id_num(2)) w2; // 把参数值 2 传递到 w2 模块实例中的 id_num 参数


endmodule
```

如果在模块里定义了多个参数，则当调用模块时，可以按照模块中参数声明的顺序用指定的新值改写（覆盖）它们。如果没有指定某个改写（覆盖）的值，则采用默认的参数声明值。还可以通过给参数命名和指定相应的值来改写（覆盖）特定的参数，这种做法称为参数按名赋值（见例 9.4）。

例 9.4　模块实例的参数值

```
// 定义带延迟参数的模块
module bus_master;
// 默认的参数值
parameter delay1 = 2;
parameter delay2 = 3;
parameter delay3 = 7;
…
<模块内部的语句>
…
endmodule

// 顶层模块；调用两个 bus_master 模块
module top;

// 用新的延迟参数值调用这两个模块

// 用顺序列表把新的参数值传入模块
bus_master #(4, 5, 6) b1(); // b1: delay1 = 4, delay2 = 5, delay3 = 6
bus_master #(9,4) b2(); // b2: delay1 = 9, delay2 = 4, delay3 = 7（默认）

// 用命名参数把新的参数值传入模块
bus_master #(.delay2(4), delay3(7)) b3(); // b2: delay2 = 4, delay3 = 7
                                          // delay1=2（默认）
// 建议使用命名的参数传入方式，使用这种方法减少了产生错误的机会，可以
// 增添或删除参数而无须担心其次序

endmodule
```

上述模块实例的参数赋值方法是改写实例模块参数值，配置用户实例的一种非常有用的方法。

9.3　条件编译和执行

Verilog 代码中的一部分可能适用于某个编译环境，但不适用于另一个环境。如果设计者不想为两个环境创建不同版本的 Verilog 设计，则还有另外一种方法，设计者在代码中指定其中某一部分代码只有在设置了特定的标志后才能被编译。这就是所谓的**条件编译**。

设计者也可能希望在程序的运行中仅当设置了某个标志后才能执行 Verilog 设计的某些部分。这就是所谓的**条件执行**。

9.3.1　条件编译

条件编译可以用编译指令`ifdef，`ifndef，`else，`elsif 和`endif 实现。例 9.5 中包含一段能进行条件编译的 Verilog 源代码。

例 9.5　条件编译

```
// 条件编译
// 例 1
`ifdef TEST // 若设置 TEST 标志, 则编译 test 模块
module test;
…
…
endmodule
`else // 在默认情况下, 则编译 stimulus 模块
module stimulus;
…
…
endmodule
`endif //  `ifdef 语句的结束

// 例 2
module top;

bus_master b1(); // 无条件地调用模块
`ifdef ADD_B2
    bus_master b2();   // 若定义了 ADD_B2 文本宏标志, 则有条件地调用 b2

`elsif ADD_B3
    bus_master b3();   // 若定义 ADD_B3 文本宏标志, 则有条件地调用 b3

`else
    bus_master b4();   // 在默认情况下, 则有条件地调用 b4
`endif

`ifndef IGNORE_B5
    bus_master b5();   // 若没有定义 IGNORE_B5 文本宏标志,则有条件地调用 b5

`endif
endmodule
```

`ifdef 和`ifndef 指令可以出现在设计的任何地方。设计者可以有条件地编译语句、模块、语句块、声明以及其他编译指令。`else 指令是可选的。一个`else 指令最多可以匹配一个`ifdef 或者`ifndef。一个`ifdef 或者`ifndef 可以匹配任意数量的`elsif 命令。`ifdef 或`ifndef 总是用相应的`endif 来结束。

在 Verilog 文件中，条件编译标志可以用`define 语句设置。在上例中，可以通过在编译时用`define 语句定义文本宏 TEST 和 ADD_B2 的方式来定义标志。如果没有设置条件编译标志，Verilog 编译器就会简单地跳过该部分。`ifdef 语句中不允许使用布尔表达式,例如使用 TEST && ADD_B2 来表示编译条件是不允许的。

9.3.2　条件执行

条件执行标志允许设计者在运行时控制语句执行的流程。所有语句都被编译，但是有条件地执行它们。条件执行标志仅能用于行为语句。系统任务关键字$test$plusargs 用于条件执行。

考虑例 9.6，该例子用$test$plusargs 描述条件执行。

例 9.6　带$test$plusargs 的条件执行

```
// 条件执行
module test;
…
…
initial
begin
    if($test$plusargs("DISPLAY_VAR"))
        $display("Display = %b ", {a,b,c} ); // 只有当标志设置时才能显示
    else
// 条件执行
        $display("No Display"); // 其他情况下不显示
end
endmodule
```

在运行时，仅当设置了 DISPLAY_VAR 标志才会显示变量。可以指定+DISPLAY_VAR 选项在程序运行时设置标志。

可以使用系统任务关键字$value$plusargs 来进一步控制条件执行。该系统任务用于测试调用选项的参数值。如果没有找到匹配的调用选项，则$value$plusargs 返回 0。如果找到了匹配的调用选项，则$value$plusargs 返回非 0 值。例 9.7 给出了$value$plusargs 的示例。

例 9.7　带$value$plusargs 的条件执行

```
// 使用系统任务$value$plusargs 的条件执行
module test;
reg [8*128-1:0] test_string;
integer clk_period;
…
…
initial
begin
    if($value$plusargs("testname=%s", test_string))
        $readmemh(test_string, vectors); // 读取测试向量
    else
        // 否则显示错误信息
        $display("Test name option not specified");

    if($value$plusargs("clk_t=%d", clk_period))
        forever #(clk_period/2) clk = ~clk; // 设置时钟
    else
        // 否则显示错误信息
        $display("Clock period option name not specified");

end
```

```
    // 例如，要启动上述选项，需要使用带+ testname = test1.vec + clk_t = 10
    // testname = "test1.vec"和 clk_period = 10 的命令行来启动仿真器
    endmodule
```

9.4　时间尺度

通常，在某次仿真中，一个模块中的延迟值需要用某个时间单位来定义，比如 1 μs。然而，另一个模块中的延迟值需要用另一个时间单位来定义，比如 100 ns。Verilog HDL 允许用`timescale 编译指令为模块指定参考时间单位。

用法：　`timescale <reference_time_unit> / <time_precision>

<reference_time_unit>（参考时间单位）指定时间和延迟的测量单位。<time_precision>（时间精度）指定仿真过程中延迟值进位取整的精度。只有 1，10 和 100 才是合法的说明时间单位和时间精度的整数。考虑例 9.8 中的两个模块 dummy1 和 dummy2。

例 9.8　时间尺度

```
    // 为模块 dummy1 定义时间尺度
    // 参考时间单位为 100 ns，精度为 1 ns
    `timescale 100 ns / 1 ns

    module dummy1;

    reg toggle;

    // 对 toggle 变量进行初始化
    initial
      toggle = 1'b0;

    // 每 5 个时间单位把 toggle 寄存器翻转一次
    // 本模块中 5 个时间单位 = 500 ns = 0.5 μs
    always #5
       begin
          toggle = ~toggle;
          $display("%d , In %m toggle = %b ", $time, toggle);
       end

    endmodule


    // 为模块 dummy2 定义时间尺度
    // 参考时间单位为 1 μs，精度为 10 ns
    `timescale 1 us / 10 ns

    module dummy2;

    reg toggle;
```

```
    // 对 toqgle 变量进行初始化
    initial
      toggle = 1'b0;

    // 每 5 个时间单位把 toggle 寄存器翻转一次
    // 本模块中 5 个时间单位 = 5 μs = 5000 ns
    always #5
        begin
            toggle = ~toggle;
            $display("%d , In %m toggle = %b ", $time, toggle);
        end

    endmodule
```

除了 dummy1 的时间单位是 100 ns，而 dummy2 的时间单位是 1 μs，dummy1 和 dummy2 这两个模块在各方面都是一样的。因此，dummy2 中的$display 每执行 1 次，dummy1 中的$display 都要执行 10 次。$time 任务按照调用该任务的模块的参考时间单位报告仿真时间。前一部分 $display 语句的仿真输出结果如下所示，展示了`timescale 指令的影响。

```
         5 , In dummy1 toggle = 1
        10 , In dummy1 toggle = 0
        15 , In dummy1 toggle = 1
        20 , In dummy1 toggle = 0
        25 , In dummy1 toggle = 1
        30 , In dummy1 toggle = 0
        35 , In dummy1 toggle = 1
        40 , In dummy1 toggle = 0
        45 , In dummy1 toggle = 1
-->      5 , In dummy2 toggle = 1
        50 , In dummy1 toggle = 0
        55 , In dummy1 toggle = 1
```

注意，dummy1 中的$display 语句每执行 10 次，dummy2 中的$display 语句就执行 1 次。

9.5　常用的系统任务

本节将讨论 Verilog 语言中的一些常用系统任务，它们各自适用于不同的场合。我们将讨论用于**文件输出**、**显示层次**、**选通显示**、**随机数生成**、**内存初始化**和**值变转储**等的系统任务[1]。

9.5.1　文件输出

Verilog 的结果通常输出到标准输出和文件 verilog.log 中。可以将 Verilog 的输出重定向到选择的文件。

---

[1] 本书中不讨论其他系统任务，例如用作符号转换的$signed和$unsigned。详细的细节可参考 *IEEE Standard Verilog Hardware Description Language* 文档。

打开文件

文件可以用系统任务$fopen 打开。

用法：$fopen("<name_of_file>") ;[①]

用法：<file_handle> = $fopen("<name_of_file>") ;

任务**$fopen** 返回一个被称为**多通道描述符**（multichannel descriptor）[②]的 32 位值。多通道描述符中只有一位被设置成 1。标准输出有一个多通道描述符，其最低位（第 0 位）被设置成 1。标准输出也称为通道 0。标准输出一直是开放的。以后对$fopen 的每一次调用都会打开一个新的通道，并会返回一个 32 位的描述符，其中可能设置了第 1 位、第 2 位、……，最多可设置到第 30 位，第 31 位是保留位。通道号与多通道描述符中被设置为 1 的位相对应。例 9.9 展示了文件描述符的使用方法。

例 9.9 文件描述符

```
// 多通道描述符
integer handle1, handle2, handle3; // 整型数为 32 位

// 标准输出是打开的；  descriptor = 32'h0000_0001（第 0 位置 1）
initial
begin
    handle1 = $fopen("file1.out"); // handle1 = 32'h0000_0002  （第 1 位置 1）
    handle2 = $fopen("file2.out"); // handle2 = 32'h0000_0004  （第 2 位置 1）
    handle3 = $fopen("file3.out"); // handle3 = 32'h0000_0008  （第 3 位置 1）
end
```

多通道描述符的优点在于可以有选择地同时写多个文件。下面将详细解释这一点。

写文件

系统任务**$fdisplay**，**$fmonitor**，**$fwrite** 和**$fstrobe** 都用于写文件[③]。注意，这些任务在语法上与常规系统任务$display 和$monitor 等类似，但是它们提供了额外的写文件功能。

下面将只考虑$fdisplay 和$fmonitor 任务。

用法：$fdisplay (<file_descripr or>, p1, p2, …, pn) ;
　　　　$fmonitor (<file_descript or>, p1, p2, …, pn) ;

p1, p2, …, pn 可以是变量、信号名或者带引号的字符串。文件描述符是一个多通道描述符，它可以是一个文件句柄或者多个文件句柄按位的组合。Verilog 会把输出写入与文件描述符中值为 1 的位相关联的所有文件。下面将使用例 9.9 中定义的文件描述符来解释$fdisplay 和$fmonitor 任务的使用。

[①] *IEEE Standard Verilog Hardware Description Language* 文档提供了$fopen 的其他功能。本书提到的$fopen 语法对大多数应用是足够的。然而，如果需要其他功能，则可以参考该文档。

[②] *IEEE Standard Verilog Hardware Description Language* 文档提供了使用单通道（single-channel）文件描述符最多可以打开 2^{30} 个文件的方法。详细的细节可参考该文档。

[③] *IEEE Standard Verilog Hardware Description Language* 文档提供了许多用于文件输出的其他功能。本书提到的文件输出系统任务对于大多数数字电路设计者是足够用的。然而，如果需要使用文件输出的其他功能，则可以参考该文档。

```
// 所有的句柄已经在例 9.9 中定义了
// 写到文件中去

integer desc1, desc2, desc3; // 三个文件描述符
initial
begin
    desc1 = handle1 | 1; // 按位或，desc1 = 32'h0000_0003
    $fdisplay(desc1, "Display 1"); // 写到文件 file1.out 和标准输出 stdout

    desc2 = handle2 | handle1; // desc2 = 32'h0000_0006
    $fdisplay(desc2, "Display 2"); // 写到文件 file1.out 和 file2.out

    desc3 = handle3 ; // desc3 = 32'h0000_0008
    $fdisplay(desc3, "Display 3"); // 只写到文件 file3.out
end
```

关闭文件

文件可以用系统任务$fclose 来关闭。

用法：$fclose (<file_descriptor>) ;

```
// 关闭文件
$fclose(handle1);
```

文件一旦被关闭就不能再写入。多通道描述符中的相应位被设置为 0。下一次$fopen 的调用可以重用这一位。

9.5.2　显示层次

利用任何显示任务，比如$display，$write，$monitor 或者$strobe 任务中的%m 选项，可以显示任何级别的层次。正如 4.3 节中简要论述的，这是非常有用的选项。例如，当一个模块的多个实例执行同一段 Verilog 代码时，%m 选项会区分是哪个模块实例在进行输出。显示任务中的%m 选项无须参数（见例 9.10）。

例 9.10　显示层次

```
// 显示层次信息
module M;
…
initial
    $display("Displaying in %m");
endmodule

// 调用模块 M
module top;
```

```
    ...
    M   m1();
    M   m2();
    // 显示层次信息
    M   m3();
    endmodule
```

仿真输出如下所示：

```
Displaying in top.m1
Displaying in top.m2
Displaying in top.m3
```

这一特征可以显示完整层次路径名，包括模块实例、任务、函数和命名块。

9.5.3　选通显示

选通显示由关键字为$strobe的系统任务完成。这个任务与$display任务除一点小差异以外，其他非常相似。如果许多其他语句与$display任务在同一个时间单位执行，则这些语句与$display任务的执行顺序是不确定的。如果使用$strobe，则该语句总是在同一时刻的其他赋值语句执行完成之后才执行。因此，$strobe提供了一种同步机制，它可以确保所有在同一时钟沿赋值的其他语句在执行完毕之后才显示数据（见例9.11）。

例9.11　选通显示

```
// 选通显示
always @(posedge clock)
begin
    a = b;
    c = d;
end

always @(posedge clock)
    $strobe("Displaying a = %b, c = %b", a, c); // 显示正跳变沿时刻的值
```

在例9.11中，时钟上升沿的值在语句a = b和c = d执行完之后才显示。如果使用$display，则$display可能在语句a = b和c = d之前执行，结果显示不同的值。

9.5.4　随机数生成

随机数生成功能满足了生成随机测试向量集的需求。随机测试非常重要，因为它经常发现设计中潜在的问题。随机向量生成也用于芯片体系结构的性能分析。系统任务$random用于生成随机数。

用法：$random ;

　　　　　　　$random (<seed>) ;

<seed>的值是可选的，它用于确保在每次运行测试时生成同样的随机数序列。参数<seed>可以是reg，integer或者time变量。任务$random返回一个32位整数。这个32位随机数的所有位、位选或域选都可以被使用（见例9.12）。

例9.12　随机数生成

```
// 生成随机数, 并把它们用到 ROM 的地址
module test;
integer r_seed;
reg [31:0] addr;// ROM 的地址
wire [31:0] data;// 从 ROM 输出的数据
…
…
ROM rom1(data, addr);

initial
    r_seed        // 随意定义随机数种子为 2

always @(posedge clock)
    addr = $random(r_seed); // 产生随机数
…
<检查并核对 ROM 的输出是否符合预期的数值>
…
…
endmodule
```

随机数生成器能够生成带符号整数。因此，根据$random 任务的使用方式，它可以生成正的或者负的整数。例9.13 给出了一个生成随机数的例子。

例9.13　正负随机数的生成

```
reg [23:0] rand1, rand2;
rand1 = $random % 60; // 产生一个 – 59 到+59 的随机数
rand2 = {$random} % 60; // 加了拼接操作符后, $random 系统任务生成一个 0 到 59 的正数
```

注意，$random 所用的算法是标准的。因此，在不同仿真器上运行相同仿真测试文件时，相同的随机数种子会产生一致的随机向量。

9.5.5　用数据文件对存储器进行初始化

在 3.2.7 节中已经讨论了怎样声明存储器。Verilog 提供了非常有用的系统任务来根据数据文件对存储器进行初始化。有两个任务可用来读取二进制数或者十六进制数。关键字$readmemb 和$readmemh 用于初始化存储器。

用法：$readmemb ("<file_name>", <memory_name>);

　　　　$readmemb ("<file_name>", <memory_name>, <start_addr>);

　　　　$readmemb ("<file_name>", <memory_name>, <start_addr>, <finish_addr>);

　　　　$readmemh 的语法与之相同。

<file_name>和<memory_name>是必需的。<start_addr>和<finish_addr>是可选的。<start_addr>的默认值是存储器数组的开始位置。<finish_addr>的默认值是数据文件或者存储器的结束位置。例9.14 展示了怎样初始化存储器。

例 9.14 初始化存储器

```
module test;

reg [7:0] memory[0:7]; // 声明有 8 个 8 位的存储单元
integer i;

initial
begin
  // 把数据文件 init.dat 读入存储器中的给定地址
  $readmemb("init.dat", memory);
module test;
  // 显示初始化后的存储器内容
  for(i=0; i < 8; i = i + 1)
    $display("Memory [%0d] = %b", i, memory[i]);
end

endmodule
```

文件 init.dat 包含初始化数据。用@<address>在数据文件中指定地址。地址以十六进制数说明。数据用空格符分隔。数据可以包含 x 或 z。未初始化的位置默认值为 x。样本文件 init.dat 如下所示。

```
@002
11111111 01010101
00000000 10101010

@006
1111zzzz 00001111
```

当仿真测试模块时，将得到下面的输出：

```
Memory [0] = xxxxxxxx
Memory [1] = xxxxxxxx
Memory [2] = 11111111
Memory [3] = 01010101
Memory [4] = 00000000
Memory [5] = 10101010
Memory [6] = 1111zzzz
Memory [7] = 00001111
```

9.5.6 值变转储文件

值变转储（Value Conversion Dump，VCD）**文件**是一个 ASCII 文件，它包含仿真时间、范围与信号的定义以及仿真运行过程中信号值的变化等信息。设计中的所有信号或者选定的信号集合在仿真过程中都可以被写入 VCD 文件。**后处理工具**可以把 VCD 文件作为输入并把层次信息、信号值和信号波形显示出来。现在有许多商用后处理工具以及集成到仿真器中的工具可供使用。对于大规模设计的仿真，设计者可以把选定的信号转储到 VCD 文件中，并使用后处理工具调试、分析和验证仿真输出结果。在调试过程中 VCD 文件的使用流程如图 9.1 所示。

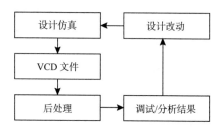

图 9.1　用仿真产生的 VCD 文件进行分析和查错

Verilog 提供了系统任务来选择要转储的模块实例或者模块实例信号($dumpvars)，选择 VCD 文件的名称（$dumpfile），选择转储过程的起点和终点（$dumpon 和$dumpoff），选择生成检测点（$dumpall）。每个任务的使用方法如例 9.15 所示。

例 9.15　VCD 文件系统任务

```
// 指定 VCD 文件名。若不指定 VCD 文件，则由仿真器指定一个默认文件名
initial
        $dumpfile("myfile.dmp"); // 仿真信息转储到 myfile.dmp 文件

// 转储模块中的信号
initial

    $dumpvars; // 没有指定变量范围，把设计中的全部信号都转储
initial
    $dumpvars(1, top); // 转储模块实例 top 中的信号
                       // 数 1 表示层次的等级，只转储 top 下的第一层信号，即转储 top 模块
                       // 中的变量，而不转储 top 中的调用模块的变量

initial
    $dumpvars(2, top.m1); // 转储 top.m1 模块以下两层的信号
initial
    $dumpvars(0, top.m1); // 数 0 表示转储 top.m1 模块下面各个层的所有信号


// 启动和停止转储过程
initial
begin
    $dumpon;                 // 启动转储过程
    #100000 $dumpoff;  // 过了 100 000 个时间单位后，停止转储过程
end

// 生成一个检查点，转储所有 VCD 变量的当前值
initial
    $dumpall;
```

$dumpfile 和$dumpvars 任务通常在仿真开始时指定。$dumpon，$dumpoff 和$dumpall 任务在仿真过程中控制转储过程[①]。

有一些具有图形显示功能的后处理工具可供商用，它们目前是仿真和调试过程的重要组成部

[①] 其他任务，例如$dumpports，$dumpportsoff，$dumpportson，$dumpportsall，$dumpportslimit 和$dumpportsflush 等细节可参考 *IEEE Standard Verilog Hardware Description Language* 文档。

分。对于大规模的仿真，设计者难以分析$display和$monitor 语句的输出。从图形形式的波形来分析结果更加直观。VCD 之外的其他格式也已经出现，但是 VCD 仍然是最流行的 Verilog 仿真器转储格式。

VCD 文件可能变得非常庞大（对大规模设计而言，VCD 文件的大小可能达到数百兆字节），因而只能选择那些需要检查的信号进行转储，注意到这一点是很重要的。

9.6 小结

本章讨论了以下几个有关 Verilog 语法的问题。

- **过程连续赋值语句**可用于改写（覆盖）寄存器和线网上的赋值。assign 和 deassign 可以改写（覆盖）寄存器上的赋值。force 和 release 可以改写（覆盖）寄存器和线网上的赋值。assign 和 deassign 可以用在实际的设计中。force 和 release 可以用于调试。

- 可以用 defparam 语句或者在**模块调用**中传递新值来改写（覆盖）已在模块中定义的参数。在模块调用中，可以按参数列表的参数顺序或者名字关联的方式给参数赋值。推荐使用名字关联的方式给参数赋值。

- 设计的某些部分的代码可以通过使用`ifdef，`ifndef，`elsif，`else 和`endif 等指令有条件地编译。在编译时用`define 语句定义编译标志。

- Verilog 仿真器中的代码执行也可以通过系统任务$test$plusargs 的方式有条件地进行。在运行时通过+<flag_name>定义执行标志。

- Verilog 中最多可以为写操作打开 30 个文件。在多通道描述符中为每个文件赋予 1 位。多通道描述符可用于写多个文件。*IEEE Standard Verilog Hardware Description Language* 文档描述了更先进的进行文件 I/O 操作的方式。

- 可以在任何显示语句中使用%m 选项显示层次。

- 选通显示是一种在某确定时刻或者由某事件触发的显示值的方式，其显示的执行安排在同时刻执行的其他语句都执行完毕之后进行。

- 可以使用系统任务$random 生成随机数。它们被用作生成随机测试向量。任务$random 既可以生成正数，也可以生成负数。

- 存储器可以用数据文件的数据进行初始化。数据文件包含地址和数据。地址也可以在存储器初始化任务中指定。

- **值变转储文件**是许多设计者在后处理工具中进行调试时使用的一种通用格式。Verilog 允许将所有的或者部分选定的模块变量转储到 VCD 文件中。多种系统任务可以用于此目的。

9.7 习题

1. 使用 assign 和 deassign 语句，设计一个带异步 clear（q = 0）和 preset（q = 1）端口的由上升沿触发的 D 触发器。

2. 使用基本逻辑门设计一个一位全加器 FA。在激励模块中调用这个全加器。在时间单位时刻 5 ~ 35 之间强迫输出值 sum 为 a & b & c_in。

3. 由逻辑门定义的带延迟参数的一位全加器 FA，如下面的模块所示：

```
// 定义一个一位的全加器
module fulladd(sum, c_out, a, b, c_in);
parameter d_sum = 0, d_cout = 0;

// 输入/输出端口声明
output sum, c_out;
input a, b, c_in;

// 内部线网
wire s1, c1, c2;


// 调用（实例引用）逻辑门原语部件
xor (s1, a, b);
and (c1, a, b);

xor #(d_sum) (sum, s1, c_in);  // 到输出端 sum 的延迟为 d_sum
and (c2, s1, c_in);

or  #(d_cout) (c_out, c2, c1); // 到输出端 c_out 的延迟为 d_cout

endmodule
```

定义一个如例 5.8 所示的四位全加器 fulladd4，使用本书中讨论的两种方法，传送下表所示的参数值给所引用的实例：

实　例	延 迟 值
fa0	d_sum = 1, d_cout = 1
fa1	d_sum = 2, d_cout = 2
fa2	d_sum = 3, d_cout = 3
fa3	d_sum = 4, d_cout = 4

a. 编写 fulladd4 模块，用 defparam 语句改变实例参数的值。使用例 5.9 中的激励文件对这个四位全加器进行仿真。解释全加器的结果延迟，什么时候出现加法器的输出（在该激励文件中使用 20 作为延迟值，而不是用 5）。

b. 编写 fulladd4 模块，把延迟值传送到调用的实例 fa0，fa1，fa2 和 fa3 中。使用上面的激励文件重新对该四位全加器进行仿真。检查结果是否一致。

4. 使用上例完成的设计，编写一个四位全加器模块。使用条件编译（`ifdef）。若文本宏 DPARAM 已经由`define 语句定义，则编译带 defparam 语句的 fulladd4 模块；否则，编译带实例参数值的 fulladd4 模块。

5. 说明下面的显示语句将会写入哪些文件中：

```
// 使用多通道描述符的文件输出

module test;

integer handle1,handle2,handle3; // 文件句柄

// 打开文件
initial
begin
  handle1 = $fopen("f1.out");
  handle2 = $fopen("f2.out");
  handle3 = $fopen("f3.out");
end

// 把显示语句写入有关文件          s
initial
begin
// 使用多通道描述符把字符串（显示语句）写入有关文件 :
  #5;
  $fdisplay(4, "Display Statement # 1");
  $fdisplay(15, "Display Statement # 2");
  $fdisplay(6, "Display Statement # 3");
  $fdisplay(10, "Display Statement # 4");
  $fdisplay(0, "Display Statement # 5");
end

endmodule
```

6. 如下所示的$display 语句的输出是什么?

```
module top;
A a1();
endmodule

module A;
B b1();
endmodule

module B;
initial
    $display("I am inside instance %m");
endmodule
```

7. 考虑例 6.4 中的四位全加器。写一个激励文件对全加器进行随机测试。使用随机数生成器生成一个 32 位随机数。取出 3:0 位，把它们传送给输入 a；取出 7:4 位，把它们传送给输入 b。使用第 8 位，把它的值传送给 c_in。应用 20 个随机测试向量并观察输出。

8. 使用例 9.14 中对存储器进行初始化的示例。修改文件，读取十六进制数据。用下列地址和数据值写新的数据文件。未指定的地址不进行初始化。

地 址	数 据
1	33
2	66
4	Z0
5	0z
6	01

9. 编写控制 VCD 文件的 initial 块。该 initial 块必须完成如下工作：

- 设置 myfile.dmp 为输出 VCD 文件；
- 转储模块实例 top.a1.b1.c1 中两层深度内的所有变量；
- 在时间单位 200 处停止转储 VCD；
- 在时间单位 400 处开始转储 VCD；
- 在时间单位 500 处停止转储 VCD；
- 创建一个检测点，把所有 VCD 变量的当前值转储到 VCD 文件。

第二部分　Verilog 高级主题

第 10 章	时序和延迟
第 11 章	开关级建模
第 12 章	用户自定义原语
第 13 章	编程语言接口
第 14 章	使用 Verilog HDL 进行逻辑综合
第 15 章	高级验证技术

第 10 章　时序和延迟

硬件的功能验证用于验证所设计的电路的功能。但是，真实硬件中的模块具有逻辑元件和它们之间的路径带来的延迟。因此，必须检查电路是否满足延迟说明中指定的模块时序约束。随着电路尺寸变得越来越小且速度越来越快，检查时序约束变得越来越重要了。检查时序的方式之一是进行**时序仿真**，即在仿真过程中计算与该模块相关的延迟值。

与时序仿真不同的另一种验证时序的技术已经出现在设计自动化行业中。最流行的技术是**静态时序验证**。设计者首先进行纯功能验证，然后用静态时序验证工具单独验证时序。静态验证的主要优点是能以比时序仿真快几个数量级的速度验证时序。静态时序验证是一个独立的研究领域，本书不做讨论。

本章将详细讨论在 Verilog 模块中如何控制和定义时序和延迟。因此，通过使用时序仿真，设计者可以同时验证 Verilog 描述的电路的功能和时序。

学习目标

- 鉴别 Verilog 仿真中用到的延迟模型的类型，**分布延迟**、**集总**（lumped）**延迟**和**引脚到引脚**（路径）**的延迟**。
- 理解如何在仿真过程中用 specify 块设置路径延迟。
- 能解释输入和输出引脚之间的**并行连接**和**全连接**。
- 理解如何在 specify 块中用 specparam 语句定义参数。
- 描述**状态依赖路径延迟**，即**条件路径延迟**。
- 能解释 rise，fall 和 turn-off 延迟，理解如何设置 min，max 和 typ 的值。
- 能够为时序检查定义系统任务，$setup，$hold 和$width。
- 理解**延迟反标**。

10.1　延迟模型的类型

在 Verilog 中有三种类型的延迟模型：**分布延迟**、**集总延迟**和**引脚到引脚**（路径）**的延迟**。

10.1.1　分布延迟

分布延迟是在每个**独立元件**的基础上进行定义的。延迟值赋给电路中独立的元件。图 10.1 显示了模块 M 中分布在每个逻辑元件上的延迟。

分布延迟可以通过两种方式建模：一种是将延迟值赋给独立的门；另一种是在单独的 assign 语句中指定延迟值。任意一个门的输入发生变化时，该

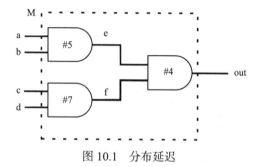

图 10.1　分布延迟

门的输出在指定的延迟值之后改变。例 10.1 显示出如何在门元件中和数据流描述中说明分布延迟。

例 10.1　分布延迟

```
    // 门级模块中的分布延迟
    module M (out, a, b, c, d);
    output out;
    input a, b, c, d;

    wire e, f;

    // 每个门的分布延迟
    and #5 a1(e, a, b);
    and #7 a2(f, c, d);
    and #4 a3(out, e, f);
    endmodule

    // 数据流定义中的分布延迟
    module M (out, a, b, c, d);
    output out;
    input a, b, c, d;

    wire e, f;

    // 每个表达式中的分布延迟
    assign #5 e = a & b;
    assign #7 f = c & d;
    assign #4 out = e & f;
    endmodule
```

　　分布延迟提供详细的延迟建模方式。电路中每个元件的延迟都要指定。

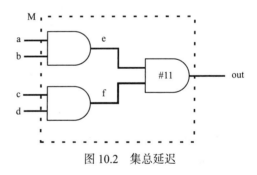

图 10.2　集总延迟

10.1.2　集总延迟

　　集总延迟是在每个**独立模块**的基础上定义的。它们可以被看成模块输出门的单个延迟，而实际上是将所有路径累积的延迟汇总于输出门这一处，因此称为集总延迟。图 10.2 和例 10.2 中给出了集总延迟的示例。

　　例 10.1 是图 10.1 的改进。在本例中，计算图 10.1 中从任意输入到输出的最大延迟，即 $7 + 4 = 11$ 个单位延迟。整个延迟汇总到输出门。当模块 M 的任意输入发生变化时，经过这个最大延迟之后，输出发生改变。

例 10.2　集总延迟

```
    // 集总延迟
    module M (out, a, b, c, d);
    output out;
    input a, b, c, d;

    wire e, f;
```

```
and a1(e, a, b);
and a2(f, c, d);
and #11 a3(out, e, f);// 延迟只在输出门外
endmodule
```

集总延迟的模型与分布延迟的相比更易于建模。

10.1.3　引脚到引脚的延迟

另一种对模块的延迟定义方式是**引脚到引脚**的时序说明，分别把延迟赋给模块中从每个输入到每个输出之间的所有路径。因此，可以针对每条输入/输出路径分别指定延迟。在图 10.3 中采用图 10.1 中的示例并给每条输入/输出路径计算引脚到引脚的延迟。

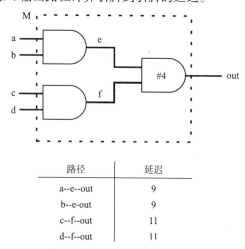

路径	延迟
a--e--out	9
b--e-out	9
c--f--out	11
d--f--out	11

图 10.3　引脚到引脚的延迟

可以从数据手册中直接获取标准组件的引脚到引脚的延迟。通过用 SPICE 之类的低层次仿真器进行电路描述的仿真，可以获得数字电路模块的引脚到引脚的延迟。

虽然引脚到引脚的延迟非常详细，但是对大规模电路而言，它比分布延迟更容易建模，因为写延迟模型的设计者只需了解模块的输入/输出引脚，无须了解模块的内部。模块内部可以用逻辑门、数据流、行为级语句或混合方式来设计，但是引脚到引脚的延迟说明仍然保持不变。引脚到引脚的延迟又称为**路径延迟**。后续章节中将使用"路径延迟"这个术语。

5.2 节和 6.2 节已讨论了**分布延迟**和**集总延迟**。下一节将详细研究路径延迟。

10.2　路径延迟建模

本节探讨路径延迟建模的各个方面。本节中，术语**引脚**和**端口**可以互相替代使用。

10.2.1　specify 块

在模块的**源**（输入或输入输出）引脚和**目标**（输出或输入输出）引脚之间的延迟称为**模块路径延迟**。在 Verilog 中，在关键字 specify 和 endspecify 之间给路径延迟赋值，关键字之间的语句组成 specify 块（即指定块）。

specify 块包含下列操作语句：

- 给穿过模块的所有路径指定引脚到引脚的时序延迟
- 在电路中设置时序检查
- 定义 specparam 常量

对于图 10.3 中的示例，可用例 10.3 中所示的 specify 块来描述模块 M 的引脚到引脚的延迟。

例 10.3　引脚到引脚的延迟

```
// 引脚到引脚的延迟
module M (out, a, b, c, d);
output out;
input a, b, c, d;

wire e, f;

// 包含路径延迟语句的 Specify 块
specify
    (a => out) = 9;
    (b => out) = 9;
    (c => out) = 11;
    (d => out) = 11;
endspecify

// 门的实例调用
and a1(e, a, b);
and a2(f, c, d);
and a3(out, e, f);
endmodule
```

specify 块是模块中的一个独立部分，且不在任何其他块（ 如 initial 或 always ）内出现。specify 块中的语句含义必须非常明确。

10.2.2　specify 块内部

本节中描述那些可以用在 specify 块内部的语句。

并行连接

如前所述，每条路径延迟语句都有一个源域和一个目标域。在例 10.3 的路径延迟语句中，a，b，c 和 d 在源域位置，而 out 是目标域。

用符号 => 说明并行连接，用法如下所示。

用法：(<source_field> => <destination_field>) = <delay_value>;

在并行连接中，源域中的每一位与目标域中相应的位连接。如果源和目标域是向量，则必须有相同的位数，否则会出现不匹配。因此，并行连接说明了源域的每一位到目标域的每一位之间的延迟。

图 10.4 显示出源域和目标域之间的位是如何并行连接的。例 10.4 给出了并行连接的 Verilog 描述。

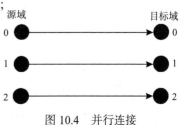

图 10.4　并行连接

例 10.4 并行连接

```
// 位对位连接。a 和 out 都是位宽为 1 的信号
(a => out) = 9;

// 向量对向量的连接。a 和 out 都是位宽为 4 的信号：a[3:0]，out[3:0]
// a 是源信号，out 是目标信号
(a => out) = 9;

// 上面这条语句实际上是下面 4 条位对位连接语句的缩写
(a[0] => out[0]) = 9;
(a[1] => out[1]) = 9;
(a[2] => out[2]) = 9;
(a[3] => out[3]) = 9;

// 非法连接。a[4:0]是位宽为 5 的向量，而 out[3:0]是位宽为 4 的向量
// 源域与目标域的位宽不匹配
(a => out) = 9; // 位宽不匹配
```

全连接

用符号*>表示全连接，用法如下所示。

用法：(<source_field> *> <destination_field>) = <delay_value>;

在全连接中，源域中的每一位与目标域中的每一位相连接。如果源和目标是向量，则它们不必位数相同。全连接描述源中的每一位和目标中的每一位之间的延迟，如图 10.5 所示。

例 10.3 中用并行连接描述模块 M 中的延迟。例 10.5 表示如何用全连接定义延迟。

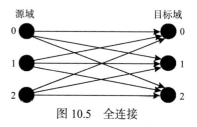

图 10.5　全连接

例 10.5 全连接

```
// 全连接
module M (out, a, b, c, d);
output out;
input a, b, c, d;

wire e, f;

// 全连接
specify
(a,b *> out) = 9;
(c,d *> out) = 11;
endspecify

and a1(e, a, b);

and a2(f, c, d);
and a3(out, e, f);
endmodule
```

当向量位宽很大时，全连接在定义输入向量中每一位与输出向量中每一位之间的延迟时尤其有用。前提是这些延迟的值必须一致。下例展示全连接怎样非常精确地指定延迟。

```
// a[31:0]是 32 位宽的向量，out[15:0]是 16 位宽的向量
// a 的每一位与 out 的每一位之间的延迟为 9

specify
( a *> out) = 9; // 需要用 32 × 16 = 352 条并行连接语句来完成此条语句的功能
                 // 想一想为什么
endspecify
```

边沿敏感路径

边沿敏感路径用于输入到输出延迟的时序建模，这种结构仅当源信号上出现特定边沿时才有用。

```
// 本例中，在时钟信号 clock 的正跳变沿时刻，从时钟信号到输出信号用去上升延迟 10，
// 下降延迟 8。数据路径是从 in 到 out，输入信号 in 没有反相就传送到 out 输出
(posedge clock => (out +: in)) = (10 : 8);
```

specparam 声明语句

可以声明特殊的参数，以便用在 specify 块中。它们用 specparam 关键字声明。一般情况下不直接根据数值定义引脚到引脚的延迟，而是使用 specparam 定义 specify 参数，然后在 specify 块中使用这些参数。specparam 的值常常用于给非仿真工具存储值，例如延迟计算器、综合工具和布线评估器。例 10.6 中展示了一个使用 specparam 语句的 specify 块示例。

例 10.6　specparam 声明语句

```
// 用 specparam 语句指定延迟参数
specify
   // 在指定块内部定义参数
   specparam d_to_q = 9;
   specparam clk_to_q = 11;

   (d => q) = d_to_q;
   (clk => q) = clk_to_q;
endspecify
```

注意，specify 参数仅用在它们自己的 specify 块内部，它们不是用关键字 parameter 声明的全局参数。提供 specify 参数是为了方便给延迟赋值。建议用 specify 参数而不是数值来表示引脚到引脚的延迟。因此，如果电路的时序说明变化了，则用户只需要改变 specify 参数值，而不必逐个修改每条路径的延迟值。

条件路径延迟

引脚到引脚的延迟可能会由于电路输入信号的状态而改变。Verilog 允许在电路中根据信号值有条件地给路径延迟赋值。条件路径延迟用 if 条件语句表示，如例 10.7 所示。操作数可以是这里列出的这些量的标量或向量值：模块输入或输出端口、它们的位选或域选、局部定义的寄存器（或网表）或它们的位选或域选、编译时就能确定的常量（常数和 specify 块参数）。条件表达式可以包含任意逻辑操作符、位操作符、缩减操作符、连接操作符以及条件操作符，如表 6.1 所示。if 语句不能使用 else 结构。条件路径延迟又称**状态依赖路径延迟**（State Dependent Path Delay，SDPD）。

例 10.7 条件路径延迟

```
// 条件路径延迟
module M (out, a, b, c, d);
output out;
input a, b, c, d;

wire e, f;

// 有条件的引脚到引脚的延迟时序
specify

// 基于信号 a 的状态而不同的引脚到引脚的延迟
if (a) (a => out) = 9;
if (~a) (a => out) = 10;

// 条件表达式包含两个信号 b 和 c
// 若 b 和 c 为真，则延迟 delay = 9
// 否则延迟 delay = 13
if (b & c) (b => out) = 9;

if (~(b & c)) (b => out) = 13;

// 用拼接操作符
if ({c,d} == 2'b01)
        (c,d *> out) = 11;
if ({c,d} != 2'b01)
        (c,d *> out) = 13;

endspecify

and a1(e, a, b);
and a2(f, c, d);
and a3(out, e, f);
endmodule
```

上升、下降和关断延迟

引脚到引脚的时序也可以通过指定上升、下降和关断（turn-off）延迟值来更详细地表示（见例 10.8）。可以给任意路径定义 1 个、2 个、3 个、6 个或 12 个延迟值。4 个、5 个、7 个、8 个、9 个、10 个或 11 个延迟值都是错误的。必须严格按顺序定义这些延迟。5.2.1 节探讨了逻辑门的上升、下降和关断延迟的说明方法。本节将在引脚到引脚的时序说明里继续讨论这些延迟。

例 10.8 用上升、下降和关断值指定的路径延迟

```
// 对于所有的过渡过程（上升、下降和关断），只指定一个延迟参数
specparam t_delay = 11;
(clk => q) = t_delay;

// 指定 2 个延迟参数，上升和下降
// 用于上升的过渡过程 0->1, 0->z, z->1
// 用于下降的过渡过程 1->0, 1->z, z->0
specparam t_rise = 9, t_fall = 13;
```

```
        (clk => q) = (t_rise, t_fall);

    // 指定 3 个延迟参数, 上升、下降和关断
    // 用于上升的过渡过程 0->1, z->1
    // 用于下降的过渡过程 1->0, z->0
    // 用于关断的过渡过程 0->z, 1->z
    specparam t_rise = 9, t_fall = 13, t_turnoff = 11;
    (clk => q) = (t_rise, t_fall, t_turnoff);

    // 指定 6 个延迟参数
    // 按照以下次序指定延迟:
    // 0->1, 1->0, 0->z, z->1, 1->z, z->0
    specparam t_01 = 9, t_10 = 13, t_0z = 11;
    specparam t_z1 = 9, t_1z = 11, t_z0 = 13;
    (clk => q) = (t_01, t_10, t_0z, t_z1, t_1z, t_z0);

    // 指定 12 个延迟参数
    // 按照以下次序指定延迟:
    // 0->1, 1->0, 0->z, z->1, 1->z, z->0
    // 0->x, x->1, 1->x, x->0, x->z, z->x
    // 必须严格按照以上次序指定延迟参数
    specparam t_01 = 9, t_10 = 13, t_0z = 11;
    specparam t_z1 = 9, t_1z = 11, t_z0 = 13;
    specparam t_0x = 4, t_x1 = 13, t_1x = 5;
    specparam t_x0 = 9, t_xz = 11, t_zx = 7;
    (clk => q) = (t_01, t_10, t_0z, t_z1, t_1z, t_z0,
                  t_0x, t_x1, t_1x, t_x0, t_xz, t_zx );
```

最小值、最大值和典型延迟值

前面在 5.2.2 节中就探讨了逻辑门的最小值、最大值和典型延迟值。**最小值**、**最大值**和**典型延迟值**也可以用于说明引脚到引脚的延迟。例 10.8 中的任意延迟值都可以用最小、最大和典型延迟形式表示。考虑例 10.9 中所示的三种延迟值的说明方式。每个延迟都用 "min:typ:max" 形式表示。

例 10.9　用最小值、最大值和典型延迟值表示的路径延迟

```
    // 指定三个延迟参数, 上升、下降和关断
    // 每个延迟具有 min:typ:max 形式的值
    specparam t_rise = 8:9:10, t_fall = 12:13:14, t_turnoff = 10:11:12;
    (clk => q) = (t_rise, t_fall, t_turnoff);
```

在前面的阐述中, 最小值、典型值和最大值可以在 Verilog 命令行中用运行选项 **+mindelays**, **+typdelays** 以及 **+maxdelays** 的方式调用。默认值是典型延迟值。仿真器不同, 调用方式也可能不同。

处理 x 状态转换

Verilog 采用保守的方法计算 x 状态转换的延迟。如果没有显式地指定 x 转换的延迟, 则保守的方法规定:

- 从 x 到已知状态的转换应当消耗可能的最大时间

- 从已知状态到 x 的转换应当消耗可能的最小时间

从例 10.8 中摘录的 6 个延迟的路径延迟说明如下所示。

```
// 指定 6 个延迟参数
// 按照以下次序指定延迟:
// 0->1, 1->0, 0->z, z->1, 1->z, z->0

specparam t_01 = 9, t_10 = 13, t_0z = 11;
specparam t_z1 = 9, t_1z = 11, t_z0 = 13;
(clk => q) = (t_01, t_10, t_0z, t_z1, t_1z, t_z0);
```

上述延迟说明中的 x 转换的计算方法如下表所示：

过 渡 过 程	延 迟 值
0->x	min (t_01, t_0z) = 9
1->x	min (t_10, t_1z) = 11
z->x	min (t_z0, t_z1) = 9
x->0	min (t_10, t_z0) = 13
x->1	min (t_01, t_z1) = 9
x->z	min (t_1z, t_0z) = 11

10.3   时序检查

本章前几节讨论了如何指定路径延迟。指定路径延迟的目的是以比门延迟更高的精度仿真实际数字电路的时序。本节将描述如何建立时序检查，以便查看仿真过程中是否违反了时序约束。对于时序严格的高速时序电路，如微处理器，时序验证尤其重要。

Verilog 提供了系统任务来进行时序检查。Verilog 有很多用于时序检查的系统任务。我们将探讨 3 种最通用的时序检查[①]任务：$setup，$hold 和$width。所有的时序检查只能用在 specify 块里。为了简化讨论，省略了这些时序检查系统任务的一些可选参数。

10.3.1 $setup 和$hold 检查

$setup 和$hold 任务用来检查设计中时序元件的**建立**和**保持**约束。在时序元件（如边沿触发的触发器）中，**建立时间**是数据必须在有效时钟边沿之前到达的最小时间。**保持时间**是数据在有效时钟边沿之后保持不变的最小时间。建立时间和保持时间如图 10.6 所示。

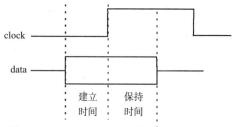

$setup 任务

建立时间检查可以用系统任务$setup 进行。

图 10.6   建立（setup）和保持（hold）时间

[①] *IEEE Standard Verilog Hardware Description Language* 文档提供了附加约束检查$removal，$recrem，$timeskew 和 $fullskew。具体细节可参考该文档。标准中还规定也可以指定负的输入时序约束。

用法：$setup (data_event, reference_event, limit) ;

　　　data_event　　　被检查的信号，检查它是否违反约束

　　　reference_event　用于检查 data_event 信号的参考信号

　　　limit　　　　　　data_event 需要的最小建立时间

如果$(T_{reference\_event} - T_{data\_event}) <$ limit，则报告违反约束。

setup 检查的示例如下所示：

```
// 设置建立时间检查
// clock 作为参考信号
// data 是被检查的信号
// 如果(T_posedge_clk - T_data) < 3，则报告违反约束
specify
    $setup(data, posedge clock, 3);
endspecify
```

$hold 任务

保持时间检查可以用系统任务$hold 进行。

用法：$hold (reference_event, data_event, limit) ;

　　　reference_event　用于检查 data_event 信号的参考信号

　　　data_event　　　被检查的信号，检查它是否违反约束

　　　limit　　　　　　data_event 需要的最小保持时间

如果（$T_{data\_event} - T_{reference\_event}$）< limit，则报告违反约束。

保持时间检查的示例如下所示：

```
// 设置保持时间检查
// clock 作为参考信号
// data 是被检查的信号
// 如果(T_data - T_posedge_clk)<5，则报告违反约束
specify
    $hold(posedge clear, data, 5);
endspecify
```

10.3.2　$width 检查

有时有必要检查脉冲宽度。

系统任务$width 用来检查脉冲宽度是否满足最小宽度要求，如图 10.7 所示。

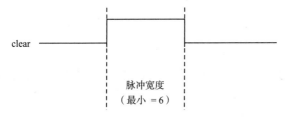

图 10.7　脉冲宽度检查系统函数$width

用法：$width (reference_event, limit) ;

　　　reference_event　　　　边沿触发事件（信号的边沿跳变）

　　　limit　　　　　　　　脉冲最小宽度

不给$width 显式指定 data_event，它是 reference_event 信号的下一个反向跳变沿。因此，$width 任务用于检查信号值从一个跳变到下一个反向跳变之间的时间。

如果$(T_{data\_event} - T_{reference\_event}) <$ limit，则报告违反约束。

```
// 设置宽度检查
// clock 的上升沿正跳变作为 reference_event
// clock 的下一个下降沿负跳变作为 data_event
// 如果(T_data - T_clk) < 6，则报告违反约束
specify
    $width(posedge clock, 6);
endspecify
```

10.4　延迟反标注

在时序仿真中**延迟反标注**是重要而庞大的课题。这一主题可能需要一整本书来讨论。然而，本节中将给设计者介绍仿真中延迟的反标注概念。该课题的详细论述超出了本书范围，详细内容可参考 *IEEE Standard Verilog Hardware Description Language* 文档。

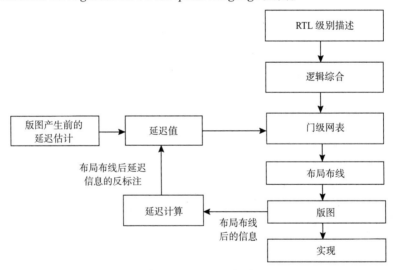

图 10.8　延迟的反标注

在流程中使用延迟反标注的步骤如下。

1. 设计者写 RTL 描述，然后进行功能仿真。

2. 用逻辑综合工具将 RTL 描述转换成门级网表。

3. 设计者用延迟计算器和 IC 制造工艺信息获取芯片制作版图前的延迟估计。然后，设计者进行门级网表的时序仿真或者静态时序验证，使用这些初步的估计值检查门级网表是否满足时序约束。

4. 然后用布局布线工具将门级网表转换成版图。根据版图中的电阻 R 和电容 C 信息，计算制

作版图后的延迟值。R 和 C 的信息是根据几何形状和 IC 制造工艺提取的。

5. 将制作版图后得到的延迟值反标注到门级网表中，以便更精确地修改门级网表的延迟估计。再次运行时序仿真或者静态时序验证，以便检查门级网表是否仍然满足时序约束。

6. 如果要改变设计来满足时序约束，则设计者必须返回 RTL 级，优化设计的时序，然后重复从步骤 2 到步骤 5 的操作。

　　一种称为**标准延迟格式**（Standard Delay Format，SDF）的标准格式一般用于反标注。延迟反标注的细节超出了本书的讨论范围，读者可以参考 *IEEE Standard Verilog Hardware Description Language* 文档。

10.5　小结

本章讨论了 Verilog 的以下几方面的内容。

- 有三种类型的延迟模型：**集总延迟**、**分布延迟**和**路径延迟**。分布延迟比集总延迟更精确，但是对大规模设计而言难以建模。集总延迟相对而言易于建模。

- 路径延迟又称**引脚到引脚的延迟**，定义输入端（或输入输出端）到输出端（或输入输出端）的延迟。路径延迟提供了最精确的模块延迟建模方式。

- specify 块是表示路径延迟信息的基本块。在模块中，specify 块独立于 initial 或者 always 块，它是单独出现的。

- **并行连接**和**全连接**是描述路径延迟的两种方法。

- 可以用 specparam 语句在 specify 块内部定义参数。

- 路径延迟可以是有条件的或者依赖于电路内的信号值，称为**状态依赖路径延迟**（SDPD）。

- 可以在路径延迟中描述**上升**、**下降**和**关断延迟**。也可以指定**最小值**、**最大值**和**典型值**，并且以保守的方式处理 x 状态的跳变。

- **建立时间**、**保持时间**和**脉冲宽度**是检查数字电路时序完整性的时序检查内容。也可以进行其他时序检查，但不在本书的讨论范围内。

- 从版图信息提取路径延迟信息之后，**延迟反标注**用于更精确地重新仿真数字设计。重复该过程直到获得满足所有时序要求的最终电路。

10.6　习题

1. 下图所示电路中用到了哪种类型的延迟模型？给模块 Y 写 Verilog 描述。

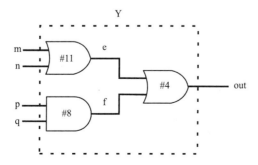

2. 在模块中用最大延迟把电路转换成**集总延迟模型**。用集总延迟模型重写模块 Y 的 Verilog 描述。

3. 计算习题 1 中的电路的每条输入到输出路径的延迟。用**路径延迟模型**写 Verilog 描述。使用 specify 块。

4. 考虑下图所示的负边沿触发的异步复位 D 触发器。给模块 D_FF 写 Verilog 描述，只给出输入/输出端口和路径延迟说明。使用**并行连接**描述路径延迟。

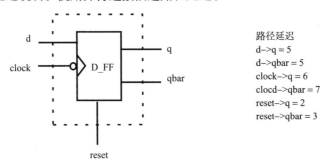

路径延迟
d->q = 5
d->qbar = 5
clock->q = 6
clocd->qbar = 7
reset->q = 2
reset->qbar = 3

5. 假设所有路径延迟是 5 个时间单位，修改习题 4 中的 D 触发器。使用 q 和 qbar 的**全连接**来描述路径延迟。

6. 假设所有路径延迟定义都使用 6 个延迟参数的形式，所有路径延迟相等。在 **specify** 块中，定义参数 t_01 = 4，t_10 = 5，t_0z = 7，t_z1 = 2，t_1z = 3，t_z0 = 8。使用习题 4 中的 D 触发器，以全连接的方式给所有路径写 6 个延迟参数的说明。

7. 在习题 4 中，如果延迟值对 d 值有如下依赖关系，则修改 D 触发器延迟说明：

　　如果 d = 1'b0，那么 clock -> q = 5，否则 clock -> q = 6

　　如果 d = 1'b0，那么 clock -> qbar = 4，否则 clock -> qbar = 7

所有其他延迟是 5 个时间单位。

8. 对于习题 7 中的 D 触发器，在 specify 块中给它加上下列时序检查内容：

　　d 相对于 clock 的最小建立时间是 8。

　　d 相对于 clock 的最小保持时间是 4。

　　reset 信号高有效。reset 脉冲的最小宽度是 42。

9. 描述什么是**延迟反标注**。为延迟反标注画流程图。

第 11 章　开关级建模

本书第一部分在逻辑门级、数据流级和行为级等较高抽象层次上解释了数字逻辑的设计和仿真。然而在少数情况下，设计者可能会选择用晶体管作为设计的底层模块，即叶级（leaf-level）模块。Verilog 语言具有对 MOS 晶体管级进行设计的能力。随着电路复杂性的增加（上百万的晶体管）以及先进 CAD 工具的出现，以开关级为基础进行的设计正在逐渐萎缩。Verilog HDL 目前仅提供用逻辑值 0，1，x，z 和与它们相关的驱动强度进行数字设计的能力，没有模拟设计能力。因此，在 Verilog HDL 中晶体管也仅被当成导通或者截止的开关。本章将讨论开关级建模的基本原理。大多数设计者只需要知道基本知识就足够了。附录 A 给出了信号强度和高级线网类型定义的详细内容。关于开关级建模的全部详细内容，可参考 *IEEE Standard Verilog Hardware Description Language* 文档。

学习目标

- 能够描述基本 MOS 开关：nmos，pmos 和 cmos。
- 理解双向传输开关、电源和地的建模方法。
- 识别阻抗 MOS 开关。
- 解释在**基本 MOS 开关和双向传输开关**上说明延迟的方法。
- 在 Verilog 中，用所提供的开关建立基本开关级电路。

11.1　开关级建模元件

Verilog 提供了各种语言结构，可以为开关级电路建立模型，MOS 晶体管级数字电路可以用这些最基本的电路模型元件[1]来描述。

11.1.1　MOS 开关

可以用关键字 nmos 和 pmos 定义两种类型的 MOS 开关。

```
// 定义 MOS 开关的关键字
nmos              pmos
```

关键字 nmos 用于 NMOS 晶体管建模；关键字 pmos 用于 PMOS 晶体管建模。NMOS 和 PMOS 开关的符号如图 11.1 所示。

在 Verilog 语言里，调用（实例引用）NMOS 和 PMOS 开关的方式如例 11.1 所示。

---

① 可以用实例组（即多个并列的实例引用）来定义开关组。在 5.1.3 节中对实例组进行了描述。

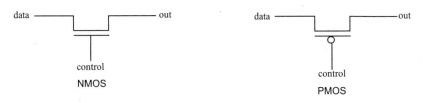

图 11.1　NMOS 和 PMOS 开关

例 11.1　NMOS 和 PMOS 开关的实例引用

```
nmos n1(out, data, control); // 调用（实例引用）一个 NMOS 开关
pmos p1(out, data, control); // 调用（实例引用）一个 PMOS 开关
```

因为开关是用 Verilog 原语定义的，类似于逻辑门，实例名称是可选项，所以调用（实例引用）开关时可以不给出实例名称。

```
nmos (out, data, control); // 调用一个 NMOS 开关；无实例名称
pmos (out, data, control); // 调用一个 PMOS 开关；无实例名称
```

信号 out 的值由信号 data 和 control 的值确定。out 的逻辑值如表 11.1 所示。信号 data 和 control 的不同组合导致这两个开关输出 1，0 或者 z 或 x，逻辑值（如果不能确定输出为 1 或 0，就有可能输出 z 值或 x 值）。符号 L 代表 0 或 z，H 代表 1 或 z。

表 11.1　NMOS 和 PMOS 逻辑表

nmos		control				pmos		control			
		0	1	x	z			0	1	x	z
data	0	z	0	L	L	data	0	0	z	L	L
	1	z	1	H	H		1	1	z	H	H
	x	z	x	x	x		x	x	z	x	x
	z	z	z	z	z		z	z	z	z	z

因此，NMOS 开关在 control 信号是 1 时导通。如果 control 信号是 0，则输出为高阻抗值。与此类似，如果 control 信号是 0，则 PMOS 开关导通。

11.1.2　CMOS 开关

CMOS 开关用关键字 cmos 声明。

可以用 NMOS 和 PMOS 器件来建立 CMOS 器件的模型。CMOS 开关的符号如图 11.2 所示。CMOS 开关的应用如例 11.2 所示。

例 11.2　CMOS 开关的实例引用

```
cmos c1(out, data, ncontrol, pcontrol);// 调用（实例引用）一个 CMOS 开关
cmos (out, data, ncontrol, pcontrol);// 没有指定实例名
```

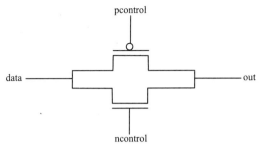

图 11.2　CMOS 开关

信号 ncontrol 和 pcontrol 通常是互补的。当信号 ncontrol 为 1 且 pcontrol 信号为 0 时，开关导通。如果信号 ncontrol 为 0 且 pcontrol 为 1，则开关的输出为高阻抗值。CMOS 门本质上是两个开关（NMOS 和 PMOS）的组合体。因此上述 CMOS 的实例等价于：

```
nmos (out, data, ncontrol); // 调用（实例引用）一个 NMOS 开关
pmos (out, data, pcontrol); // 调用（实例引用）一个 PMOS 开关
```

因为 CMOS 开关由 NMOS 和 PMOS 开关派生而来，所以给定 data，ncontrol 和 pcontrol 的信号值就可以根据表 11.1 推断出 CMOS 开关的输出值。

11.1.3　双向开关

NMOS，PMOS 和 CMOS 门都是从漏极向源极导通，是单向的。在数字电路中，双向导通的器件很重要。对双向导通的器件而言，其两边的信号都可以是驱动信号。通过设计双向开关就可以实现双向导通的器件。有三个关键字用来定义双向开关：tran，tranif0 和 tranif1。

```
tran    tranif0    tranif1
```

这些开关符号如图 11.3 所示。

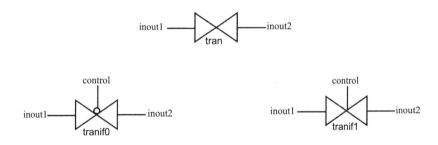

图 11.3　双向开关

tran 开关作为两个信号 inout1 和 inout2 之间的缓存。inout1 或 inout2 都可以是驱动信号。仅当 control 信号是逻辑 0 时 tranif0 开关连接 inout1 和 inout2 两个信号。如果 control 信号是逻辑 1，则没有驱动源的信号取高阻抗值 z。有驱动源的信号仍然从驱动源取值。如果 control 信号是逻辑 1，则 tranif1 开关导通。

这些开关的使用如例 11.3 所示。

例 11.3　双向开关的实例引用

```
tran t1(inout1, inout2); // 实例名 t1 是可选项
tranif0 (inout1, inout2, control); // 没有指定实例名
tranif1 (inout1, inout2, control); // 没有指定实例名
```

双向开关经常用来在总线或信号之间提供隔离。

11.1.4　电源和地

设计晶体管级电路时需要源极（Vdd，逻辑 1）和地极（Vss，逻辑 0）。源极和地极用关键字 supply1 和 supply0 来定义。

源极类型 supply1 相当于电路中的 Vdd，并将逻辑 1 放在网表中。源极类型 supply0 相当于地或 Vss，并将逻辑 0 放在网表中。在整个模拟过程中，supply1 和 supply0 始终为网表提供逻辑 1 值和逻辑 0 值。

源极 supply1 和 supply0 如下所示。

```
supply1 vdd;
supply0 gnd;

assign a = vdd; // 连接到电源电压 vdd
assign b = gnd; // 连接到地
```

11.1.5　阻抗开关

前面所讨论的 MOS，CMOS 和双向开关可以用相应的阻抗器件建模。阻抗开关比一般的开关具有更高的源极到漏极的阻抗，且在通过它们传输时减少了信号强度。在相应的一般开关关键字前加带 r 前缀的关键字，即可声明阻抗开关。阻抗开关与一般开关的语法类似。

```
rnmos      rpmos                   // 阻抗性 NMOS 和 PMOS 开关
rcmos                              // 阻抗性 CMOS 开关
rtran      rtranif0    rtranif1    // 阻抗性双向开关
```

在一般开关和阻抗开关之间有两个主要区别：源极到漏极的阻抗和传输信号强度的方式。关于 Verilog 中的强度级别参见附录 A。

- 阻抗器件具有较高的源极到漏极阻抗。一般开关的源极到漏极阻抗较低。
- 阻抗开关在传递信号时减少了信号强度，其变化如下所示。一般开关从输入到输出一直保持强度级别不变。有一点例外，如果输入 supply 强度，则输出 strong 强度。表 11.2 显示出由于阻抗开关导致的强度缩减。

11.1.6　开关中的延迟说明

MOS 和 CMOS 开关

可以为通过这些开关级元件的信号指定延迟。延迟是可选项，它只能紧跟在开关的关键字之后。延迟说明类似于 5.2.1 节中讨论的 Rise，Fall 和 Turn-off 延迟。可以为开关指定 0 个、1 个、2 个或者 3 个延迟，如表 11.3 所示。

表 11.2 阻抗开关的强度缩减

输 入 强 度	输 出 强 度
supply	strong[①]
strong	pull
pull	weak
weak	medium
large	medium
medium	small
small	small
high	high

表 11.3 MOS 和 CMOS 开关的延迟说明

开 关 元 件	延 迟 说 明	举 例
pmos	0 个说明（没有延迟）	pmos p1(out, data, control)；
nmos	1 个说明（所有暂态过程相同）	pmos # (1) p1(out, data, control)；
rpmos	2 个说明（上升、下降）	nmos # (1, 2) p2(out, data, control)；
rnmos	3 个说明（上升、下降、关断）	nmos # (1, 2, 3) p2 (out, data, control)；
cmos, rcmos	0，1，2，3 个延迟说明（与上面相同）	cmos # (5) c2 (out, data, nctrl, pctrl)； cmos # (1, 2) c1 (out, data, nctrl, pctrl)；

双向传输开关

双向传输开关的延迟说明需要稍做区别解释。这种开关在传输信号时没有延迟。但是，当开关值切换时有开（turn-on）和关（turn-off）延迟。可以给双向开关指定 0 个、1 个或 2 个延迟，如表 11.4 所示。

表 11.4 双向开关的延迟说明

开 关 元 件	延 迟 说 明	举 例
tran, rtran	不允许指定延迟说明	
tranif1, rtranif1 tranif0, rtranif0	0 个延迟说明 1 个延迟说明 2 个延迟说明	rtranif0 rt1(inout1, inout2, control)； tranif0 # (3) T (inout1, inout2, control)； tranif0 # (1,2) t1 (inout1, inout2, control)；

specify 块

也可以给使用开关设计的模块指定路径延迟（引脚到引脚的延迟）以及时序检查。用 specify 块可以描述路径延迟。在第 10 章中详细讨论了路径延迟说明，它在开关级模型中也完全适用。

11.2 举例

本节中讨论如何用开关级建模元件建立实际的数字电路。

---

① 原文中此处输出强度为 pull，与上文中的解释不符，译者认为改为 strong 比较合适。上文中好像讲的是一般开关通常不改变强度级别，只有在输入为 supply 时，输出为 strong。并不是针对阻抗开关讲的。——译者注

11.2.1　CMOS 或非门（nor）

虽然 Verilog 有 nor 门原语，但这里尝试用 CMOS 开关设计自己的或非门。或非门和或非门的开关级电路图见图 11.4。

使用 11.1 节中讨论的开关原语，开关建模元件，电路的 Verilog 描述如例 11.4 所示。

例 11.4　或非门的开关级 Verilog 描述

```
// 定义自己的或非门，my_nor
module my_nor(out, a, b);

output out;
input a, b;


wire c;

// 定义电源和地
supply1 pwr;          // pwr 连接到 Vdd
supply0 gnd ;         // gnd 连接到 Vss（地）

// 实例引用 PMOS 开关
pmos   (c, pwr, b);
pmos   (out, c, a);


// 实例引用 NMOS 开关
nmos   (out, gnd, a);
nmos   (out, gnd, b);

endmodule
```

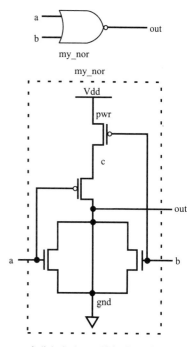

图 11.4　或非门门级/开关级的电路图表示

可以用下列激励来测试这个或非门：

```
// 测试该或非门的激励
module   stimulus;
reg A, B;
wire OUT;

// 实例引用模块 my_nor
my_nor   n1(OUT, A, B);

// 产生激励
initial
begin
    // 测试所有可能的输入信号组合
    A = 1'b0;  B = 1'b0;
    #5 A = 1'b0;  B = 1'b1;
    #5 A = 1'b1;  B = 1'b0;
```

```
        #5 A = 1'b1;  B = 1'b1;
    end

    // 检查测试结果
    initial
        $monitor($time, "  OUT = %b, A = %b, B = %b", OUT, A, B);

    endmodule
```

仿真输出如下所示：

```
0   OUT = 1, A = 0, B = 0
5   OUT = 0, A = 0, B = 1
10   OUT = 0, A = 1, B = 0
15   OUT = 0, A = 1, B = 1
```

这样就设计出了自己的或非门。如果设计者要自定义某个库模块，则可以采用开关级建模。

11.2.2　二选一多路选择器

可以用 CMOS 开关定义二选一多路选择器。用 11.2.1 节中声明的 my_nor 门，一个 CMOS 或非门，可以实现非（not）逻辑功能。多路选择器电路图如图 11.5 所示。

二选一多路选择器在 S = 0 时将输入 i0 传到输出 OUT，在 S = 1 时将 i1 传到输出 OUT。二选一多路选择器的开关级描述如例 11.5 所示。

例 11.5　二选一多路选择器的开关级 Verilog 描述

```
    // 用开关定义二选一多路选择器
    module my_mux (out, s, i0, i1);

    output out;
    input s, i0, i1;

    // 内部连线
    wire sbar; // s 的反

    // 生成 s 的反
    my_nor nt(sbar, s, s); // 相当于 1 个非门

    // 调用（实例引用）CMOS 开关
    cmos (out, i0, sbar, s);
    cmos (out, i1, s, sbar);

    endmodule
```

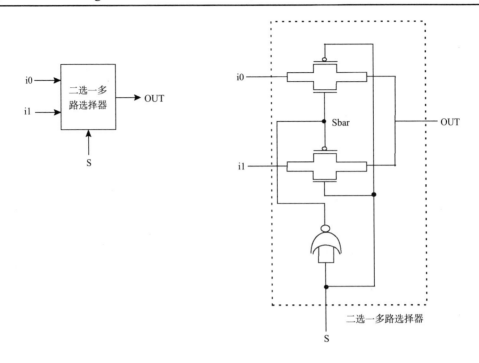

图 11.5　用开关表示的二选一多路选择器

二选一多路选择器可以用一个小激励进行测试。激励留给读者作为练习。

11.2.3　简单的 CMOS 锁存器

在前面的例子中已设计了组合逻辑器件，现在来定义一种可以存储值的存储元件。电平敏感 CMOS 锁存器电路图如图 11.6 所示。

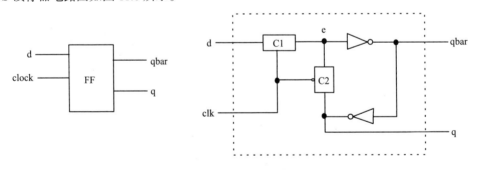

图 11.6　CMOS 锁存器

开关 C1 和 C2 是 11.1.2 节中讨论的 CMOS 开关。如果 clk = 1 则 C1 开关关闭，如果 clk = 0 则 C2 开关关闭。clk 的相反值被送给 C2 开关的 ncontrol 输入端。可以用 MOS 开关定义 CMOS 反相器，如图 11.7 所示。

现在已经准备好给 CMOS 锁存器写 Verilog 描述。首先要用开关设计自己的反相器 my_not。可以根据图 11.7 的开关级电路图来写 CMOS 反相器的 Verilog 模块描述。反相器的 Verilog 描述如例 11.6 所示。

例 11.6　CMOS 反相器

```
// 用 MOS 开关定义反相器
module my_not(out, in);

output out;
input in;

// 定义电源和地
supply1 pwr;
supply0 gnd;

// 调用（实例引用）NMOS 和 PMOS 开关
pmos   (out, pwr, in);
nmos   (out, gnd, in);

endmodule
```

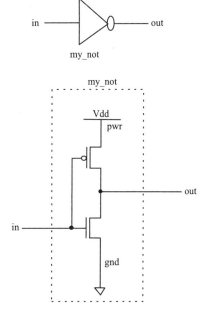

图 11.7　CMOS 反相器

现在，CMOS 锁存器可以用 CMOS 开关和 my_not 反相器来定义。CMOS 锁存器的 Verilog 描述如例 11.7 所示。

例 11.7　CMOS 锁存器

```
// 定义 CMOS 锁存器
module cff ( q, qbar, d, clk);

output q, qbar;
input d, clk;

// 内部连线
wire e;
wire nclk; // 时钟信号 clock 的反相

// 调用（实例引用）反相器
my_not nt(nclk, clk);

// 调用（实例引用）CMOS 开关
cmos   (e, d, clk, nclk); // C1 开关关闭，例如当 clk=1 时 e=d
cmos   (e, q, nclk, clk); // C2 开关关闭，例如当 clk=0 时 e=q


// 调用（实例引用）反相器
my_not nt1(qbar, e);
my_not nt2(q, qbar);

endmodule
```

这里给读者留一个练习，写一个小激励模块来测试这个设计，验证这个锁存器的存取特性。

11.3　小结

本章讨论了 Verilog 的以下几方面的内容。

- 开关级建模处于很低的设计抽象层次。只在很少的情况下，比如在设计者需要定制自己的叶级元件（即最基本的元件）时，才使用开关级建模。随着电路复杂度的增加，这个级别的 Verilog 设计越来越少见；

- MOS，CMOS，双向开关和 supply1，supply0 源可用于设计任意的开关级电路。CMOS 开关是 MOS 开关的一种组合；

- 延迟对开关元件来说是可选的。对于不同的双向器件，有不同的延迟解释。

11.4　习题

1. 使用 NMOS 和 PMOS 开关为异或门（xor）画电路图。写出它的 Verilog 描述。使用激励测试这个设计。

2. 使用 NMOS 和 PMOS 开关为与门（and）和或门（or）画电路图。写出它们的 Verilog 描述。使用激励测试这两个设计。

3. 使用习题 1 和习题 2 中设计的异或门（xor）、与门（and）和或门（or）设计下图所示的一位全加器。使用激励测试这个设计。

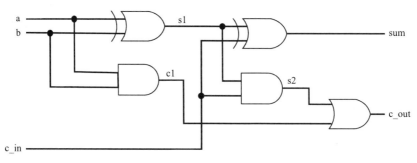

4. 设计一个四位的双向总线开关，其中一侧有两个总线 BusA 和 BusB，另一侧有一个总线 BUS。一个一位的 control 信号用作开关。当 control = 1 时，BusA 和 BUS 连接在一起。当 control = 0 时，BusB 和 BUS 连接在一起（提示：使用开关 tranif0 和 tranif1）。使用激励测试这个设计。

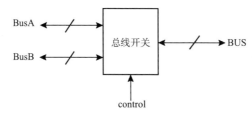

5. 以下面的延迟值调用开关。使用自己的输入和输出端口名称。

a. rise = 2，fall = 3 的 PMOS 开关

b. rise = 4，fall = 6，turn-off = 5 的 NMOS 开关

c. delay = 6 的 CMOS 开关

d. turn-on = 5，turn-off = 6 的 tranif1 开关

e. delay = 3 的 tranif0 开关

第 12 章 用户自定义原语

Verilog 语言提供了一整套标准的原语，例如 and，nand，or，nor 和 not 等，它们是该语言的一部分，即通常所说的内置原语。然而，在设计过程中，设计者有时希望使用自己编写的原语。Verilog 语言具有定义这种自定义原语的能力，这种原语就是用户自定义原语（User-Defined Primitive，UDP）。UDP 是自成体系的，在 UDP 中不能调用（实例引用）[①]其他模块或者其他原语。UDP 的调用方式和门级原语的调用方式完全相同。

UDP 的类型有两种：

1. **表示组合逻辑的 UDP**。输出仅取决于输入信号的组合逻辑。四选一的多路选择器是典型的表示组合逻辑的 UDP 的例子；
2. **表示时序逻辑的 UDP**。下一个输出值不但取决于当前的输入值，还取决于当前的内部状态。锁存器和触发器是两个典型的表示时序逻辑的 UDP 的例子。

学习目标

- 理解编写 UDP 的规则，明白 UDP 的各个组成部分。
- 学会编写表示时序和表示组合逻辑的两种不同的 UDP。
- 理解 UDP 的调用（实例引用）方法。
- 为了使 UDP 的行为表达得更加简洁和易懂，应记住定义 UDP 的各种缩写符号。
- 阐述编写 UDP 的指导原则。

12.1 UDP 的基础知识

本节阐述 UDP 定义的组成部分和编写规则。

12.1.1 UDP 定义的组成

图 12.1 以表示语法的形式给出了基本 UDP 的各个组成部分。详细内容可以参阅附录 D 中的形式语法定义。

UDP 的定义以关键字 primitive 作为开始，然后指定原语名称、输出端口和输入端口。在端口声明部分将端口声明为 output 或者 input。在表示时序的 UDP 中，输出端口必须被声明为 reg 类型，而且还需要有一条可选的 initial 语句，用于初始化时序逻辑 UDP 的输出端口。UDP 状态表是 UDP 中最重要的部分，它以关键字 table 开始，以关键字 endtable 结束。状态表定义了如何根据输入状态和当前状态得到输出值，该表也是一个查找表，类似于逻辑真值表。原语定义以关键字 endprimitive 结束。

[①] 这里译者认为翻译成调用比较合适，英文原文为 instantiate，是指把某个已经定义的实体（模块或其他 UDP）在本程序模块中具体化。有些 Verilog 中文书把它翻译成示例，意思含糊不清；翻译成实例化或实例引用稍微好一些，但不如翻译成调用更容易理解。——译者注

```
// UDP 名和端口列表
primitive <udp_name> (
<输出端口名>,  （只允许一个输出端口）
<输入端口名> );

// 端口说明语句
output   <输出端口名>;
input    <输入端口名>;
reg      <输出端口名>;（可选, 只有表示时序逻辑的 UDP 才需要）

// UDP 初始化（可选, 只有表示时序逻辑的 UDP 才需要初始化）
initial  <输出端口名> = <值>

// UDP 状态表
table
    <状态表>
endtable

// UDP 定义的结束
endprimitive
```

图 12.1　UDP 定义的一部分

12.1.2　UDP 的定义规则

UDP 定义必须遵循以下几条规则：

1. UDP 只能采用标量（即 1 位）输入端口，允许有多个输入端口。

2. UDP 只能允许一个标量（即 1 位）输出端口。输出端口必须出现在端口列表的第一个位置，绝对不允许有多个输出端口。

3. 在声明部分，输出端口以关键字 output 声明。因为表示时序逻辑的 UDP 需要保存状态，所以其输出端口必须声明为 reg 类型。

4. 输入端口以关键字 input 声明。

5. 表示时序逻辑的 UDP 中的状态可以用 initial 语句初始化。该语句是可选的，它将一个 1 位的值赋给 reg 类型的输出。

6. 状态表的项可以包含值 0，1 或 x。UDP 不能处理 z 值。传送给 UDP 的 z 值被当成 x 值。

7. UDP 与模块同级，因而 UDP 不能在模块内部定义，但可以在模块内部调用（实例引用）。UDP 的调用方法与门级原语的调用方法完全相同。

8. UDP 不支持 inout 端口。

表示组合和时序逻辑的 UDP 都必须遵循上述规则。以下各节将分别阐述表示组合和时序逻辑的 UDP 的细节问题。

12.2　表示组合逻辑的 UDP

表示组合逻辑的 UDP 根据 UDP 内部所列出的表示输入和输出关系的状态表，由输入确定输出值。

12.2.1　表示组合逻辑的 UDP 的定义

状态表是 UDP 定义中最重要的部分。用表示与门的 UDP 模型来解释状态表最容易使读者理解。下面不用 Verilog 语言所提供的与门，自己来定义一个表示与门的原语，并将其命名为 udp_and（见例 12.1）。

例 12.1　用户自定义原语 udp_and

```
// 原语名和端口列表
primitive udp_and(out, a, b);

// 端口声明语句
output out; // 表示组合逻辑时一定不能声明为 reg（寄存器）类型
input a, b; // 输入端口声明

// 状态表定义；以关键字 table 开始
table
    // 下面的注释只是为了容易读懂
    // 状态表输入项的次序必须与输入端口列表一致
 // a   b  :   out;
    0   0  :   0;
    0   1  :   0;
    1   0  :   0;
    1   1  :   1;

endtable // 状态表定义结束

endprimitive // 自定义原语 udp_and 的定义结束
```

将例 12.1 中定义的 udp_and 与图 12.1 中的各部分进行比较，可以发现例 12.1 的定义中没有将输出声明为 reg，并且没有 initial 语句。注意，这里缺少的两部分描述仅用于表示时序逻辑 UDP 的定义，后面章节将会阐述。

UDP 也支持 ANSI C 语言风格的声明，这种风格允许在端口列表中同时声明原语端口的类型，见例 12.2。

例 12.2　ANSI C 语言风格的 UDP 声明

```
// 原语名称和原语端口列表
primitive udp_and(output out,
                  input a,
                  input b);
…
…
endprimitive // udp_and 定义的结束
```

12.2.2　状态表项

为了理解状态表项的表达方法，仔细观察一下 udp_and 的状态表。表示组合逻辑的 UDP 状态表中的每一行的语法形式如下：

```
<input1> <input2> ..... <inputN> : <output>;
```

关于状态表项需要注意以下几点：

1. 状态表每一行中 <input#>的顺序必须与它们在端口列表中的出现顺序相同。设计 UDP 时必须牢记这一点，这一点非常重要。设计者经常搞错输入的顺序，因而得到错误的输出值。
2. 输入和输出以"："分隔。
3. 状态表的每一行以"；"结束。
4. 能够产生确定输出值的所有输入项组合都必须在状态表中列出。否则，如果在状态表各行中找不到与这组输入对应的项，相应的输出就是 x。商用模型中经常使用默认输出值 x。注意，udp_and 的状态表不处理 a 或 b 的值为 x 的情况。

如果 a = x 并且 b = 0，则 Verilog 语言提供的与门的输出为 0，但是 udp_and 的输出为 x，这是因为在定义 udp_and 的状态表的行项中无法找到相应的输入组合。也就是说，状态表的说明不完整。为了理解怎样完整地说明 UDP 中所有可能的组合，在例 12.3 中定义了自己的表示或门的 UDP，udp_or。这个自定义的表示或门的 UDP 完整地说明了所有可能的输入组合情况（见例 12.3）。

例 12.3　用户自定义原语 udp_or

```
primitive udp_or(out, a, b);

output out;
input a, b;

table

  //  a   b   :   out;
      0   0   :   0;
      0   1   :   1;
      1   0   :   1;
      1   1   :   1;
      x   1   :   1;
      1   x   :   1;
endtable

endprimitive
```

注意上例覆盖了输出不是 x 的所有可能的 a 和 b 组合。UDP 中不能使用 z 值，输入端的 z 值被当成 x 值。

12.2.3　无关项的缩写表示

　　上例中，当 a 和 b 两个输入的其中一个为 1 时，不论另一个输入是什么值，输出都是 1。不影响输出值的输入项称为无关项，可以用符号"?"来表示。符号"?"被自动展开为 0，1 或 x。可以用符号"?"重新改写上例中表示或逻辑关系的 UDP，udp_or。

```
primitive udp_or(out, a, b);

output out;
input a, b;

table
  //  a   b   :   out;
      0   0   :   0;
      1   ?   :   1;  // ? 展开为 0, 1, x
      ?   1   :   1;  // ? 展开为 0, 1, x
      0   x   :   x;
      x   0   :   x;
endtable

endprimitive
```

12.2.4　UDP 原语的调用（实例引用）

　　上面讨论了怎样定义表示组合逻辑的 UDP。再看一下如何调用 UDP。调用 UDP 的方法与调用 Verilog 门级原语相同。使用前面定义的 udp_and 和 udp_or 设计一个一位全加器。例 12.4 中的一位全加器的 Verilog 代码除了使用 udp_and 和 udp_or 用户自定义原语代替标准 Verilog 内置原语 and 和 or，其余与例 5.7 的完全相同。

例 12.4　udp 原语的调用

```
// 定义一位全加器
module fulladd(sum, c_out, a, b, c_in);

//  I/O 端口声明
output sum, c_out;
input a, b, c_in;

// 内部连线类型声明
wire s1, c1, c2;

// 引用逻辑门原语
xor (s1, a, b);// 使用 Verilog 内部原语 xor
udp_and (c1, a, b); // 使用 UDP

xor (sum, s1, c_in); // 使用 Verilog 内部原语 xor
udp_and (c2, s1, c_in); // 使用 UDP

udp_or  (c_out, c2, c1);// 使用 UDP

endmodule
```

12.2.5 表示组合逻辑的 UDP 举例

前面已经讨论了两个小的表示组合逻辑的 UDP 的例子：udp_and 和 udp_or。这里再设计一个更大的表示组合逻辑的 UDP：四选一的多路选择器。5.1.4 节的示例中已经用 Verilog 内部基本门设计了一个四选一的多路选择器，本节改用 UDP 来描述这个多路选择器。注意，因为多路选择器只有一个输出端口，所以它用 UDP 来表示是合适的。图 12.2 给出了多路选择器的方框图和真值表。

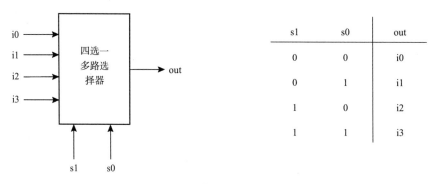

图 12.2   用 UDP 表示四选一多路器

该多路选择器具有六个输入端口和一个输出端口。例 12.5 列出了该多路选择器的 Verilog 语言的 UDP 描述。

例 12.5   四选一多路选择器的 Verilog 语言 UDP 描述

```
// 以 UDP 形式来表示四选一多路选择器
primitive mux4_to_1 ( output out,
                      input i0, i1, i2, i3, s1, s0);
table
  //  i0  i1  i2  i3, s1  s0  : out
      1   ?   ?   ?   0   0   : 1 ;
      0   ?   ?   ?   0   0   : 0 ;
      ?   1   ?   ?   0   1   : 1 ;
      ?   0   ?   ?   0   1   : 0 ;
      ?   ?   1   ?   1   0   : 1 ;
      ?   ?   0   ?   1   0   : 0 ;
      ?   ?   ?   1   1   1   : 1 ;
      ?   ?   ?   0   1   1   : 0 ;
      ?   ?   ?   ?   x   ?   : x ;
      ?   ?   ?   ?   ?   x   : x ;
endtable

endprimitive
```

值得注意的是，随着输入端口数目的增加，UDP 的状态表迅速扩大。仿真 UDP 所需要的内存随着 UDP 输入端口数目的增加呈指数级增长。尽管如此，UDP 毕竟提供了一种便利的方式来实现任意已知真值表的函数，而无须从真值表中提取实际的逻辑，并使用逻辑门实现电路。

例 12.6 是用于测试该多路选择器的激励模块。

例 12.6 编写测试激励模块，检查以 UDP 方式表示的四选一多路选择器

```verilog
    // 定义无端口的激励模块
    module stimulus;

    // 声明连接到输入端口的变量
    // to inputs
    reg IN0, IN1, IN2, IN3;
    reg S1, S0;

    // 声明输出连线
    wire OUTPUT;

    // 调用已经定义的四选一多路选择器，在本模块中把它称为 mymux
    mux4_to_1 mymux(OUTPUT, IN0, IN1, IN2, IN3, S1, S0);

    // 产生激励信号
    initial
    begin
      // 设置输入信号的初始值
      IN0 = 1; IN1 = 0; IN2 = 1; IN3 = 0;
      #1 $display("IN0= %b, IN1= %b, IN2= %b, IN3= %b\n",IN0,IN1,IN2,IN3);
      // 选择 IN0
      S1 = 0; S0 = 0;
      #1 $display("S1 = %b, S0 = %b, OUTPUT = %b \n", S1, S0, OUTPUT);

      // 选择 IN1
      S1 = 0; S0 = 1;
      #1 $display("S1 = %b, S0 = %b, OUTPUT = %b \n", S1, S0, OUTPUT);

      // 选择 IN2
      S1 = 1; S0 = 0;
      #1 $display("S1 = %b, S0 = %b, OUTPUT = %b \n", S1, S0, OUTPUT);

      // 选择 IN3
      S1 = 1; S0 = 1;
      #1 $display("S1 = %b, S0 = %b, OUTPUT = %b \n", S1, S0, OUTPUT);
    end

    endmodule
```

仿真的输出结果如下所示：

```
    IN0= 1, IN1= 0, IN2= 1, IN3= 0

    S1 = 0, S0 = 0, OUTPUT = 1

    S1 = 0, S0 = 1, OUTPUT = 0

    S1 = 1, S0 = 0, OUTPUT = 1

    S1 = 1, S0 = 1, OUTPUT = 0
```

12.3　表示时序逻辑的 UDP

表示时序逻辑的 UDP 与表示组合逻辑的 UDP 在定义形式和行为功能上有所不同。表示时序逻辑的 UDP 的不同之处在于以下几点：

1. 表示时序逻辑的 UDP 的输出必须声明为 reg 类型。
2. 表示时序逻辑的 UDP 的输出可以用 initial 语句初始化。
3. 状态表的格式也稍有不同。

> <输入 1> <输入 2> … <输入 N> ： <当前状态> ：< 下一状态>；

4. 表示时序逻辑的 UDP 的状态表的每行由三部分组成，分别是：输入部分、当前状态部分和输出状态部分。这三部分由冒号（:）分隔。
5. 状态表的输入项可以是电平或者跳变沿的形式。
6. 当前状态就是输出寄存器的当前值。
7. 下一个状态由输入和当前状态计算得出。下一状态的值就成为输出寄存器的新值。
8. 表示时序逻辑的 UDP 必须在状态表各行的输入项中列出所有可能的（输入）组合，以避免出现不确定的输出值。

如果表示时序逻辑的 UDP 是对输入信号电平敏感的，就称为电平敏感的表示时序逻辑的 UDP。如果表示时序逻辑的 UDP 是对输入信号跳变沿敏感的，就称为边沿敏感的表示时序逻辑的 UDP。

12.3.1　电平敏感的表示时序逻辑的 UDP

电平敏感的 UDP 根据输入电平改变状态。锁存器是最典型的电平敏感的 UDP。图 12.3 所示的是一个简单的带清零端（clear）的锁存器。

在图 12.3 所示的电平敏感的锁存器中，如果清零端 clear 的输入值是 1，那么该锁存器的输出端 q 恒为 0。如果清零端 clear 的输入值是 0，那么当时钟输入端 clock 为 1 时，输出端 q 等于输入端 d；当时钟输入端 clock 为 0 时，输出端 q 保持原值。可以以例 12.7 所示的 UDP 形式描述锁存器。注意，该锁存器状态表中的 "-" 表示保持原值不变。

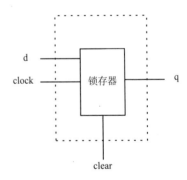

图 12.3　带清零端的电平敏感的锁存器

例 12.7　电平敏感的 UDP 的 Verilog 语言描述

```
// 以 UDP 形式编写电平敏感的锁存器
primitive latch(q, d, clock, clear);


// 端口声明
output q;
reg q; // 将 q 声明为 reg 类型，用于内部数据存储
input d, clock, clear;
```

```
// 表示时序逻辑的 UDP 的初始化，只允许有一条 initial 语句
initial
    q = 0; //initialize output to value 0

// 状态表
table
  //d clock clear : q : q+ ;

    ?   ?    1     : ? : 0 ;  // 清零条件
                             // q+是新的输出值

    1   1    0     : ? : 1 ;  // 将 data 的值 1 锁存到 q 中
    0   1    0     : ? : 0 ;  // 将 data 的值 0 锁存到 q 中

    ?   0    0     : ? : - ;  // 如果 clock = 0，则保持原状态不变
endtable

endprimitive
```

表示时序逻辑的 UDP 可以使用 ANSI C 语言风格的 UDP 端口声明语句，将 reg 类型的声明语句包含在端口列表中。还可以在端口声明的同时对输出值进行初始化。例 12.8 是一个时序 UDP 的例子，其端口用 ANSI C 语言风格声明。

例 12.8　表示时序逻辑 UDP 的 ANSI C 语言风格的端口声明

```
// 以 UDP 形式编写电平敏感的锁存器
primitive latch(output reg q = 0,
                input d, clock, clear);
…
…
…
endprimitive
```

12.3.2　边沿敏感的表示时序逻辑的 UDP

边沿敏感的表示时序逻辑的 UDP 根据边沿跳变与/或输入电平改变其状态。跳变沿触发的触发器是最典型的边沿敏感的时序 UDP。下面分析图 12.4 所示的带清零端（clear）的由下降沿触发的 D 触发器。

在图 12.4 所示的边沿敏感的 D 触发器中，如果清零端 clear 的输入值是 1，那么输出端 q 恒为 0。如果清零端 clear 的输入值是 0，那么该 D 触发器执行正常功能。在时钟输入端 clock 的下降

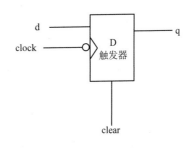

图 12.4　带清零端的时钟下降沿敏感的 D 触发器

沿，即从 1 到 0 的跳变沿，输出端 q 从输入端 d 取值。如果时钟输入端 clock 跳变到一个不确定状态，或者时钟输入端有一个上升沿，那么输出端 q 保持原值不变。同样，如果输入端 d 改变而 clock 保持稳定不变，则输出端 q 也保持原值不变。

例 12.9 所示的是用 Verilog 语言描述的表示 D 触发器的 UDP。

例 12.9　带清零端的时钟下降沿触发的 D 触发器

```
// 编写边沿敏感的表示时序逻辑的 UDP
primitive edge_dff(output reg q = 0,
                   input d, clock, clear);


table
   //  d clock clear : q : q+  ;

      ?    ?     1   : ? : 0 ;  // 如果 clear = 1，那么 output = 0
      ?    ?    (10) : ? : - ;  // 忽略 clear 的负跳变沿

      1  (10)   0    : ? : 1 ;  // 在 clock 的下降沿锁存数据
      0  (10)   0    : ? : 0 ;  // clock

      ?  (1x)   0    : ? : - ;  // clock 变化到不定状态时，q 保持不变

      ?  (0?)   0    : ? : - ;  // 忽略 clock 的正跳变
      ?  (x1)   0    : ? : - ;  // 忽略 clock 的正跳变

     (??)  ?    0    : ? : - ; // 当 clock 不变时，忽略 d 的任何变化
endtable

endprimitive
```

在例 12.9 中，边沿跳变的解释如下：

- (10)　表示从逻辑 1 到逻辑 0 的负跳变沿；
- (1x)　表示从逻辑 1 到不确定状态 x 的跳变；
- (0?)　表示从逻辑 0 到 0，1 或 x 的跳变，这里隐含正跳变沿；
- (??)　表示信号值从 0，1 或 x，到 0，1 或 x 的任意跳变。

这里最重要的是完整地描述 UDP，即在状态表中，必须把所有具有确定输出值的跳变与电平组合全部列出，否则其中有些输入信号的组合会由于未列出而导致输出值不确定。状态表的每行最多只能输入一个跳变沿。如下所示，在 Verilog 语言中，在同一行中存在多个输入的跳变沿是非法的。

```
table
…

      (01) (10) 0 : ? :1 ;  // 非法，一行中有两个跳变沿输入
…
endtable
```

12.3.3　表示时序逻辑的 UDP 举例

前面讨论了几个简单的表示时序逻辑的 UDP 的例子。这里描述一个稍微复杂一些的例子，一个四位二进制**行波进位计数器**。6.5.3 节用 T 触发器设计了一个四位二进制**脉动计数器**。T 触发器是由下降沿触发的 D 触发器设计而成的。这里改用 UDP 原语直接定义 T 触发器。例 12.10 给出了 T 触发器的 UDP 原语形式的定义。

例 12.10 用 UDP 表示的 T 触发器

```
// 由边沿触发的 T 触发器
primitive T_FF(output reg q,
               input clk, clear);

// 寄存器 q 无须初始化；T 触发器将用清零信号（clear）对它进行初始化

table
  // clk   clear :   q   : q+ ;
     // 异步清零条件
     ?       1   :   ?   : 0 ;

     // 忽略清零信号的负跳变沿
     ?      (10)  :   ?   : - ;

     // 时钟（clk）信号的负跳变沿时刻，让触发器翻转
    (10)     0   :   1   : 0 ;
    (10)     0   :   0   : 1 ;

     // 忽略 clk 的正跳变沿
    (0?)     0   :   ?   : - ;
endtable
endprimitive
```

为了设计这个四位二进制脉动计数器，调用（实例引用）了四个 T 触发器，如例 12.11 所示。

例 12.11 在脉动计数器的设计中调用（实例引用）表示 T 触发器的 UDP

```
// 脉动计数器
module counter(Q , clock, clear);

// I/O 端口
output [3:0] Q;

input clock, clear;

// 调用 T 触发器
// 实例名称是可选项
T_FF tff0(Q[0], clock, clear);
T_FF tff1(Q[1], Q[0], clear);
T_FF tff2(Q[2], Q[1], clear);
T_FF tff3(Q[3], Q[2], clear);

endmodule
```

将例 6.9 中的激励应用于这个计数器，能得到同样的仿真结果。

12.4 UDP 表中的缩写符号

Verilog 提供了电平和跳变沿的缩写符号，以便用简洁的方式描述 UDP 表。前文已经讨论过符号？和 -。表 12.1 总结了所有的缩写符及其含义。

表 12.1　UDP 表中的缩写符

缩 写 符	含 义	解 释
?	0，1，x	不能用于输出部分
b	0，1	不能用于输出部分
-	维持原值不变	只能用在时序 UDP 的输出部分
r	(01)	信号的上升沿
f	(10)	信号的下降沿
p	(01)，(0x)或(x1)	可能是信号的上升沿
n	(10)，(1x)或(x0)	可能是信号的下降沿
*	(??)	信号值的任意变化

可以使用缩写符重写例 12.9 中的 UDP 表项，如下所示：

```
table
   //  d clock clear : q : q+  ;

     ?    ?    1   : ? : 0 ; // clear = 1时，输出为0
     ?    ?    f   : ? : - ; // 忽略 clear 的下降沿

     1    f    0   : ? : 1 ; // 在时钟下降沿锁存数据1
     0    f    0   : ? : 0 ; // 在时钟下降沿锁存数据0

     ?   (1x)  0   : ? : - ; // 如果时钟变化到不确定状态，则 q 维持原值不变

     ?    p    0   : ? : - ; // 忽略时钟的上升沿

     *    ?    0   : ? : - ; // 时钟输入端的值稳定不变时，忽略 d 值的任意变化

endtable
```

12.5　UDP 设计指南

设计功能模块时，最重要的是决定使用 module 还是使用 UDP 来建模。下面给出一些在两者之间进行选择的指导原则。

- UDP 只能进行功能建模，不能对电路时序和制造工艺（例如 CMOS，TTL 和 ECL）进行建模。使用 UDP 的主要目的是以简洁的形式建立模块功能部分的模型，而 module 总是用于建立完整的模块模型，包括电路时序和制造工艺。
- 只有唯一输出端口的模块，才能使用 UDP 建模。如果设计的模块含有一个以上输出端口，则只能使用 module 对其建模。
- UDP 输入端口数目的上限由用户使用的 Verilog 仿真器决定。然而，对 Verilog 仿真器的最低要求是它至少要能够处理具有 9 个输入端口的表示时序逻辑的 UDP 和具有 10 个输入端口的表示组合逻辑的 UDP。
- UDP 一般是使用内存中的查找表来实现的。随着输入端口数目的增加，查找表的输入组合项数呈指数级增长。结果，处理 UDP 的内存需求也以同样的方式增长。所以，输入端口数目过多的模块不宜使用 UDP 实现。

- UDP 并不总是设计功能模块的最佳方式。有时将功能模块设计成 module 更容易。例如，以 UDP 的方式设计八选一的多路选择器并不可取，因为 UDP 表的输入项数太多。而用数据流描述方式或行为描述方式要简单得多。决定是否使用 UDP 表示功能模块时，复杂度是重要的考虑因素。

下面给出几点编写 UDP 状态表的指导原则。

- 应该尽可能完整地描述 UDP 的状态表。必须在状态表中列出能够产生确定输出值的所有输入项组合。否则，如果某个特定的输入项组合没有被指定输出值，这个输入项组合的默认输出值就是 x。商用库中经常使用这一特性来减小状态表输入项的数目。
- 应该尽可能使用缩写符来表示状态表输入项组合。缩写符使 UDP 的描述更简明，但 Verilog 仿真器会在其内部展开状态表的输入项组合。因此，使用缩写符并没有减少内存需求。
- 关于电平敏感的状态表的输入项，其优先级高于边沿敏感的状态表的输入项。若边沿敏感的输入项和电平敏感的输入项在同一个输入端口发生冲突，则输出由电平敏感的状态表的输出项决定，因为它的优先级高于边沿敏感的状态表的输出项。

12.6　小结

本章讨论了 Verilog 的以下几方面的内容。

- **用户自定义原语**（UDP）通过使用查找表来定义自己的 Verilog 原语。UDP 提供了一种便利的方式来设计这种特定的功能模块。
- UDP 只能有一个输出端口。UDP 与 module 在同一个层次中定义。UDP 的调用（实例引用）方法与门级原语的调用方法完全相同。**状态表**是 UDP 说明中最重要的部分。
- UDP 可以用来表示**组合的**或者**时序的**逻辑关系。表示时序逻辑的 UDP 可以是**边沿敏感的**或者**电平敏感的**。
- 表示**组合逻辑**的 UDP 用于描述组合电路，该电路的输出只是输入信号的纯组合逻辑函数。
- 表示**时序逻辑**的 UDP 用于定义具有时序控制端口的模块。像锁存器和触发器这样的模块都可以用时序 UDP 描述。时序 UDP 以状态机的方式建模，它含有当前状态和下一状态。下一状态也就是 UDP 的输出。 边沿敏感和电平敏感的描述可以混合出现在同一个 UDP 中。
- 缩写符使得 UDP 状态表项更加简洁。应该尽可能地使用缩写符。
- 描述功能模块时，重要的是决定究竟用 UDP 还是用 module 来实现它。必须全面考虑内存的需求和复杂度，做必要的折中。

12.7　习题

1. 用 UDP 设计一个二选一的多路选择器。选择端口信号是 s，输入信号是 i0 和 i1，输出信号是 out。若选择端口信号 s = x，则输出 out 恒等于 0。若 s = 0，则 out = i0。若 s = 1，则 out = i1。
2. 为布尔函数 Y = (A & B) | (C ^ D) 编写真值表，然后定义一个实现该布尔函数的 UDP。假设输入不能接受 x 值。
3. 定义一个带预置（preset）信号的电平敏感的锁存器。输入是 d, clock 和 preset，输出是 q。若 clock = 0，则 q = d。若 clock = 1 或 x，则 q 值保持原值不变。若 preset = 1，则 q = 1。若 preset = 0，

则 q 值由信号 clock 和 d 决定。若 preset = x，则 q = x。

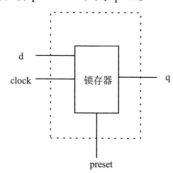

4. 将带清零端 clear 的上升沿触发的 D 触发器定义成 UDP。信号 clear 低电平有效。以例 12.9 为模板，并尽可能使用缩写符。

5. 将带异步预置端口 preset 和清零端口 clear 的下降沿触发的 JK 触发器定义成 UDP，命名为 jk_ff。若 preset = 1，则 q = 1；若 clear = 1，则 q = 0。

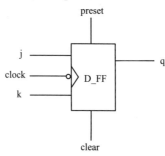

JK 触发器的真值表如下所示：

j	k	q_{n+1}
0	0	q_n
0	1	0
1	0	1
1	1	$\overline{q}_n$

6. 设计一个四位同步计数器，如下图所示[①]。图中的 JK 触发器使用的是上题中已定义的 UDP jk_ff。

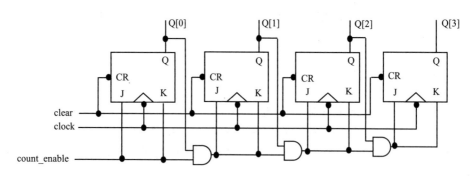

---

① 原文逻辑图有错，习题 6 的图已经根据题意改正了。——译者注

第 13 章　编程语言接口

Verilog 语言提供了一组标准的系统任务和函数（见附录 C）。在设计时，经常会遇到一些特殊的情况，需要通过定义自己的系统任务和函数才能实现设计目标。为了做到这一点，设计者需要与表示设计的内部数据结构以及 Verilog 仿真器的仿真环境进行交互。**编程语言接口**（PLI）提供了一组接口子程序，用于访问（读/写）内部的数据表示，并可以提取仿真环境信息。用户自定义的系统任务和函数可以通过这组预定义的 PLI 接口子程序来创建。

Verilog 编程语言接口是一个范围相当广泛的研究领域。限于篇幅，本章只能涉及 Verilog PLI 的基础内容。设计者若需了解 PLI 的完整的细节，则应该参考 *IEEE Standard Verilog Hardware Description Language* 文档。

Verilog PLI 的发展经历了三代。

1. **任务/函数**（**tf_**）子程序（又称实用子程序）组成了第一代 PLI。这些子程序主要用于以下几类操作：用户自定义的任务和函数、实用函数、回调机制和把数据写到输出设备。
2. **存取**（**acc_**）子程序组成了第二代 PLI。这些子程序可直接在 Verilog HDL 内部数据结构中进行面向对象的数据存取。这些子程序能用于访问和修改 Verilog HDL 描述的多种对象。
3. **Verilog 过程接口**（**vpi_**）子程序组成了第三代 PLI。这些子程序是 acc_ 和 tf_ 子程序功能扩展的集合。

为了简化，本章仅讨论 acc_ 和 tf_ 子程序。

学习目标

- 解释在 Verilog 仿真中如何使用 PLI 子程序。
- 描述 PLI 的用途。
- 定义用户自定义系统任务和函数以及用户自定义 C 子程序。
- 理解用户自定义系统任务的连接和调用。
- 从概念上解释在 Verilog 仿真器内部如何表示 PLI。
- 区别并描述怎样使用两类 PLI 库子程序：access 子程序和 utility 子程序。
- 学习如何创建用户自定义系统任务和函数，并学习如何在仿真中使用它们。

第一步是理解 PLI 任务怎样应用到 Verilog 仿真中。一个使用 PLI 子程序的规范仿真流程如图 13.1 所示。

设计者使用标准 Verilog 结构和系统任务来描述设计和激励。此外，也可以在设计和激励中调用**用户自定义系统任务**。设计和激励文件经过编译被转换成表示设计的内部格式。这种内部数据结构通常采用 Verilog 仿真器特定的专利格式，对设计者是不公开的，因此他们无法理解。接着这一内部数据结构被用于运行实际的仿真并产生输出。

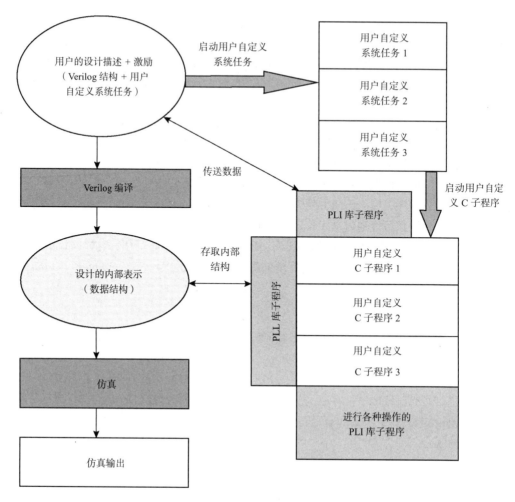

图 13.1　PLI 接口

用户自定义系统任务都被连接到一个**用户自定义 C 子程序**。该 C 子程序以 PLI 接口子程序标准库的方式实现，它可以存取表示设计的内部数据结构。标准 C 子程序可以用 C 编译器编译。标准 PLI 库由 Verilog 仿真器提供。附录 B 是一个 PLI 库子程序的清单。PLI 接口允许用户进行如下操作：

- 读取内部数据结构
- 修改内部数据结构
- 存取仿真环境

如果没有 PLI 接口，设计者就不得不设法理解表示设计的内部数据结构，然后才能访问它。PLI 提供了一个抽象层，它允许通过一个对所有仿真器都统一的接口来存取内部数据结构，因此即使 Verilog 仿真器内部用于表示设计的数据结构发生了变化，或者使用了新的 Verilog 仿真器，用户自定义系统任务仍然可以使用。

13.1 PLI 的使用

由于 PLI 允许用户自己定义实用工具来存取（读、写或修改）表示设计的内部数据结构，因此它具有强大的能力，可以对 Verilog 语言的功能进行扩展。PLI 具有很多种用途，如下所示：

- PLI 可用于定义其他系统任务和函数。典型的例子有**监控任务**、**激励任务**、**调试任务**和**复杂操作**等，这些任务和操作难以用标准的 Verilog 结构实现。
- 一些应用软件，比如**翻译器**和**延迟计算工具**，可以用 PLI 编写。
- PLI 可用于提取设计信息，比如**层次**、**互连**、**扇出**以及**特定类型逻辑元件的数目**等。
- PLI 可用于编写专用或自定义的输出显示子程序。波形观察器可用它生成**波形**、**逻辑互连**、**源代码浏览器和层次信息**。
- 为仿真提供激励的子程序也可以用 PLI 编写。激励可以自动生成或者从其他形式的激励转换而来。
- 普通的基于 Verilog 的应用软件可以用 PLI 子程序编写。这种软件可以与任何 Verilog 仿真器一起工作，因为 PLI 接口提供了统一的存取方式。

13.2 PLI 任务的连接和调用

设计者可以通过使用 PLI 库子程序来编写自定义的系统任务。然而，Verilog 仿真器必须知道用户自定义系统任务和相应的用户自定义 C 函数的存在。这是通过把用户自定义系统任务连接到 Verilog 仿真器来实现的。

为了理解这个过程，以一个简单的系统任务$hello_verilog 为例进行说明。当$hello_verilog 这个任务被调用时，它只是简单地输出一条消息 "Hello Verilog World"。首先，实现该任务的 C 子程序必须用 PLI 库子程序定义。文件 hello_verilog.c 中的子程序 hello_verilog 如下所示：

```
#include "veriuser.h" /*include the file provided in release dir*/

int hello_verilog()
{
    io_printf("Hello Verilog World\n");
}
```

hello_verilog 子程序非常简单。io_printf 是 PLI 库子程序，其功能类似于 printf。

下面讨论定义和使用新的$hello_verilog 系统任务的步骤。

13.2.1 PLI 任务的连接

在 Verilog 代码中，任务$hello_verilog 无论什么时候被调用，C 子程序 hello_verilog 都必须执行。仿真器需要意识到存在一个名为$hello_verilog 的新系统任务，并且该仿真器要连接到 C 子程序 hello_verilog。这一过程称为把 PLI 子程序连接到 Verilog 仿真器。不同的仿真器提供不同的方法来连接 PLI 子程序。虽然各种仿真的连接方法不尽相同，但是连接过程的基本原理仍然是相同的。有关细节可参考仿真器的参考手册。

在连接阶段的最后，生成了一个包含$hello_verilog 新系统任务的特殊的二进制可执行文件。例如，连接生成了一个新的二进制可执行文件，设文件名为 hverilog，这已不是惯用的运行仿真器的二进制可执行文件。仿真时，不要运行惯用的仿真器可执行文件（如 Verilog-XL），只需要运行 hverilog 就可以了。

13.2.2　PLI 任务的调用

一旦用户自定义任务被连接到 Verilog 仿真器中，它就能像任何其他 Verilog 系统任务那样，通过关键字$hello_verilog 来调用。文件 hello.v 中定义了一个名为 hello_top 的 Verilog 模块，该模块调用了用户自定义任务$hello_verilog，如下所示：

```
module hello_top;

initial
    $hello_verilog; // 调用用户自定义任务$hello_verilog

endmodule
```

仿真的输出如下所示：

```
Hello Verilog World
```

13.2.3　添加和调用 PLI 任务的典型流程

前面讨论了一个简单的例子，解释了用户自定义的系统任务怎样命名，怎样根据用户自定义 C 子程序实现，如何连接到仿真器中，以及在 Verilog 代码中如何调用它。下面讨论的更复杂的 PLI 任务将遵循这一过程。图 13.2 总结了添加和调用用户自定义系统任务的典型过程。

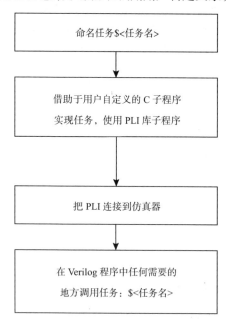

图 13.2　添加和调用 PLI 任务的一般流程

13.3　内部数据表示

在理解怎样使用 PLI 库子程序之前，首先需要理解在仿真器内部设计是如何表述的。每个模块被看成一组**对象类型**。对象类型是 Verilog 中定义的元素，例如：

- 模块实例、模块端口、模块的端到端路径以及模块之间的路径
- 顶层模块
- 原语实例和原语端口（terminal）
- 线网类型（net）、寄存器类型（register）、参数类型（parameter 和 specparam）
- 整型、时间型和实型变量
- 时序检查
- 命名事件

每种对象类型都具有一个相应的集合，其中包含模块中所有该类型的对象。所有对象类型的集合互连在一起。

从概念上讲，模块的内部表示如图 13.3 所示。

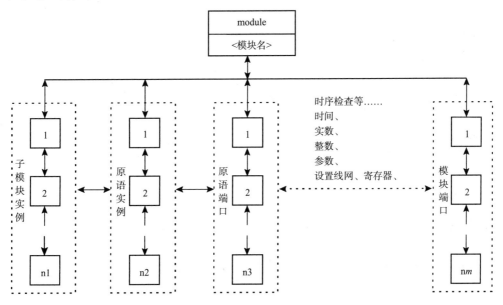

图 13.3　模块的概念性内部表示

每个集合包含模块中相应对象类型的所有元素。所有集合互连在一起，集合之间的连接是双向的。整个内部表示可以通过使用 PLI 库子程序来遍历，从而获得模块的信息。本章后面将讨论 PLI 库子程序。

为了说明内部数据表示，考虑简单的二选一多路选择器的例子，它的门级电路如图 13.4 所示。该电路的 Verilog 描述如例 13.1 所示。

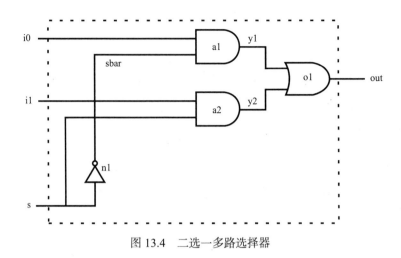

图 13.4　二选一多路选择器

例 13.1　二选一多路选择器的 Verilog 描述

```
module mux2_to_1(out, i0, i1, s);

output out; // 输出端口
input i0, i1; // 输入端口
input s;

wire sbar, y1, y2; // 内部线网

// 门级调用（实例引用）
not n1(sbar, s);
and a1(y1, i0, sbar);
and a2(y2, i1, s);
or o1(out, y1, y2);

endmodule
```

这个二选一多路选择器的内部数据表示如图 13.5 所示。所示的集合包括原语实例、原语实例端口（terminal）、模块端口和网络。其他对象类型在本模块中没有出现。

上面所示的例子不包含寄存器、整数、模块实例和其他对象类型。如果这些类型的对象出现在模块定义中，则它们也以集合的方式表示。这里描述的是内部结构的概念视图。真正的内部结构的实现方式与具体的仿真器相关。

13.4　PLI 库子程序

PLI 库子程序提供了对表示设计的内部数据结构进行存取的标准接口。为定义用户自己的系统任务而编写的用户自定义 C 子程序是用 PLI 库子程序编写的。在 13.2 节的例子中，$hello_verilog 是用户自定义系统任务，hello_verilog 是用户自定义 C 子程序，io_printf 是 PLI 库子程序。

PLI 库子程序有两大类：存取子程序和实用子程序。注意，vpi_ 子程序是存取子程序和实用子程序的扩展集合，未在本书中讨论。

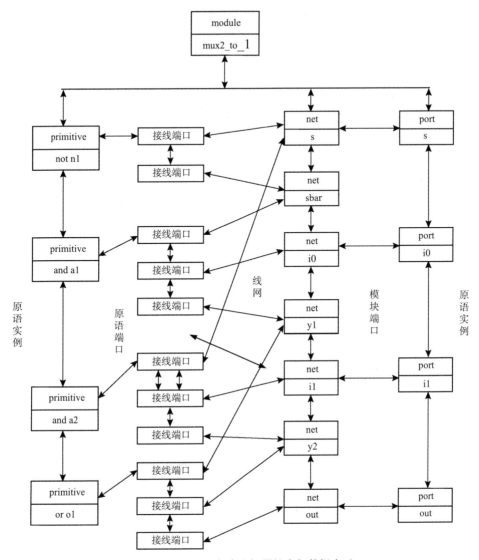

图 13.5　二选一多路选择器的内部数据表示

　　存取子程序提供了对内部数据结构访问的接口；它允许用户的 C 子程序遍历数据结构并提取与设计有关的信息。实用子程序主要用于在 Verilog 和编程语言的边界之间传送数据并做一些日常管理维护工作。图 13.6 展示了 PLI 中存取子程序和实用子程序各自扮演的角色。

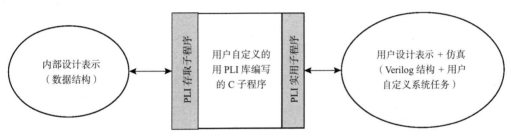

图 13.6　存取和实用子程序的作用

附录 B 提供了所有 PLI 子程序的列表，并且还说明了每个子程序的功能和用法。

13.4.1　存取子程序

存取子程序通常也称为 acc 子程序。存取子程序可以完成下列工作：

- 从内部数据结构的有关项读取特定对象的信息
- 把特定对象的信息写入内部数据结构的有关项

这里只讨论从设计中读取有关信息。在 Programming Language Interface（PLI）Manual 中可以找到如何修改表示设计的内部数据结构的有关项。在大多数实际工作中，仅读取设计信息就足以满足需要了。

存取子程序可以读取设计中的对象信息。对象可以是下列类型中的任何一种：

- 模块实例、模块端口、模块的端到端路径以及模块之间的路径
- 顶层模块
- 原语实例和原语端口
- 网络类型（net）、寄存器类型（register）、参数类型（parameter 和 specparam）
- 整型、时间型和实型变量
- 时序检查
- 命名事件

存取子程序的特征

存取子程序的一些特征如下：

- 存取子程序总是以前缀 acc_ 开头。
- 使用存取子程序的用户自定义 C 子程序必须调用子程序 acc_initialize( )，以初始化环境。退出时，用户自定义子程序必须调用 acc_close( )。
- 如果一个文件中用到存取子程序，那么必须包含头文件 acc_user.h。所有存取子程序的数据类型和常量都预定义在文件 acc_user.h 中。

```
#include "acc_user.h"
```

- 存取子程序使用**句柄**的概念来访问对象。句柄是预定义的指向设计中特定对象的数据类型。获得对象句柄就能获得对象的所有信息。这与 C 语言编程中访问文件的句柄具有类似的概念。对象句柄标识符由关键字 handle 声明。

```
handle top_handle;
```

存取子程序的类型

这里讨论 6 种存取子程序。

- **句柄子程序**。它们将句柄返回给设计中的对象。句柄子程序的名字总是以前缀 acc_handle_ 开头。
- **后继子程序**。它们将句柄返回给设计中特定类型对象集合中的下一个对象。后继子程序总

是以前缀 acc_next_开头，而且以引用的对象作为参数。

- **值变链接**（Value Conversion Link，VCL）**子程序**。这类子程序使用户的系统任务可以从监视对象值变化的对象列 表中添加和删除对象。VCL 子程序总是以前缀 acc_vcl_开头，它们没有返回值。
- **取值**（fetch）**子程序**。它们能够提取各种对象信息，比如完整的层次路径名、相对名以及其他属性信息。取值子程序总是以前缀 acc_fetch_开头。
- **实用存取子程序**。它们用于执行与存取子程序相关的杂项操作。例如，acc_initialize( )和 acc_close( )都是实用子程序。
- **修改子程序**。它们可以修改内部数据结构。本书不讨论这类子程序。关于修改子程序的详细内容可参考 *IEEE Standard Verilog Hardware Description Language* 文档。

附录 B 提供了存取子程序及其用法的完整列表。

存取子程序举例

这里讨论两个例子来解释存取子程序的使用。第一个例子是一个用于寻找模块中的所有端口名称并且计算端口数目的用户自定义系统任务。第二个例子是一个用于监视网表中数值变化的用户自定义系统任务。

例 1：获取模块端口列表

写一个用户自定义系统任务$get_ports，用于寻找模块中的所有 input，output 和 inout 端口的完整层次名称，并且计算 input，output 和 inout 端口的数目。这个用户自定义系统任务在 Verilog 中以$get_ports（"<hierarchical_module_name>"）的形式调用。文件 get_ports.c 中描述了实现任务 $get_ports 的用户自定义 C 子程序 get_ports，文件 get_ports.c 见例 13.2。

例 13.2　获取模块端口列表的 PLI 子程序

```
#include "acc_user.h"

int get_ports()
{
  handle  mod, port;
  int input_ctr = 0;
  int output_ctr = 0;
  int inout_ctr = 0;

  acc_initialize();

  mod = acc_handle_tfarg(1); /* 获得系统任务列表中的第一个模块实例的句柄 */


  port = acc_handle_port(mod, 0); /*获得模块的第一个端口 */

  while( port != null ) /* 循环遍历所有端口 */
  {
    if (acc_fetch_direction(port) == accInput) /* 输入端口 */
    {
        io_printf("Input Port %s \n", acc_fetch_fullname(port));
                                /* 全路径名 */
```

```
        input_ctr++;
      }
    else if (acc_fetch_direction(port) == accOutput) /* 输出端口 */
    {
        io_printf("Output Port %s \n", acc_fetch_fullname(port));
        output_ctr++;
    }
    else if (acc_fetch_direction(port) == accInout) /* 输入端口 */
  {
        io_printf("Inout Port %s \n", acc_fetch_fullname(port));
        inout_ctr++;

    }

    port = acc_next_port(mod, port); /* 转到下一个端口 */
  }

  io_printf("Input Ports = %d Output Ports = %d, Inout ports = %d\n\n",
                    input_ctr, output_ctr, inout_ctr);
  acc_close();

}
```

注意，**句柄**、**取值**（fetch）、**后继**和**实用存取**子程序用于写用户自定义 C 子程序。

以 13.2.1 节中所描述的方式，把这个新任务连接到 Verilog 仿真器。为了检验新定义的任务，这里用它找出例 13.1 中描述的模块 mux2_to_1 的端口列表。下面给出一个顶层模块，它调用了该二选一多路选择器并调用$get_ports 任务。

```
module top;
wire OUT;
reg I0, I1, S;

mux2_to_1 my_mux(OUT, I0, I1, S); /* 调用二选一多路选择器 */

initial
begin
  $get_ports("top.my_mux"); /* 调用任务$get_ports，获取模块的端口列表 */
end

endmodule
```

$get_ports 的调用导致用户自定义 C 子程序 get_ports 的执行。仿真输出结果如下所示：

```
Output Port top.my_mux.out
Input Port top.my_mux.i0
Input Port top.my_mux.i1
Input Port top.my_mux.s
Input Ports = 3 Output Ports = 1, Inout ports = 0
```

例 2：监视网表值的变化

本例着重介绍**值变链接**（VCL）子程序的使用。这里通过使用自己定义的系统任务，而不使用 Verilog 仿真器自带的$monitor 系统任务来监视设计中特定线网值的变化。使用$my_monitor

("<net_name>");语句来调用自定义系统任务，就能把<net_name>添加到监视列表中。

用户自定义 C 子程序 my_monitor 实现了用户自定义的监视系统任务，如例 13.3 所示。

例 13.3　监视线网值变化的 PLI 子程序

```
#include "acc_user.h"

char convert_to_char();
int display_net();

int my_monitor()
{
  handle net;
  char *netname ; /* 指向线网名字的指针 */
  char *malloc();

  acc_initialize(); /* 初始化 */

  net = acc_handle_tfarg(1); /* 获得要监视的线网的句柄 */

  /* 获得线网的全路径名并存储到指针 */
  netname = malloc(strlen(acc_fetch_fullname(net)));
  strcpy(netname,  acc_fetch_fullname(net));

  /* 调用值变链接子程序将信号加入监视列表 */
  /* 把4个参数传递给 acc_vcl_add 任务 */
  /* 第1个参数：被监视对象（线网）的句柄
     第2个参数：当对象值改变时（display_net）调用用户 C 子程序
     第3个参数：准备传递给用户 C 子程序的字符串（net_name）。
     第4个参数：预先定义的 VCL 标志：用于逻辑监视的 vcl_verilog_logic，
               用于强度监视的 vcl_verilog_strength. */

  acc_vcl_add(net, display_net, netname, vcl_verilog_logic);

  acc_close();
}
```

注意，用子程序 acc_vcl_add 把该线网添加到监视列表中。最终用户子程序 display_net 是 acc_vcl_add 的一个参数。当线网的值改变时，acc_vcl_add 调用最终用户子程序 display_net 并且传送一个 p_vc_record 类型的数据结构的指针。最终用户子程序是 C 子程序，当 acc_vcl_add 调用它时，它就执行用户指定的动作。p_vc_record 在文件 acc_user.h 中定义，如下所示：

```
typedef struct t_vc_record{
    int vc_reason;      /* 值改变的原因 */
    int vc_hightime;   /* 64 位仿真时间的高 32 位 */
    int vc_lowtime;    /* 64 位仿真时间的低 32 位 */
    char *user_data;   /* 在 acc_vcl_add 的第三个参数中传入的字符串 */
    union  {           /* 被监视的信号的新值 */
        unsigned char       logic_value;
        double              real_value;
        handle              vector_handle;
        s_strengths         strengths_s;
```

```
        } out_value;
    } *p_vc_record;
```

最终用户子程序 display_net 只显示变化的时间、线网的名称和线网的新值。最终用户子程序
以例 13.4 的形式编写。此外还定义了另一个子程序，convert_to_char，它将一个逻辑值常量转换
为 ASCII 字符。

例 13.4   VCL 示例中的最终用户子程序

```
/* 最终用户子程序，监视的线网值发生改变时被调用 */
display_net(vc_record)
p_vc_record vc_record; /* acc_user.h 中预定义的结构 p_vc_record */

{

    /* 打印改变了的线网的时间、名字和新值 */
    io_printf("%d New value of net %s is %c \n",

                vc_record->vc_lowtime,
                vc_record->user_data,
                convert_to_char(vc_record->out_value.logic_value));
}

/* 将预定义字符常量转换成 ASCII 字符的子程序 */
char convert_to_char(logic_val)
char logic_val;
{
    char temp;

    switch(logic_val)
    {
        /* 在 acc_user.h 中预定义的 vcl0，vcl1，vclX 和 vclZ */
        case vcl0: temp='0';
                    break;
        case vcl1: temp='1';
                    break;
        case vclX: temp='X';
                    break;
        case vclZ: temp='Z';
                    break;
    }
    return(temp);
}
```

以 13.2.1 节中所描述的方式，把这个新任务连接到 Verilog 仿真器。为了检验新定义的任务，
把激励加载到例 13.1 所描述的模块 mux2_to_1 上，用该新定义的系统任务监视 sbar 和 y1。下面
列出了一个顶层模块，该模块调用（实例引用）了这个二选一多路选择器，加载激励信号并调用
$my_monitor 任务。

```
module top;
wire OUT;
reg I0, I1, S;
```

```
mux2_to_1 my_mux(OUT, I0, I1, S); // 调用（实例引用）二选一多路选择器

initial //Add nets to the monitoring list
begin
  $my_monitor("top.my_mux.sbar");
  $my_monitor("top.my_mux.y1");
end

initial // 应用模拟
begin
  I0=1'b0; I1=1'b1; S = 1'b0;
  #5 I0=1'b1; I1=1'b1; S = 1'b1;
  #5 I0=1'b0; I1=1'b1; S = 1'bx;
  #5 I0=1'b1; I1=1'b1; S = 1'b1;
end

endmodule
```

仿真的输出如下所示：

```
0 New value of net top.my_mux.y1 is 0
0 New value of net top.my_mux.sbar is 1
5 New value of net top.my_mux.y1 is 1
5 New value of net top.my_mux.sbar is 0
5 New value of net top.my_mux.y1 is 0
10 New value of net top.my_mux.sbar is X
15 New value of net top.my_mux.y1 is X
15 New value of net top.my_mux.sbar is 0
15 New value of net top.my_mux.y1 is 0
```

13.4.2 实用子程序

实用子程序是各种各样的 PLI 子程序，用于在 Verilog 与用户 C 子程序边界的两个方向上传输数据。实用子程序通常也称为"tf"子程序。

实用子程序的特征

与实用子程序有关的一些特征如下：

- 实用子程序总是以前缀 tf_ 开头。
- 如果一个文件中使用了实用子程序，则必须包含头文件 veriuser.h。

所有实用子程序的数据类型和常量都必须在 veriuser.h 中预先定义。

```
#include "veriuser.h"
```

实用子程序的类型

实用子程序可用于下列用途：

- 获取 Verilog 系统调用任务的信息
- 获取参数列表信息
- 获取参数值

- 把参数新值回传给调用它的系统任务
- 监视参数值的改变
- 获取仿真时间和被调度事件的信息
- 执行日常管理维护任务，例如保存工作区，保存任务指针
- 执行 long 类型的算术运算
- 显示信息
- 挂起、终止、保存和恢复仿真

附录 B 提供了一个清单，列出了所有的实用子程序、它们的功能以及用法。

实用子程序举例

目前只用到过一个实用子程序 io_printf()。现在再来看一些在 Verilog 设计和用户自定义 C 子程序之间传输数据的实用子程序。

Verilog 提供了系统任务\$stop 和\$finish，它们分别用于挂起和终止仿真。下面定义自己的系统任务\$my_stop_finish，根据不同的参数值，它可以分别完成挂起和终止两项任务。用户自定义系统任务\$my_stop_finish 的完整说明如表 13.1 所示。

表 13.1　自定义实用系统任务\$my_stop_finish 的说明

第一个变量	第二个变量	动　作
0	无	停止仿真。显示仿真时间和信息
1	无	结束仿真。显示仿真时间和信息
0	任意值	停止仿真。显示仿真时间、使调用停止的模块和信息
1	任意值	结束仿真。显示仿真时间、使调用停止的模块和信息

用户自定义 C 子程序 my_stop_finish 的源码如例 13.5 所示。

例 13.5　使用实用子程序的用户 C 子程序 my_stop_finish

```
#include "veriuser.h"

int my_stop_finish()
{

  if(tf_nump() == 1) /* 如果参数 1 传入 my_stop_finish 任务，则执行下列代码 */

  {
    if(tf_getp(1) == 0) /* 获取参数值，如果参数为 0 则停止仿真 */

    {
      io_printf("Mymessage: Simulation stopped at time %d\n",tf_gettime());
      tf_dostop(); /* 停止仿真 */
    }
    else if(tf_getp(1) == 1)   /* 如果参数为 0 则终止仿真 */

    {
      io_printf("Mymessage: Simulation finished at time %d\n",tf_gettime());
      tf_dofinish(); /* 终止仿真 */
```

```
        }
      else
        /* 传递警告消息 */
        tf_warning("Bad arguments to \$my_stop_finish at time %d\n",
                                                tf_gettime());
    }

    else if(tf_nump() == 2) /* 如果参数 1 传入任务，则从被调用的任务打印模块实例 */
    {
      if(tf_getp(1) == 0) /* 如果参数为 0 则终止仿真 */
      {
        io_printf
          ("Mymessage: Simulation stopped at time %d in instance  %s \n",
                                  tf_gettime(), tf_mipname());
        tf_dostop(); /* 终止仿真 */
      }
      else if(tf_getp(1) == 1)   /* 如果参数为 0 则终止仿真 */

      {
        io_printf
          ("Mymessage: Simulation finished at time %d in instance  %s \n",
                                  tf gettime(), tf_mipname());
        tf_dofinish(); /* 终止仿真 */
      }
      else
        /* 传递警告消息 */
        tf_warning("Bad arguments to \$my_stop_finish at time %d\n",
                                                tf_gettime());
    }

}
```

以 13.2.1 节中描述的方式把这个新任务连接到 Verilog 仿真器中。为了测试新定义的系统任务 $my_stop_finish，给例 13.1 中的模块 mux2_to_1 加载激励信号，该激励用各种可能的参数组合方式调用 $my_stop_finish。顶层模块调用（实例引用）了二选一的多路选择器，施加激励并调用了 $my_stop_finish 任务，如下所示：

```
module top;
wire OUT;
reg I0, I1, S;

mux2_to_1 my_mux(OUT, I0, I1, S); // 调用（实例引用）模块 mux2_to_1

initial // 施加激励
begin
  I0=1'b0; I1=1'b1; S = 1'b0;
  $my_stop_finish(0); // 停止仿真，不打印模块实例名
```

```
    #5 I0=1'b1; I1=1'b1; S = 1'b1;
    $my_stop_finish(0,1); // 停止仿真, 打印模块实例名
    #5 I0=1'b0; I1=1'b1; S = 1'bx;
    $my_stop_finish(2,1); // 传递错误参数
    #5 I0=1'b1; I1=1'b1; S = 1'b1;
    $my_stop_finish(1,1); // 终止仿真, 打印模块实例名
end

endmodule
```

Verilog 仿真器的仿真输出结果如下所示：

```
Mymessage: Simulation stopped at time 0
Type ? for help
C1 > .
Mymessage: Simulation stopped at time 5 in instance  top
C1 > .
"my_stop_finish.v", 14: warning! Bad arguments to $my_stop_finish at time
10

Mymessage: Simulation finished at time 15 in instance  top
```

13.5　小结

本章介绍了 Verilog 的编程语言接口（PLI），讨论了下述问题。

- PLI 接口提供了一组 C 语言接口子程序来读出、写入和提取设计的内部数据结构信息。设计者可以编写自己的系统任务来完成各种实用功能。
- PLI 接口可用于监视器、调试器、格式翻译器、延迟计算工具、自动激励生成器、转储文件生成器和其他实用工具。
- **用户自定义系统任务**由相应的**用户自定义 C 子程序**实现。C 子程序调用 PLI 库函数。
- 通知仿真器把一个新的用户自定义系统任务与相应的用户 C 子程序联系起来的过程称为**连接**。仿真器不同，连接的过程也不相同。
- 用户自定义系统任务与标准的 Verilog 系统任务调用方式类似，例如$hello_verilog( )的调用与标准的系统任务调用一致。该用户自定义系统任务启动时，相应的用户自定义 C 子程序 hello_verilog 被执行。
- 在 Verilog 仿真器中，用多个对象集合组成的一个庞大数据结构来表示设计。可以通过 PLI 库子程序来存取内部数据结构。
- 存取子程序（acc_）和实用子程序（tf_）是两类 PLI 库子程序。
- 实用子程序代表了第一代 Verilog PLI。实用子程序用于在用户 C 子程序和原始 Verilog 设计之间来回传输数据。实用子程序以前缀 **tf_**开头。实用子程序与对象处理互不影响。
- 存取子程序代表了第二代 Verilog PLI。存取子程序可以读写设计的特定对象的信息。存取子程序以前缀 acc_开头。存取子程序主要用在用户 C 子程序和内部数据表示的接口上。存取子程序与对象处理相互影响。
- **值变链接**（VCL）是一类特殊的存取子程序，它们可以监视设计中的对象。当被监视的对象发生变化时，就执行最终用户子程序。

- Verilog 过程接口（vpi_）子程序代表了第三代 Verilog PLI，该类子程序扩展了 acc_和 tf_ 子程序的功能（不在本书讨论范围内）。

编程语言接口是一个范围很广的研究领域，限于篇幅，本章只涉及 Verilog PLI 的基础知识。有关 PLI 的细节，设计者可以参考 *IEEE Standard Verilog Hardware Description Language* 文档。

13.6　习题

可参考附录 B 和 *IEEE Standard Verilog Hardware Description Language* 文档中的 PLI 存取和实用子程序、它们的功能和用法。下面将会用到一些本章没有讨论到的 PLI 库调用。

1. 编写一个用户自定义系统任务$get_in_ports，该任务能获取模块实例输入端口的完整层次名称。模块实例的层次名称是该任务的输入（提示：以例 13.2 中的 C 子程序为参考）。把该任务连接到 Verilog 仿真器。找到例 5.7 中定义的一位全加器的输入端口。
2. 编写一个用户自定义系统任务$count_and_gates，该任务计算模块实例中的与门的数目。模块实例的层次名称是该任务的输入。调用这个任务来计算例 5.5 中的四选一多路选择器中的与门数目。
3. 创建一个用户自定义系统任务$monitor_mod_output，该任务能找出模块实例的所有输出信号，并把它们添加到一个监视列表中。当模块的任何输出信号值改变时，都应该出现文字"Output signal has changed"（提示：使用 VCL 子程序）。使用例 13.1 中的二选一多路选择器。通过$monitor_mod_output 把输出信号添加到监视列表中。施加激励，检查结果。

第 14 章 使用 Verilog HDL 进行逻辑综合

逻辑综合技术的发展已经把硬件描述语言（HDL）推到了数字设计技术的最前沿。逻辑综合工具显著地缩短了设计周期。设计者可以在更高的抽象层次上进行设计，因而减少了设计时间。本章将讨论用 Verilog HDL 进行逻辑综合的问题。本章以 Synopsys 公司的综合产品为例，个别例子的综合结果可能因为综合工具的不同而有所不同。然而，本章讨论的概念对于任何逻辑综合工具[①]来说都是普遍适用的。本章的目的在于让读者基本了解逻辑综合的方法和问题，而不是全面了解逻辑综合技术。逻辑综合的具体知识可以通过阅读技术手册、逻辑综合的教材，或者参加培训班等途径获得。

学习目标

- 对逻辑综合的概念进行定义，解释逻辑综合的优点。
- 弄清楚哪些 Verilog HDL 结构和操作符能用于逻辑综合，理解逻辑综合工具如何解释这些结构。
- 解释使用逻辑综合进行设计的典型流程，描述基于逻辑综合设计流程的主要组成部分。
- 描述如何验证由逻辑综合生成的门级网表。
- 了解编写高效率 RTL 描述的各种技巧。
- 描述能为逻辑综合提供最佳门级网表的分割技术。
- 使用逻辑综合的方法进行组合电路和时序电路的设计。

14.1 什么是逻辑综合

简而言之，**逻辑综合**是在**标准单元库**和特定的设计约束的基础上，把设计的高层次描述转换成优化的门级网表的过程。标准单元库可以包含简单的单元，例如与门、或门和或非门等基本逻辑门，也可以包含宏单元，例如加法器、多路选择器和特殊的触发器。标准单元库也就是大家熟知的**工艺库**，在本章的后面部分将详细阐述有关内容。

逻辑综合甚至在逻辑图门级设计的时代就已经普遍存在了，但它是在设计者的脑子里完成的。设计者首先要理解体系结构描述，然后考虑**时序、面积、可测试性**和**功耗**等设计约束。设计者把设计划分成几个高层次的模块，在纸上或者计算机上绘出模块图，然后描述电路的功能。这就是高层次的描述。最后，每个模块都用手绘的逻辑图表示，逻辑图中使用的是标准单元库中的单元。最后一步是设计流程中最复杂的过程，在获得满足所有设计约束的最优化门级设计之前，需要若干次耗时的设计反复。这样实际上是将**设计者的大脑**用作逻辑综合工具，如图 14.1 所示。

---

① 许多 EDA 工具提供商都提供了逻辑综合工具。关于如何把 RTL 描述综合到门级网表，可参考逻辑综合工具附带的文档。其中有些地方与本章提供的材料可能有些细微的差异。

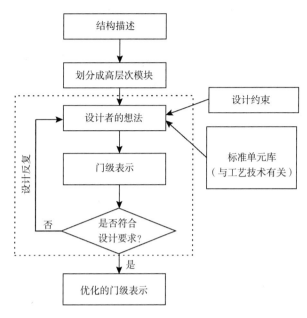

图 14.1　将设计者的大脑用作逻辑综合工具

计算机辅助逻辑综合工具的出现已经把高层次描述向逻辑门的转化过程自动化了。设计者无须在脑子里实现逻辑综合,他们现在可以把精力集中在体系结构的方案、设计的高层次描述、精确的设计约束和标准单元库中的单元优化上。这些都作为计算机辅助逻辑综合工具的输入。该综合工具在内部进行几次反复,然后生成最优化的门级描述。同时,设计者不必在屏幕或者纸上画高层次描述,而是用 HDL 描述高层次设计。Verilog HDL 已经成为一种流行的编写高层次描述的HDL。图 14.2 展示了整个过程。

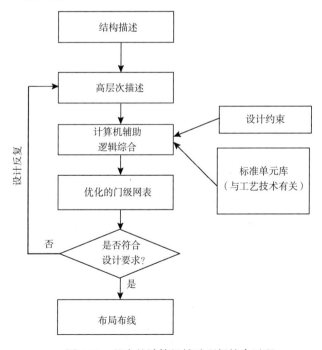

图 14.2　基本的计算机辅助逻辑综合过程

自动化的逻辑综合已经非常有效地减少了高层次设计到门级网表的转化时间。它使设计者可以把更多的时间用于更高层次的描述上，因为把设计转换到门级网表所需的时间大大减少了。

14.2   逻辑综合对数字设计行业的影响

逻辑综合带来了数字设计行业的革命，有效地提高了生产率，减少了设计周期时间。在自动逻辑综合时代之前，即手动转换设计的年代，设计过程有下面所列的诸多限制：

- 对于大规模设计来说，手动转换更容易带来人为的错误。一个很小的逻辑门的遗漏可能意味着整个模块的重新设计。
- 设计者一直都不能确信设计约束是否会得到满足，直到完成门级实现并进行了测试。
- 把高层次设计转换成逻辑门占去了整个设计周期的大部分时间。
- 如果门级设计不满足要求，则模块的重新设计时间非常长。
- 推测难以验证。例如，设计者设计了一个以 20 ns 时钟周期工作的门级模块。如果设计者想分析该电路能否优化到以 15 ns 的时钟周期运行，则整个模块不得不重新设计。因此，为了验证这种推测，需要重新进行设计。
- 每个设计者以不同的方式实现模块设计，设计风格缺乏一致性。对于大规模设计来说，这意味着其中的各个小模块可能是最优化的，但是整个设计却不是最优化的。
- 如果在最终的门级设计中发现了一个错误，则可能需要重新设计数以千计的逻辑门。
- 库单元的时序、面积和功耗是与特定制造工艺相关的。因此，如果在门级设计完成之后，公司改变 IC 制造商，则可能意味着重新设计整个电路，还可能要改变设计方法。
- 设计技术是不可能重用的。设计是特定于工艺的，难以改变，也难以重用。

自动逻辑综合工具以如下方式解决这些问题：

- 采用高层次设计方法，人为的错误会更少，因为设计是在更高的抽象层次描述的。
- 高层次设计无须过多关注设计约束。逻辑综合工具将把高层次设计转换到门级网表，并确保满足所有的约束。如果不能满足，设计者就回去修改高层次设计，重复这一过程，直到获得满足时序、面积和功耗约束的门级网表为止。
- 从高层次设计到逻辑门的转换非常迅速。有了这方面的提高，设计周期可以大大缩短。以前耗费数月的设计现在可能仅需数小时或数天就能完成。
- 模块重新设计所需的重复时间更短，因为改变仅需在寄存器传输级完成；然后，设计只需简单地重新综合获得门级网表。
- 推测容易验证。高层次的描述无须改变，设计者只需把时序约束从 20 ns 改变到 15 ns，并重新综合设计，以获得时钟周期优化为 15 ns 的新门级网表。
- 逻辑综合工具在整体上优化了设计，这样就消除了由于不同模块之间和局部优化的各个设计之间的设计风格不同所带来的问题。
- 如果发现门级设计中有错误，设计者回头修改高层次描述以消除错误。然后，高层次描述再次读入逻辑综合工具，自动生成新的门级描述。
- 逻辑综合工具允许进行与工艺无关的设计。可以在不考虑 IC 制造工艺的情况下编写高层次描述。逻辑综合工具使用某个 IC 制造商提供的标准单元库中的单元，把设计转换成逻辑门。如果改变工艺或者 IC 制造商，则设计者只需在新工艺的标准单元库的基础上使用逻辑综合，重新把设计综合到逻辑门。

- 由于设计描述与工艺无关，所以设计重用变成了可能。例如，如果微处理器中 I/O 模块的功能不改变，该 I/O 模块的 RTL 描述就可以用于同系列微处理器的设计中。如果工艺改变了，综合工具就只需映射到需要的工艺。

14.3　Verilog HDL 综合

为了逻辑综合的目的，目前都在**寄存器传输级**（RTL）层次用硬件描述语言（HDL）编写设计。术语 RTL 用于表示 HDL 的一种风格，该风格的 HDL 描述采用了数据流和行为结构相结合的方式。逻辑综合工具接受寄存器传输级 HDL 描述并把它转化为优化的门级网表。Verilog 和 VHDL 是两种最流行的在 RTL 级上描述功能的 HDL 语言。　本章讨论基于 RTL 的 Verilog HDL 逻辑综合。用于把行为描述转换成 RTL 描述的行为综合工具发展缓慢，但是基于 RTL 的综合已经成为当前最流行的设计方法。因此，本章只讨论基于 RTL 的综合。

14.3.1　Verilog 结构

逻辑综合工具并不能处理随意编写的 Verilog 结构描述。通常，周期到周期的任何 RTL Verilog 结构描述都能为逻辑综合工具所接受。表 14.1 列出了逻辑综合工具通常能接受的结构列表。个别的逻辑综合工具所能接受的结构可能与此表有些不同。

表 14.1　可进行逻辑综合的 Verilog HDL 结构

结 构 类 型	关键字或描述	注　　释
端口	input，inout，output	
参数	parameter	
模块定义	module	
信号和变量	wire, reg，tri	允许使用向量表示
调用（实例引用）	module instance primitive gate instance	例如：mymux m1(out, i0, i1, s)；nand(out, a, b)；
函数和任务	function，task	不考虑时序结构
过程	always, if, then, else, case, casex, casez	不支持 initial
过程块	begin, end, named blocks, disable	命名块的禁止是允许的
数据流	assign	不考虑延迟信息
循环	for，while，forever	while 和 forever 循环必须包含@(posedge clock)或@(negedge clock)

要记住，我们提供的是电路的周期到周期的 RTL 描述。因此，这些语言结构用于逻辑综合工具的方式有一些限制。例如，**while** 和 **forever** 循环必须由@(posedge clock)或@(negedge clock)语句终止循环，以此强制具有周期到周期的行为，避免组合反馈。另一个限制是逻辑综合忽略所有由 #<delay> 结构指定的时序延迟。因此，综合前后 Verilog 的仿真结果可能不同。设计者必须尽量减少使用这些有可能导致 Verilog 的前后仿真结果不一致的描述风格。此外，逻辑综合工具也不支持 initial 结构的转换，因而设计者必须使用复位机制来取代 initial 结构，进行电路信号的初始化。

建议明确地指定信号和变量宽度。定义未指定宽度的变量可能产生庞大的门级网表，因为综合工具可能根据变量定义生成不必要的逻辑。

14.3.2　Verilog 操作符

　　Verilog 中几乎所有的操作符都可用于逻辑综合。表 14.2 是所有可用于逻辑综合的操作符。只有 === 和 !== 这种与 x 和 z 相关的操作符不能用于逻辑综合，因为等于逻辑值 x 和 z 在逻辑综合中没有实际的意义。编写表达式时，推荐使用圆括号来使逻辑更清晰，达到预期的目的。如果依赖操作符的优先级，逻辑综合工具就可能产生不尽人意的逻辑结构。

表 14.2　可进行逻辑综合的 Verilog HDL 操作符

操 作 类 型	操 作 符	进行的操作
算术	*	乘
	/	除
	+	加
	−	减
	%	求模
	+	单目加
	−	单目减
逻辑	!	逻辑反
	&&	逻辑与
	||	逻辑或
关系	>	大于
	<	小于
	>=	大于等于
	<=	小于等于
等价	==	相等
	!=	不等
按位逻辑	~	按位取反
	&	按位与
	|	按位或
	^	按位异或
	^~或 ~^	按位同或
缩减	&	缩减与
	~&	缩减与非
	|	缩减或
	~|	缩减或非
	^	缩减异或
	^~或 ~^	缩减同或
移位	>>	右移
	<<	左移
	>>>	算术右移
	<<<	算术左移
拼接	{ }	拼接
条件	?:	条件

14.3.3 部分 Verilog 结构的解释

前面已经描述了基本的 Verilog 结构，下面将尝试理解逻辑综合工具通常怎样解释这些结构，并如何将它们转换成逻辑门。

赋值语句

赋值结构是在 RTL 级用于描述组合逻辑的最基本的结构。下例是一个使用赋值语句的逻辑表达式：

```
assign out = (a & b) | c;
```

它通常被转换成下面的门级电路实现：

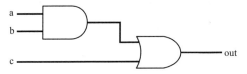

如果 a，b，c 和 out 是两位的向量[1:0]，那么上面的赋值语句通常会被转换成两个完全相同的电路，它们分别对应其中一位。如下所示：

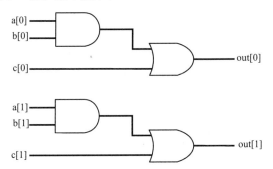

如果用到算术操作符，那么每个算术操作符由逻辑综合工具中可用的算术运算硬件模块实现。下面是一个一位全加器的实现：

```
assign {c_out, sum} = a + b + c_in;
```

假设逻辑综合工具内部有一位全加器可用，逻辑综合工具通常把上面的赋值语句转换成下面的结构：

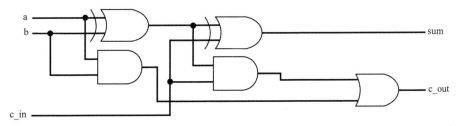

如果综合多位加法器，综合工具就会进行优化，设计者可能得到一个不同于上图的结果。

如果使用了条件操作符**?**，就会推断出**多路选择器**电路。

```
assign out = (s) ? i1 : i0;
```

它通常被转换成如图 14.3 所示的门级电路结构。

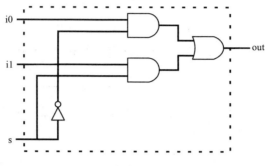

图 14.3 多路选择器的描述

if-else 语句

单个 if-else 语句被转换成多路选择器，它的控制信号就是 if 子句中的信号或者变量。

```
if(s)
    out = i1;
else
    out = i0;
```

上面的语句通常会被转换成图 14.3 中的门级电路表示。一般来说，多个 if-else-if 语句不会综合成庞大的多路选择器。

case 语句

case 语句也可以用于生成多路选择器。上面的多路选择器可以由使用 case 语句描述的语句结构产生，如下所示：

```
case (s)
    1'b0 : out = i0;
    1'b1 : out = i1;
endcase
```

庞大的 case 语句可以用来生成庞大的多路选择器。

for 循环语句

for 循环可用于产生级联的链式组合逻辑。例如，下面的 for 循环设计了一个八位全加器：

```
c = c_in;
for(i=0; i <=7; i = i + 1)
    {c, sum[i]} = a[i] + b[i] + c; // 构成一个八位脉动进位加法器
c_out = c;
```

always 语句

always 语句可用于生成时序和组合逻辑。对于时序逻辑来说，always 语句必须由时钟信号 clk 的变化所控制。

```
always @(posedge clk)
        q <= d;
```

这个语句被推断为一个正跳变沿触发的 D 触发器，其中 d 是输入，q 是输出，clk 是时钟信号。

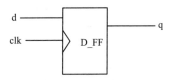

类似地，下面的 Verilog 描述将生成一个电平敏感的锁存器：

```
always @(clk or d)
        if (clk)
            q <= d;
```

对于组合逻辑来说，always 语句必须由 clk，reset 或者 preset 之外的其他信号触发（所有的触发信号都必须写在敏感列表中）。例如，下面的模块会被转换成一个一位全加器：

```
always @(a or b or c_in)
        {c_out, sum} = a + b + c_in;
```

函数语句

函数被综合成具有一个输出变量的组合模块。输出变量可以是标量或者向量。下面的 Verilog 描述是一个以函数方式实现的四位全加器，函数的最高位用作进位。

```
function [4:0] fulladd;
input [3:0] a, b;
input c_in;
begin
    fulladd = a + b + c_in; // 由进位和[3:0]求和的四位全加器
end
endfunction
```

14.4 逻辑综合流程

现在我们已经理解了逻辑综合工具如何把基本 Verilog 语言结构转换成门级描述，下面讨论从 RTL 描述转换到最优化门级描述的综合设计流程。

14.4.1 从 RTL 到逻辑门

为了充分利用逻辑综合的优点，设计者必须首先理解从高层次的 RTL 描述到门级网表的流程。图 14.4 解释了该流程。

下面详细讨论流程中的每个部分。

RTL 描述

设计者在高层次上使用 RTL 结构描述设计。设计者在功能验证上耗费一定的时间，以确保 RTL 描述的功能正确无误。功能验证之后，再把 RTL 描述输入到逻辑综合工具中。

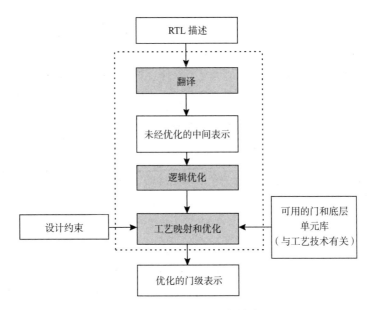

图 14.4　从 RTL 到门的逻辑综合流程

翻译

RTL 描述被逻辑综合工具转换为一个未经优化的内部中间表示。这一过程称为**翻译**。翻译相对简单，它使用的技术与 14.3.3 节中讨论的技术类似。翻译器读入 Verilog RTL 描述中的基本原语和操作。翻译过程中不考虑面积、时序和功耗等设计约束。在本过程中，逻辑综合工具仅完成简单的内部资源分配。

未经优化的中间表示

翻译过程产生了设计的**未经优化的中间表示**。逻辑综合工具根据内部的数据结构在内部表示设计。未经优化的中间表示是用户所无法理解的。

逻辑优化

接着优化逻辑，以便删除冗余逻辑。优化中使用了大量与工艺无关的布尔逻辑优化技术，这一过程称为**逻辑优化**。它是逻辑综合中非常重要的一步，产生该设计优化后的内部表示。

工艺映射和优化

直到这一步，设计的描述还是独立于特定的**目标工艺**的。在这一步骤中，综合工具接受内部表示，并使用工艺库中提供的单元，用逻辑门实现该内部表示。换言之，**设计被映射**到需要的目标工艺。

假设要在 ABC 公司以 0.65 微米 CMOS 工艺生产 IC 芯片，该工艺称为 abc_100 工艺。那么 abc_100 就成为目标工艺。因此，必须采用 abc_100 工艺库中提供的单元，把内部设计表示为由这些单元实现的逻辑门。这个过程称为**工艺映射**。同时，实现的结果必须满足时序、面积和功耗等设计约束。为获得针对目标工艺的最优化结果，还要执行一些局部的优化。这个优化过程称为**工艺优化**或者**工艺相关优化**。

工艺库

工艺库包含 ABC 公司提供的**库单元**。本章前面部分使用的**标准单元库和工艺库**术语是相同的，可以互换使用。

为了建立工艺库，ABC 公司制定了它的库单元所提供的功能范围。正如之前讨论的那样，库单元可以是基本的逻辑门或宏单元，例如加法器、算术逻辑单月（Arithmetic Logic Unit，ALU）、多路选择器和特殊的触发器。库单元是 ABC 公司用于 IC 制造的基本构建模块。首先完成库单元的物理版图，然后根据单元的版图计算每个单元的面积。接着，使用建模技术来估计每个库单元的时序和功耗特性。这个过程称为**单元特性描述**（cell characterization）。

最后，以综合工具能够理解的格式描述每个单元。单元描述包含下列信息：

- 单元功能
- 单元的版图面积
- 单元的时序信息
- 单元的功耗信息

单元的集合称为**工艺库**。综合工具使用这些单元来实现设计。综合工具产生的结果的质量通常由工艺库中可以使用的单元所决定。如果工艺库中可供选择的单元有限，综合工具就不能在时序、面积和功耗等方面做充分的优化。

设计约束

设计约束通常包含下列内容：

- **时序**。电路必须满足一定的时序要求。一个内部的静态时序分析器会检查时序。
- **面积**。最终的版图面积不能超过一定的限制。
- **功耗**。电路功耗不能超过一定的界限。

一般来说，面积和时序约束之间有一个相反的关系。对于特定的工艺库，为了优化时序（获得更高速的电路），设计不得不做并行化处理，这往往意味着生成更大的电路。为了生成规模更小的电路，设计者一般必须在电路速度上做出妥协。图 14.5 表示了这种相互制约的关系。

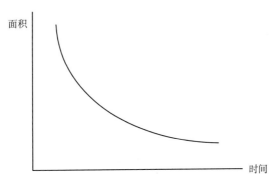

图 14.5　面积与时序要求的折中

在设计约束上，**工作环境因素**，例如输入输出延迟、驱动强度和负载，会影响针对目标工艺的优化程度。工作环境因素必须作为逻辑综合工具的输入，以确保电路对要求的工作环境是最优的。

优化后的门级描述

工艺映射完成之后，生成由目标工艺部件所描述的优化后的门级网表。如果该网表满足要求的约束，它就被送到 ABC 公司去制作最终的版图。否则，设计者要修改 RTL 描述或者重新对设计给出约束，以获得需要的结果。反复这个过程，直到网表满足所要求的约束。ABC 公司将制作版图并进行时序检查，以确保制作版图之后的电路满足所要求的时序，然后制作 IC 芯片。

关于综合流程有三点需要注意：

1. 对微处理器这样的高速电路，制造商的工艺库可能生成未经过充分优化的结果。因此，设计小组需要获得制造商所使用的制造工艺信息，例如 0.65 微米 CMOS 工艺，并创建自己的工艺库部件。单元特性描述由设计者自己完成。创建工艺库和单元特性描述的讨论超出了本书的范围。

2. 翻译、逻辑优化和工艺映射在逻辑综合工具**内部**完成，对设计者是不可见的。工艺库是提供给设计者使用的。一旦选定了工艺，设计者就只能控制输入的 RTL 描述和设计约束的说明。因此，使用逻辑综合时，编写高效的 RTL 描述、准确地说明设计约束、评估设计方案和拥有优良的工艺库，对生成优化的数字电路非常重要。

3. 对亚微米设计来说，互连延迟成为整个延迟中的主要因素。因此，随着几何尺寸的缩小，为了精确地建立互连延迟模型，综合工具需要在 RTL 级与版图之间有更紧密的联系。综合工具中内建的时序分析器在总延迟计算中将不得不考虑互连延迟。

14.4.2　从 RTL 到逻辑门的示例

下面讨论四位数值比较器的综合，以此来理解综合流程中的每一步。综合流程的步骤，例如翻译、逻辑优化和工艺映射对设计者是不可见的。因此，我们将关注对设计者可见的部分，例如 RTL 描述、工艺库、设计约束和最终优化后的门级描述。

设计说明

数值比较器检查一个数是否大于、等于或者小于另一个数。例如，设计一个具有如下说明的四位数值比较器 IC 芯片：

- 设计名称是 magnitude_comparator。
- 输入 A 和 B 是 4 位输入，输入端 A 和 B 不会出现 x 或者 z 值。
- 如果 A 大于 B，那么输出 A_gt_B 为真。
- 如果 A 小于 B，那么输出 A_lt_B 为真。
- 如果 A 等于 B，那么输出 A_eq_B 为真。
- 数值比较器电路必须尽可能快，为了提高速度，可以牺牲面积。

RTL 描述

描述数值比较器的 RTL 描述如例 14.1 所示。这是工艺无关的描述，设计者在这里不必担心目标工艺。

例 14.1　数值比较器的 RTL 描述

```
    // 数值比较器模块
    module magnitude_comparator(A_gt_B, A_lt_B, A_eq_B, A, B);

    // 比较输出
    output A_gt_B, A_lt_B, A_eq_B;

    // 四位数字输入
    input [3:0] A, B;

    assign A_gt_B = (A > B); // A 大于 B
    assign A_lt_B = (A < B); // A 小于 B
    assign A_eq_B = (A == B); // A 等于 B

    endmodule
```

注意，RTL 描述非常简明。

工艺库

选择使用 ABC 公司的名为 abc_100 的 0.65 微米 CMOS 工艺来制造 IC 芯片。ABC 公司为综合提供了工艺库。库中包含下面的库单元。库单元以综合工具理解的格式定义。

```
    // 采用 abc_100 工艺技术的库单元

    VNAND// 两输入与非门
    VAND// 两输入与门
    VNOR// 两输入或非门
    VOR// 两输入或门
    VNOT// 非门
    VBUF// 缓冲器
    NDFF// 负跳变沿触发的 D 触发器
    PDFF// 正跳变沿触发的 D 触发器
```

每个库单元的功能、时序、面积和功耗信息都在工艺库中说明。

设计约束

根据设计说明，对目标工艺 abc_100 来说，设计应该尽可能快。这里没有面积约束，因此只有一个设计约束：

- 优化最终的电路，使其获得最快的时序。

逻辑综合

逻辑综合工具读取数值比较器的 RTL 描述。把针对目标工艺 abc_100 的设计约束和工艺库提供给逻辑综合工具。逻辑综合工具进行必要的优化，并产生针对 abc_100 工艺优化后的门级描述。

最终优化后的门级描述

逻辑综合工具产生最终的门级描述。门级电路的逻辑图如图 14.6 所示。

逻辑综合工具为该电路生成的门级 Verilog 描述如例 14.2 所示。端口是以名称关联的方式互相连接的。

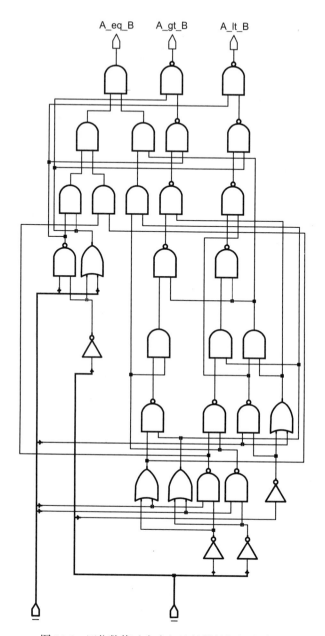

图 14.6   四位数值（大小）比较器的门级电路图

例 14.2   数值比较器的门级描述

```
module magnitude_comparator ( A_gt_B, A_lt_B, A_eq_B, A, B );
input  [3:0] A;
input  [3:0] B;
output A_gt_B, A_lt_B, A_eq_B;
    wire n60, n61, n62, n50, n63, n51, n64, n52, n65, n40, n53,
         n41, n54, n42, n55, n43, n56, n44, n57, n45, n58, n46,
         n59, n47, n48, n49, n38, n39;
```

```
        VAND U7 ( .in0(n48), .in1(n49), .out(n38) );
        VAND U8 ( .in0(n51), .in1(n52), .out(n50) );
        VAND U9 ( .in0(n54), .in1(n55), .out(n53) );
        VNOT U30 ( .in(A[2]), .out(n62) );
        VNOT U31 ( .in(A[1]), .out(n59) );
        VNOT U32 ( .in(A[0]), .out(n60) );
        VNAND U20 ( .in0(B[2]), .in1(n62), .out(n45) );
        VNAND U21 ( .in0(n61), .in1(n45), .out(n63) );
        VNAND U22 ( .in0(n63), .in1(n42), .out(n41) );
        VAND U10 ( .in0(n55), .in1(n52), .out(n47) );
        VOR U23 ( .in0(n60), .in1(B[0]), .out(n57) );
        VAND U11 ( .in0(n56), .in1(n57), .out(n49) );
        VNAND U24 ( .in0(n57), .in1(n52), .out(n54) );
        VAND U12 ( .in0(n40), .in1(n42), .out(n48) );
        VNAND U25 ( .in0(n53), .in1(n44), .out(n64) );
        VOR U13 ( .in0(n58), .in1(B[3]), .out(n42) );
        VOR U26 ( .in0(n62), .in1(B[2]), .out(n46) );
        VNAND U14 ( .in0(B[3]), .in1(n58), .out(n40) );
        VNAND U27 ( .in0(n64), .in1(n46), .out(n65) );
        VNAND U15 ( .in0(B[1]), .in1(n59), .out(n55) );
        VNAND U28 ( .in0(n65), .in1(n40), .out(n43) );
        VOR U16 ( .in0(n59), .in1(B[1]), .out(n52) );
        VNOT U29 ( .in(A[3]), .out(n58) );
        VNAND U17 ( .in0(B[0]), .in1(n60), .out(n56) );
        VNAND U18 ( .in0(n56), .in1(n55), .out(n51) );
        VNAND U19 ( .in0(n50), .in1(n44), .out(n61) );
        VAND U2 ( .in0(n38), .in1(n39), .out(A_eq_B) );
        VNAND U3 ( .in0(n40), .in1(n41), .out(A_lt_B) );
        VNAND U4 ( .in0(n42), .in1(n43), .out(A_gt_B) );
        VAND U5 ( .in0(n45), .in1(n46), .out(n44) );
        VAND U6 ( .in0(n47), .in1(n44), .out(n39) );
    endmodule
```

如果设计者决定使用另一种来自 XYZ 公司的称为 xyz_100 的工艺（因为它是一种更好的工艺），那么无须改变 RTL 描述和设计约束，只改变工艺库即可。因此，为了映射到新工艺，逻辑综合工具只要简单地读入未做任何改变的 RTL 描述、未做任何改变的设计约束和新的工艺库，综合工具就会自动生成一个新的优化后的门级网表。

注意，如果没有自动的逻辑综合工具可用，选择新的工艺就要求设计者重新手工设计和优化例 14.2 中的门级网表。

IC 制造

验证门级网表的功能和时序，然后提交给 ABC 公司。ABC 公司使用 abc_100 工艺完成芯片的版图，确保完成后版图的电路满足时序约束，然后制造 IC 芯片。

14.5　门级网表的验证

逻辑综合工具生成的优化后的门级网表必须验证其功能的正确性。另外，如果时序和面积约束太严格，那么综合工具有时不能完全满足这些要求，这时需要在门级网表层次进行独立的时序验证。

14.5.1　功能验证

最初为设计编写的 RTL 模块和其综合后的门级模块可以用同一个测试激励模块进行测试。比较它们的输出结果，找出其中的不一致。对数值比较器而言，例 14.3 所示的程序模块是验证其功能是否正确的一个简单测试激励文件。

例 14.3　数值比较器的测试激励模块

```
module stimulus;

reg [3:0] A, B;
wire A_GT_B, A_LT_B, A_EQ_B;

// 调用数值比较器
magnitude_comparator MC(A_GT_B, A_LT_B, A_EQ_B, A, B);

initial
  $monitor($time," A = %b, B = %b, A_GT_B = %b, A_LT_B = %b, A_EQ_B = %b",
      A, B, A_GT_B, A_LT_B, A_EQ_B);

// 模拟数值比较器

initial
begin
  A = 4'b1010; B = 4'b1001;
  # 10 A = 4'b1110; B = 4'b1111;
  # 10 A = 4'b0000; B = 4'b0000;
  # 10 A = 4'b1000; B = 4'b1100;
  # 10 A = 4'b0110; B = 4'b1110;
  # 10 A - 4'b1110; B = 4'b1110;
end

endmodule
```

相同的激励被分别施加到例 14.1 中的 RTL 描述和例 14.2 中的综合门级描述，然后比较它们的输出结果的不同之处。还有另一件事需要考虑：门级描述是基于 VAND，VNAND 等库单元的，Verilog 仿真器不能理解这些单元的意义。因此，为了仿真门级描述，ABC 公司必须提供一个**仿真库**，abc_100.v。仿真库必须用 Verilog HDL 原语 **and** 和 **nand** 等描述 VAND 和 VNAND 等。例如，VAND 单元将如例 14.4 中所示的方式在仿真库中加以定义。

例 14.4　仿真库

```
// 仿真库 abc_100.v。非常简单，没有时序检查

module VAND (out, in0, in1);
input in0;
input in1;
output out;

// 时序信息，上升/下降和 min:typ:max
specify
(in0 => out) = (0.260604:0.513000:0.955206, 0.255524:0.503000:0.936586);
```

```
    (in1 => out) = (0.260604:0.513000:0.955206, 0.255524:0.503000:0.936586);
endspecify

// 调用（实例引用）一个 Verilog HDL 原语

and (out, in0, in1);
endmodule
…

// 所有库单元具有相应的基于 Verilog 原语的模块定义

…
```

把测试激励施加到 RTL 描述和门级描述模块上，典型的 Verilog 仿真器调用方式如下所示：

```
// 把激励施加到 RTL 描述上
> verilog stimulus.v mag_compare.v

// 把激励施加到门级描述上
// 使用-v 选项把模拟库 abc_100.v 包含进来
> verilog stimulus.v mag_compare.gv -v abc_100.v
```

两次仿真的输出必须相同。在这个例子中，输出是相同的。数值比较器的输出如例 14.5 所示。

例 14.5　数值比较器的仿真输出

```
 0 A = 1010, B = 1001, A_GT_B = 1, A_LT_B = 0, A_EQ_B = 0
10 A = 1110, B = 1111, A_GT_B = 0, A_LT_B = 1, A_EQ_B = 0
20 A = 0000, B = 0000, A_GT_B = 0, A_LT_B = 0, A_EQ_B = 1
30 A = 1000, B = 1100, A_GT_B = 0, A_LT_B = 1, A_EQ_B = 0
40 A = 0110, B = 1110, A_GT_B = 0, A_LT_B = 1, A_EQ_B = 0
50 A = 1110, B = 1110, A_GT_B = 0, A_LT_B = 0, A_EQ_B = 1
```

如果输出不同，设计者就需要检查所有潜在的错误，并重复整个流程，直到所有的错误都消除为止。

比较 RTL 和门级网表的仿真输出只是功能验证过程的一部分。有许多种技术可以用来确保逻辑综合生成的门级网表在功能上正确无误。一种技术是以 C++编写高层次结构描述，将执行这个高层次结构描述后获得的输出与 RTL 或者门级描述的仿真输出相比较。另一种称为**等价性检查**的技术也经常使用。该技术在 15.3.2 节中有更详细的讨论。

时序验证

通常使用**时序仿真**或者**静态时序验证工具**来检查门级网表的时序。如果违反任何时序约束，设计者就必须重新设计 RTL 模块或改变逻辑综合的设计约束。整个流程循环反复，直到满足时序要求为止。静态时序验证工具的具体内容超出了本书的讨论范围。时序仿真在第 10 章中已讨论过。

14.6　逻辑综合建模技巧

设计者使用的 Verilog RTL 设计风格会影响逻辑综合最终产生的门级网表。根据 RTL 描述风格的不同，逻辑综合可能产生高效率或者低效率的门级网表。因此，设计者必须清楚高效率电路的描述技巧。本节提供了选择建模方案的技巧，帮助设计者编写出高效率、可综合的 Verilog 模块。

14.6.1　Verilog 编码风格[①]

Verilog 描述的风格对最终设计有很大的影响。就逻辑综合而言，重要的是考虑实际的硬件实现问题。在不牺牲高抽象层次优势的情况下，RTL 描述应该尽可能地接近预期的结构。在设计抽象层次和控制逻辑综合输出结构之间存在一个折中。在很高的抽象层次进行设计，综合工具会产生不可预料的逻辑结构。在很低的抽象层次（例如，手工调用每个单元），会使设计者丧失高层次设计不依赖于工艺的优势。同时，对于不同的逻辑综合工具来说，"好"的风格也会有所不同。然而，许多规则对各种逻辑综合工具是一致的。下面列出的是 RTL 设计中设计者应该考虑的一些设计原则。

使用有意义的信号和变量名称

信号和变量的命名应该具有意义，以便代码自身具有清晰的注释信息，增强可读性。

避免混合使用上升沿和下降沿触发的触发器

混合使用上升沿和下降沿触发的触发器可能在时钟树中引入反向器和缓冲器。一般不希望出现这种情况，因为这将在电路中引入时钟偏斜。

使用基本构造模块与使用连续赋值语句的对比

RTL 描述中使用基本的构造模块和使用连续 assign 语句各有优缺点。连续 assign 语句是一种非常简洁的表示功能的方式，通常能生成性能很好的随机逻辑电路。然而，最终的逻辑结构并不一定是对称的。调用基本构造模块可以产生对称的设计，并且逻辑综合工具能够更高效地优化小模块。然而，调用构造模块是一种不太简洁的设计描述方式；它制约了针对变化工艺的重定向，并且通常会降低仿真器性能。

假设在一个设计中定义了一个二选一的 8 位多路选择器模块 mux2_1L8。如果需要一个 32 位多路选择器，则可以通过调用 8 位多路选择器来创建它，而无须使用 assign 语句。

```
// 风格 1：使用赋值语句描述 32 位多路选择器
module mux2_1L32(out, a, b, select);
output [31:0] out;
input [31:0] a, b;
wire select;

assign out = select ? a : b;
endmodule

// 风格 2：使用基本构造模块描述 32 位多路选择器
// 若在前面的设计中已经定义了 8 位多路选择器，则调用该多路选择器并通过综合来构成 32 位
// 多路选择器的效率比较高，这样使用的门数目少，运行速度快，但仿真所需的时间较长
module mux2_1L32(out, a, b, select);
output [31:0] out;
input [31:0] a, b;
wire select;
```

[①] Verilog 推荐的编码风格可能因使用的逻辑综合工具的不同而稍有不同。然而，本章推荐的编码风格是对大多数情况都适用的。*IEEE Standard Verilog Hardware Description Language* 文档也新增了一个称为 attribute 的语言结构，可以在 Verilog HDL 描述中包含 full_case，parallel_case，state_variable 和 optimize 等属性。综合工具使用这些属性指导综合过程。

```
mux2_1L8 m0(out[7:0], a[7:0], b[7:0], select); // 0~7 位
mux2_1L8 m1(out[15:7], a[15:7], b[ 15:7], select); // 7~15 位
mux2_1L8 m2(out[23:16], a[23:16], b[23:16], select); // 16~23 位
mux2_1L8 m3(out[31:24], a[31:24], b[31:24], select); // 24~31 位

endmodule
```

调用多路选择器与使用 if-else 或者 case 语句的对比

在 14.3.3 节中讨论过, if-else 和 case 语句常常被综合成硬件中的多路选择器。如果需要结构化的实现, 那么最好直接使用多路选择器来实现模块, 因为 if-else 或者 case 语句可能使综合工具产生不可预期的随机逻辑。调用多路选择器的方式更容易控制, 综合速度也更快, 但它存在依赖于工艺的不利因素, 并且表达多路选择器的代码比较长。另一方面, if-else 和 case 语句可以简洁地表示多路选择器, 常用于建立不依赖工艺的 RTL 描述。

使用圆括号优化逻辑结构

设计者可以使用圆括号将逻辑组合起来, 以便于控制最终的结构。使用圆括号也提高了 Verilog 描述的可读性。

```
// 转换成级联的三个加法器
out = a + b + c + d;

// 转换成并行的两个加法器和一个最后求和的加法器
out = (a + b) + (c + d) ;
```

使用算术操作符 *, / 和 % 与使用现有构造模块的对比

乘、除和取模操作在逻辑和面积上的实现代价很高。然而, 这些算术操作符能够以不依赖于工艺的简明方式实现所需的功能。另一方面, 设计自定义模块来完成乘、除和取模操作, 可能要花费大量的时间, 并且 RTL 描述会变得与工艺相关。

注意多条赋值语句对同一个变量赋值的情况

多条赋值语句对同一个变量赋值可能导致生成意料之外的电路。前面的赋值可能被忽略, 只有最后一次赋值起作用。

```
// 对同一变量的两次赋值
always @(posedge clk)
        if(load1) q <= a1;

always @(posedge clk)
        if(load2) q <= a2;
```

综合工具推断出两个触发器, 它们的输出被"与"在一起产生输出值 q。设计者需要注意这种情况。在之前的标准中, 这样似乎是不可综合的。

显式地定义 if-else 或者 case 语句

在 if-else 或者 case 语句中必须说明各种可能的条件分支, 否则可能产生电平敏感的锁存器, 而不是多路选择器。参考 14.3.3 节中关于锁存器推断的讨论。

```
// 由于程序说明的不完整，推断出存在一个锁存器
// 只要 control = 1，就有 out = a，这暗示是锁存器的行为
// 在 control = 0 的情况下没有分支
always @(control or a)
    if (control)
        out <= a;
// 由于所有 control 的情况都加以说明了，可以推断出存在一个多路选择器
always @(control or a or b)
    if (control)
        out = a;
    else
        out = b;
```

类似地，对于 case 语句来说，包括 default 语句在内的所有分支都需要说明。

14.6.2　设计划分

设计划分是高效逻辑综合中的另一个重要因素。设计者划分设计的方式会在很大程度上影响逻辑综合工具的输出。设计中可以使用多种划分技术。

水平划分

使用位划分方式为逻辑综合工具提供更小的模块进行优化，这种方式称为水平划分，它降低了问题的复杂度，并且为每个模块产生了更为优化的结果。例如，不要直接设计 16 位算术逻辑单元（ALU），而是可以设计一个 4 位 ALU，并且用 4 个 4 位 ALU 设计 16 位 ALU。因此，逻辑综合工具只需优化这个 4 位 ALU。与优化 16 位 ALU 相比，这是一个更小的问题。该 ALU 的划分如图 14.7 所示。

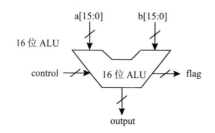

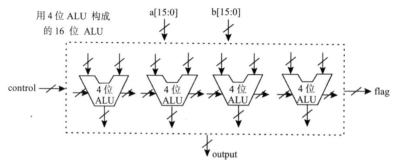

图 14.7　16 位 ALU 的水平划分

水平划分的缺点是全局最小常常并不等同于局部最小。因此，通过位划分，每个模块都独立地优化，但是可能存在一些综合工具不能消除的全局冗余。

垂直划分

垂直划分意味着把模块按功能划分成更小的子模块。这种方式不同于水平划分。在水平划分中，所有模块完成同一个功能。在垂直划分中，每一个模块完成不同的功能。假设前面描述的 4 位 ALU 是一个具有**加**、**减**、**右移**和**左移**功能的四功能 ALU。每一个模块在功能上都不相同，这就是垂直划分。该 4 位 ALU 的垂直划分如图 14.8 所示。

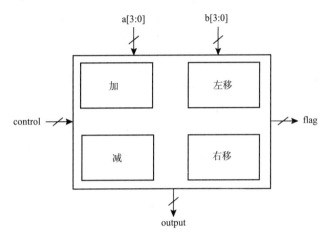

图 14.8　4 位 ALU 的垂直划分

图 14.8 展示了 4 位 ALU 的垂直划分。对于逻辑综合而言，为设计建立层次是非常重要的。所谓建立层次，就是把大模块划分成独立的功能子模块。如果希望设计能得到最好的综合结果，则应该把大模块划分成多个层次，采用更小的模块单独进行综合。如果编写的大模块中包含了许多种功能，逻辑综合的结果就不一定是最优的。因此，应该把设计功能划分成更小的子模块，并且调用那些子模块来构造大模块。

并行化设计结构

采用并行化结构的设计技术需要用更多的资源来生成运行速度更快的设计。使用更多的逻辑单元可以将**顺序**操作转换成**并行**操作，以提高运行速度。超前进位全加器就是一个典型的例子。

将超前进位加法器与脉动进位加法器做一个比较。脉动进位加法器实际上是串行的。四位脉动进位加法器产生所有的和以及进位位，共需要 9 个门的延迟时间。另一方面，假设有 5 输入的与门和或门可以使用，超前进位加法器在 4 个门延迟的时间内就能产生所有的和以及进位位。因此，使用更多的逻辑门来建立超前进位单元，其运行速度比 n 位脉动进位加法器更快（见图 14.9）。

14.6.3　设计约束指定

若想得到最理想的设计，设计约束与高效率的 HDL 描述就同等重要。时序、面积、功耗和环境参数，例如输入驱动强度、输出负载、输入到达时间等的精确描述对产生最优的门级网表至关重要。违反正确的约束或者忽略约束都可能导致非最优化的设计。必须小心地指定设计约束。

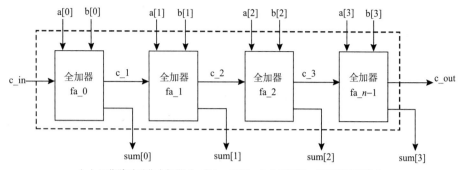

（a）四位脉动进位全加器（n 位），延迟 =9 个门延迟，用的逻辑门数少

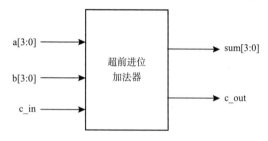

（b）超前进位加法器（n 位），延迟 =4 个门延迟，用的逻辑门数多

图 14.9　加法器操作的并行化

14.7　时序电路综合举例

14.4.2 节通过综合得到了组合电路。现在来考虑时序电路综合的例子，我们将专门设计有限状态机。

14.7.1　设计说明

设计一个简单的数字电路用于电子的报纸售卖机的投币器。

- 假设报纸价格为 15 分。
- 投币器只能接受 5 分和 1 角的硬币。
- 必须提供适当数目的零钱，投币器不找钱。
- 合法的硬币组合包括 1 个 5 分的硬币和 1 个 1 角的硬币，3 个 5 分的硬币，1 个 1 角的硬币和 1 个 5 分的硬币。2 个 1 角的硬币是合法的，但是投币器不找钱。

通过有限状态自动机的方法可以设计这个数字电路。

14.7.2　电路要求

必须为该数字电路设置一些要求，如下所示：

- 当投入硬币时，一个两位的信号 coin[1:0] 被传送到数字电路。该信号在全局 clock 信号的下一个下降沿取值，并且准确地保持一个时钟周期。
- 数字电路的输出是一位的。每次当投入的硬币总数为 15 分或者超过 15 分时，输出信号 newspaper 变为高电平，并且保持一个时钟周期。售卖机的门也被打开。

- 可以用一个 reset 信号复位有限状态机。假设为**同步复位**。

14.7.3 有限状态机（FSM）

可以用有限状态机表示该数字电路的功能。

- 输入：2 位，coin[1:0]。没有硬币时，x0 = 2'b00；有一个 5 分的硬币时，x5 = 2'b01；有一个 1 角的硬币时，x10 = 2'b10。
- 输出：1 位，newspaper。当 newspaper = 1'b1 时，打开门。
- 状态：4 个状态。s0 = 0 分；s5 = 5 分；s10 = 10 分；s15 = 15 分。

该有限状态机的状态图见图 14.10。图中的每一条弧线标注了<输入>/<输出>形式的标签，其中输入是 2 位的，输出是 1 位的。例如，x5/0 意味着当输入是 x5（2'b01）时，转移到弧线所指向的状态，并且把输出值设置为 0。

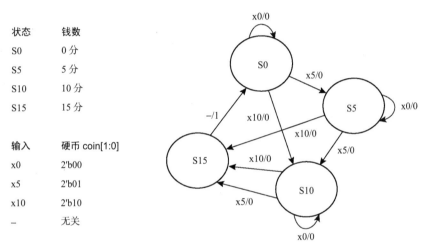

图 14.10 控制报纸售卖机的有限状态机

14.7.4 Verilog 描述

有限状态机的 Verilog RTL 描述如例 14.6 所示。

例 14.6 报纸售卖机有限状态机的 RTL 描述

```
// 用有限状态机的方法，设计报纸售卖机的投币器
module vend( coin, clock, reset, newspaper);

// 声明输入输出端口
input [1:0] coin;
input clock;
input reset;
output newspaper;
wire newspaper;

// 声明有限状态机的内部状态
```

```
wire [1:0] NEXT_STATE;
reg [1:0] PRES_STATE;

// 状态编码
parameter s0 = 2'b00;
parameter s5 = 2'b01;
parameter s10 = 2'b10;
parameter s15 = 2'b11;

// 组合逻辑
function [2:0] fsm;
  input [1:0] fsm_coin;
  input [1:0] fsm_PRES_STATE;

  reg fsm_newspaper;
  reg [1:0] fsm_NEXT_STATE;

begin
  case (fsm_PRES_STATE)
  s0: // 状态为 s0
  begin
    if (fsm_coin == 2'b10)
    begin
      fsm_newspaper = 1'b0;
      fsm_NEXT_STATE = s10;
    end
    else if (fsm_coin == 2'b01)
    begin
      fsm_newspaper = 1'b0;
      fsm_NEXT_STATE = s5;
    end
    else
    begin
      fsm_newspaper = 1'b0;
      fsm_NEXT_STATE = s0;
    end
  end

  s5: // 状态为 s5
  begin
    if (fsm_coin == 2'b10)
    begin
      fsm_newspaper = 1'b0;
      fsm_NEXT_STATE = s15;

    end
    else if (fsm_coin == 2'b01)
    begin
      fsm_newspaper = 1'b0;
      fsm_NEXT_STATE = s10;
    end
    else
    begin
```

```
          fsm_newspaper = 1'b0;
          fsm_NEXT_STATE = s5;
       end

    s10: // 状态为 s10
     begin
       if (fsm_coin == 2'b10)
       begin
         fsm_newspaper = 1'b0;
         fsm_NEXT_STATE = s15;
       end
       else if (fsm_coin == 2'b01)
       begin
         fsm_newspaper = 1'b0;
         fsm_NEXT_STATE = s15;
       end
       else
       begin
         fsm_newspaper = 1'b0;
         fsm_NEXT_STATE = s10;
       end
     end
     s15: // 状态为 s15
     begin
       fsm_newspaper = 1'b1;
       fsm_NEXT_STATE = s0;
     end
     endcase
     fsm = {fsm_newspaper, fsm_NEXT_STATE};
end
endfunction

// 每当硬币放入或当前状态改变时, 组合逻辑动作
assign {newspaper, NEXT_STATE} = fsm(coin, PRES_STATE);
// 用同步复位、时钟正跳变沿触发的状态触发器
always @(posedge clock)
begin
  if (reset == 1'b1)
    PRES_STATE <=  s0;
  else
    PRES_STATE <=  NEXT_STATE;
end

endmodule
```

14.7.5　工艺库

在 14.4.1 节中定义了 abc_100 工艺。这里将使用 abc_100 作为目标工艺库。abc_100 包含如下库单元:

```
// 采用 abc_100 工艺的库单元
VNANI // 两输入与非门
VANI // 两输入与门
VNOR // 两输入或非门
```

```
VOR // 二输入或门
VNOT // 非门
VBUF // 缓冲器
NDFF // 负跳变沿触发的 D 触发器
PDFF // 正跳变沿触发的 D 触发器
```

14.7.6 设计约束

本设计中用到的唯一约束为时序临界（timing critical）约束。通常情况下需要更详细的设计约束。

14.7.7 逻辑综合

使用指定的设计约束和工艺库来综合 RTL 描述并得到优化的门级网表。

14.7.8 优化的门级网表

使用逻辑综合把 RTL 描述映射到 abc_100 工艺。产生的优化的门级网表如例 14.7 所示。

例 14.7 报纸售卖机 FSM 的优化后的门级网表

```
module vend ( coin, clock, reset, newspaper );
input   [1:0] coin;
input   clock, reset;
output newspaper;
    wire \PRES_STATE[1] , n289, n300, n301, n302, \PRES_STATE243[1] ,
         n303, n304, \PRES_STATE[0] , n290, n291, n292, n293, n294,
         n295, n296, n297, n298, n299, \PRES_STATE243[0] ;
    PDFF \PRES_STATE_reg[1]  ( .clk(clock), .d(\PRES_STATE243[1] ),
                  .clrbar( 1'b1), .prebar(1'b1), .q(\PRES_STATE[1] ) );
    PDFF \PRES_STATE_reg[0]  ( .clk(clock), .d(\PRES_STATE243[0] ),
                  .clrbar( 1'b1), .prebar(1'b1), .q(\PRES_STATE[0] ) );
    VOR U119 ( .in0(n292), .in1(n295), .out(n302) );
    VAND U118 ( .in0(\PRES_STATE[0] ), .in1(\PRES_STATE[1] ),
                .out(newspaper));
    VNAND U117 ( .in0(n300), .in1(n301), .out(n291) );
    VNOR U116 ( .in0(n298), .in1(coin[0]), .out(n299) );
    VNOR U115 ( .in0(reset), .in1(newspaper), .out(n289) );
    VNOT U128 ( .in(\PRES_STATE[1] ), .out(n298) );
    VAND U114 ( .in0(n297), .in1(n298), .out(n296) );
    VNOT U127 ( .in(\PRES_STATE[0] ), .out(n295) );
    VAND U113 ( .in0(n295), .in1(n292), .out(n294) );
    VNOT U126 ( .in(coin[1]), .out(n293) );
    VNAND U112 ( .in0(coin[0]), .in1(n293), .out(n292) );
    VNAND U125 ( .in0(n294), .in1(n303), .out(n300) );
    VNOR U111 ( .in0(n291), .in1(reset), .out(\PRES_STATE243[0] ) );
    VNAND U124 ( .in0(\PRES_STATE[0] ), .in1(n304), .out(n301) );
    VAND U110 ( .in0(n289), .in1(n290), .out(\PRES_STATE243[1] ) );
    VNAND U123 ( .in0(n292), .in1(n298), .out(n304) );
    VNAND U122 ( .in0(n299), .in1(coin[1]), .out(n303) );
    VNAND U121 ( .in0(n296), .in1(n302), .out(n290) );
    VOR U120 ( .in0(n293), .in1(coin[0]), .out(n297) );
endmodule
```

该门级网表的逻辑图如图 14.11 所示。

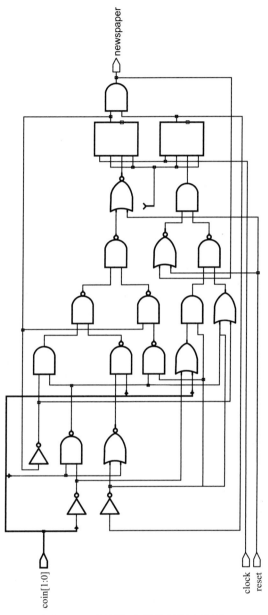

图 14.11　报纸售卖机的门级电路图

14.7.9　验证

把测试激励施加到原先的 RTL 模块上，以测试所有可能的硬币组合。该激励模块也可用于测试优化的门级网表。施加到 RTL 模块和门级网表模块上的激励如例 14.8 所示。

例 14.8　报纸售卖机 FSM 的测试激励模块

```
module stimulus;
reg clock;
reg [1:0] coin;
```

```
reg reset;
wire newspaper;

// 调用售卖机 FSM 模块
vend vendY (coin, clock, reset, newspaper);

//Display the output
initial
begin
  $display("\t\tTime  Reset Newspaper\n");
  $monitor("%d  %d  %d", $time, reset, newspaper);
end

// 状态机的激励
initial
begin
  clock = 0;
  coin = 0;
  reset = 1;
  #50 reset = 0;
  @(negedge clock);  // 等到时钟信号的负跳变沿出现

  // 放入 3 个 5 分硬币
  #80 coin = 1; #40 coin = 0;
  #80 coin = 1; #40 coin = 0;
  #80 coin = 1; #40 coin = 0;

  // 先后放入一个 5 分硬币和一个 10 分硬币
  #180 coin = 1; #40 coin = 0;
  #80 coin = 2; #40 coin = 0;

  // 放入两个 20 分硬币，售卖机不找零
  #180 coin = 2; #40 coin = 0;
  #80 coin = 2; #40 coin = 0;

  // 先后放入一个 10 分硬币和一个 5 分硬币
  #180 coin = 2; #40 coin = 0;
  #80 coin = 1; #40 coin = 0;

  #80 $finish;
end

// 建立时钟，周期时间 = 40 个时间单位
always
begin
  #20 clock = ~clock;
end

endmodule
```

比较 RTL 和门级网表模块的仿真输出。在例 14.9 中，输出是一致的，因此门级网表经验证是正确的。

例 14.9　报纸售卖机有限状态机的输出

```
    Time Reset Newspaper

       0    1       x
      20    1       0
      50    0       0
     420    0       1
     460    0       0
     780    0       1
     820    0       0
    1100    0       1
    1140    0       0
    1460    0       1
    1500    0       0
```

　　把门级网表发送到 ABC 公司，由该公司完成版图设计，并验证版图满足时序要求，然后制作成 IC 芯片。

14.8　小结

　　本章讨论了 Verilog HDL 逻辑综合的以下几方面的内容。

- **逻辑综合**是把设计的高层次描述转换成优化的、使用工艺库中的单元描述的门级描述。
- **计算机辅助逻辑综合工具**大大缩短了设计周期，提高了生产力。它们使设计者能够编写与工艺无关的高层次描述，并且生成与工艺相关的、优化的门级网表。**组合**和**时序**的 RTL 描述都可以综合。
- 逻辑综合工具接受**寄存器传输级**（RTL）的高层次描述。并非所有的 Verilog 结构都能被逻辑综合工具接受。本章讨论了可接受的 Verilog 结构、操作符以及实现它们的数字电路元件。
- 逻辑综合工具接受 RTL 描述、设计约束和工艺库，产生优化的门级网表。**翻译、逻辑优化**和**工艺映射**是逻辑综合工具内部的过程，它们对用户通常是不可见的。
- 通过把相同的激励应用到 RTL 描述和门级网表并比较输出结果，验证优化后的门级网表的功能。通过**时序仿真**或者**静态时序验证**来验证时序。
- 必须使用适当的 Verilog 编码技术编写高效的 RTL 模块。必须评估设计的各种选择方案。本章已经讨论了编写高效率的 RTL 描述的指导原则。
- **设计划分**是用于将设计分割成更小的模块的重要技术。更小的模块减少了逻辑综合工具优化的复杂度。
- 精确的设计约束指定是逻辑综合的重要组成部分。

　　高层次综合工具允许设计者在算法级编写设计。然而，高层次综合还只是一个新兴的设计模式，RTL 仍然是逻辑综合工具可以接受的常用的高层次描述方法。

14.9　习题

1. 例 6.5 中使用 RTL 描述定义了一个超前进位的四位全加器。使用身边现有的工艺库综合该全加器。优化电路，使其达到最快速度。把同样的激励施加到 RTL 和门级网表上，比较它们的输出。

2. 一位全减器有 3 个输入 x，y 和 z（前面的借位），以及两个输出 D（差）和 B（借位）。D 和 B 的逻辑等式如下：

$$D = x'y'z + x'yz' + xy'z' + xyz$$

$$B = x'y + x'z + yz$$

为全减器编写 Verilog RTL 描述。使用身边现有的任何工艺库综合该全减器。优化电路，使其达到最快速度。把同样的激励应用到 RTL 和门级网表上，比较它们的输出。

3. 使用 Verilog RTL 描述设计一个 3–8 译码器。给译码器提供 3 位输入 a[2:0]。译码器的输出是 out[7:0]。由 a[2:0] 索引到的输出位的值是 1，其他位是 0。使用身边现有的任何工艺库综合该译码器。优化电路，使其面积最小。把同样的激励应用到 RTL 和门级网表，并比较它们的输出。

4. 为四位二进制计数器编写 Verilog RTL 描述。该计数器带一个高电平有效的同步复位端（提示：使用带 @(posedge clock) 语句的 **always** 循环）。使用身边现有的任何工艺库综合该计数器。优化电路，使其面积最小。把同样的激励应用到 RTL 和门级网表上，并比较它们的输出。

5. 使用同步有限状态自动机方法设计一个电路，它在引脚 in 接受一位的输入流。每当检测到模式 10101 时，输出引脚 match 被赋值为高电平。reset 引脚以同步方式初始化电路。输入引脚 clk 用于给电路提供时钟信号。使用身边现有的任何工艺库综合该电路。优化电路，使其达到最快速度。把同样的激励应用到 RTL 和门级网表上，比较它们的输出。

第 15 章　高级验证技术

从传统意义上讲，Verilog HDL 既用作仿真建模语言也用作硬件描述语言。Verilog HDL 主要用来进行基于测试台、测试环境、仿真建模和结构模型的仿真，当设计规模比较小并且测试环境相对简单时，这种方法能够很好地解决问题。

随着设计的平均门数接近并超过一百万门，验证很快成为设计过程中的瓶颈。设计小组花在验证上的时间占了总设计时间的 50% ~ 70%，超过了设计所需的时间。

设计者很快认识到为了验证复杂的设计，他们必须使用功能更加强大的验证工具。这些工具应该能够自动完成一些烦琐的测试过程，更为重要的是应该能在第一时间发现设计中的错误，从而避免昂贵的重复设计费用。

针对这些应用需求，最近几年出现了许多验证方法和验证工具，其中最新出现的验证方法是基于断言的验证。但是，Verilog HDL 依然是整个设计过程的核心。这些验证技术的新发展大大提高了 Verilog HDL 设计的验证效率。本章将向用户介绍这些验证技术的基本概念，作为对 Verilog HDL 的补充。

学习目标

- 定义传统验证流程的各个组成部分。
- 解释高层次验证语言的使用方法。
- 解释分析仿真结果的各种方法。
- 理解断言检查技术。
- 描述半形式化验证技术。

- 理解体系结构建模的概念。
- 介绍各种不同的高效仿真技术。
- 描述覆盖技术。
- 理解形式化验证技术。
- 定义等价性检查。

15.1　传统的验证流程

图 15.1 给出了传统的验证流程，它由一些标准步骤构成。这张图只从验证的角度进行展示。这里假设逻辑设计是另外单独完成的。

如图 15.1 所示，传统的验证流程包含以下步骤。

- 先要对芯片体系结构进行设计说明。为了制定一个合理的体系结构设计方案，需要对整体结构的各种方案进行分析，以便选出最优的体系结构。这一般是通过对设计的体系结构模型进行仿真来完成的。设计说明在这一步骤结束时完成。
- 设计说明准备好以后，根据该说明创建一个功能测试计划。这个测试计划构成了功能验证环境的基本框架。根据这个测试计划，对使用 Verilog HDL 描述的被测试模块（Design-Under-Test，DUT）施加测试向量。需要在功能测试环境中施加这些测试向量。目前有许多种工具可以生成和使用这些测试向量。这些工具也可以高效率地生成测试环境。
- DUT 在传统的软件仿真器中仿真（DUT 通常由逻辑设计工程师完成，由验证工程师对其进行仿真）。

- 然后分析输出结果，并与预期结果进行对比。这个步骤可以通过使用波形观察器和调试工具手工完成。也可以通过测试环境，自动检查 DUT 的输出方式或者使用诸如 Perl 等语言分析日志文件的方式自动完成这种分析。另外，对代码覆盖率进行分析可以保证对设计进行全面验证，以满足验证目标。如果输出与预期结果完全匹配，并且满足了覆盖目标，则验证工作是完整的。

- 此外还可以采取一些其他步骤来减少将来重复设计的风险。这些步骤包括硬件加速、硬件仿真以及基于断言的验证。

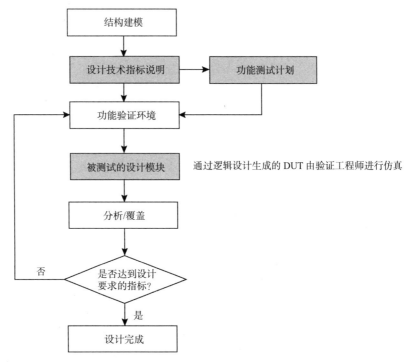

图 15.1　传统的验证流程

以前，传统验证流程中的每个步骤都是使用 Verilog HDL 来完成的。虽然目前 Verilog HDL 依旧是创建 DUT 的主要方法，但是在验证流程的其他步骤都有许多改进。下面的各个章节将详细讨论这些改进。

15.1.1　体系结构建模

本阶段实际上是结构工程师对设计体系结构所做的一种探索。一般情况下，在初始建模过程中，只要了解设计的初衷就可以了，并不需要涉及非常精确的设计行为。例如，MPEG 译码器的基本算法已经解决，但是处理器与存储器之间的带宽还未最后确定。体系结构设计师在尝试了几种不同的模型之后，对系统结构方案做出了一些基本的决策。这些决策可能包括处理器的数目、哪部分算法将由硬件来完成、存储器的结构等。这些方案的选择将会对设计目标的最终实现产生影响。

结构模型通常是使用 C 或 C++ 来描述的。虽然 C++ 具有面向对象结构的优点，但它不能实现 HDL 中的并行、时序等概念。因此，体系结构模型的设计者不得不在他们的模型中实现这些概念。由于这是一项十分烦琐的工作，致使系统模型的开发时间变得很长。

为了解决这些问题，人们开发了体系结构建模语言。这些语言既有 C++ 中面向对象的结构，又有 HDL 中并行和时序的概念，因此非常适合高层次体系结构模型的描述。

　　未来芯片设计的一个可能的发展方向是使用体系结构级建模来替代今天的寄存器传输级建模。高层次综合工具在一些系统权衡选项输入的基础上把体系结构模型转换为 Verilog 的 RTL 设计实现。接着，这些 RTL 设计经过标准的 ASIC 设计和验证流程，最终转换成硬件实现。图 15.2 所表示的就是该设计流程的一个例子。

　　读者可以从附录 E 中获得目前流行的体系结构建模语言的详细资料。

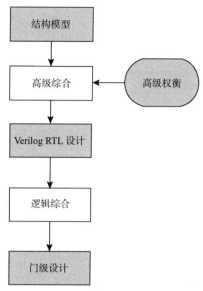

图 15.2　结构建模

15.1.2　功能验证环境

　　对芯片功能的验证可以分为以下三个阶段：

- **模块级验证**。模块级验证通常是由模块的设计者进行的，设计和验证都使用 Verilog 完成。在这个阶段将会运行大量简单的测试案例，目的是保证该模块可以很好地与其他功能块集成在一个芯片上。
- **全芯片验证**。全芯片验证的目的在于保证功能测试计划中描述的整个芯片的所有测试目标全部都能被覆盖。
- **扩展验证**。扩展验证的目标是发现设计中所有“角落”里的错误。由于测试向量集不能预先确定，并且可能延续到版图设计阶段，因此这个阶段相对较长。

　　在功能验证阶段使用定向和随机相结合的仿真策略。定向测试由验证工程师进行，目的是测试设计中某些特定功能的正确性。它们可以使用随机数据，但是事件序列是预先确定的。合法输入的随机序列用在功能验证之后，以及扩展验证期间，以便仿真设计者可能忽略的各种“角落”情况。

　　随着 Verilog HDL 变得流行，设计者[①]开始把 Verilog HDL 用于 DUT 和它的功能验证环境。在典型的基于 HDL 的验证环境中：

- 测试平台（testbench）由 HDL 过程组成，它们把数据写入 DUT 或者从 DUT 读取数据。
- 只对（设计的）功能测试计划中描述的特定功能进行测试，测试时顺序调用测试平台中的过程，手工把选定的输入激励施加到 DUT 并检查结果。

　　然而，随着设计规模超过一百万门，这种方法变得效率很低，这是因为：

- 测试模块的编写因为设计可控制性的减少而变得更困难、更耗费时间。
- 验证正确的行为也因为对内部设计状态的可观察性的减少而变得困难。
- 测试模块变得难以理解和维护。
- 对有限的人手来说，有太多的“角落”情况要测试。
- 创建和维护多个环境变得很困难，因为这些环境几乎没有代码可以共享。

　　为了使测试环境具有更高的可重用性和可读性，验证工程师需要用面向对象编程语言编写测

---

① 本章中的“设计者”和“验证工程师”在使用时可以互换，这是因为逻辑设计者完成块级验证并且经常参加全芯片验证过程。

试案例和测试环境代码。**高层次验证语言**（High-level Verification Language，HVL）就是基于该需求而创建的。附录 E 中包含了关于流行的 HVL 的更详细的信息。

HVL 功能非常强大，因为它们把 C++中面向对象的方法与 HDL 中的并行性和时序结构组合在一起，因而最适用于验证。HVL 也有助于测试激励的自动生成，它提供了功能验证的集成环境，包括输入驱动器、输出驱动器、数据检查、协议检查和覆盖分析。因此，HVL 最大限度地提高了创建和维护验证环境的效率。

图 15.3 展示了典型功能验证环境的各种组成部件。HVL 大大地提高了设计者创建和维护每个测试部件的能力。注意，Verilog HDL 还是创建 DUT 的主要方法。

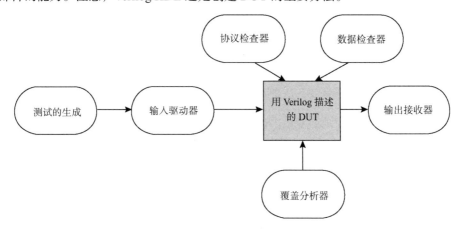

图 15.3　构成功能验证环境的部件

在基于 HVL 的方法中，验证的各部件在 HVL 仿真器中仿真，DUT 由 Verilog 仿真器仿真。HVL 仿真器和 Verilog 仿真器交互提供数据，产生仿真结果。图 15.4 展示了这种交互的一个示例。HVL 仿真器和 Verilog 仿真器作为两个独立的进程运行，并且通过 Verilog PLI 接口进行通信。HVL 仿真器主要负责所有的验证部件，包括测试生成、输入驱动器、输出接收器、数据检查器、协议检查器和覆盖分析器。Verilog 仿真器负责仿真 DUT。

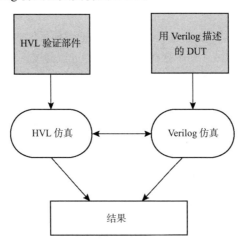

图 15.4　HVL 仿真器和 Verilog 仿真器之间的交互

HVL 将来的趋势是把加速技术应用到 HVL 仿真器上，从而大大加速仿真。这些加速技术类似于 Verilog HDL 仿真器中使用的加速技术，下面将讨论有关内容。

15.1.3　仿真

有三种方式可以对设计进行仿真：软件仿真、硬件加速和硬件仿真。

软件仿真

软件仿真一般用于运行基于 Verilog HDL 的设计。软件仿真器运行在普通计算机或者服务器上，读入 Verilog HDL 代码并在软件中仿真其行为。附录 E 中包含了关于流行的软件仿真器的更详细的信息。

然而，当设计超过一百万门时，软件仿真耗费的时间开始大幅度地增加，变成了验证过程中的瓶颈。因此，出现了各种各样的仿真加速技术。其中的两项技术，硬件加速（hardware acceleration）和硬件仿真（hardware emulation）也应运而生。

硬件加速

在功能验证和扩展验证阶段，硬件加速用于加速现有的仿真，运行冗长的随机事务序列。

在该技术中，基于 Verilog HDL 的设计被映射到可重配置的硬件系统。设计在硬件系统上仿真，产生仿真结果。硬件加速（又称仿真加速）通常可以把仿真速度提高两到三个数量级。

硬件加速可以基于 FPGA 或者基于处理器。仿真被分为两部分，其一为软件仿真器，仿真不可综合的 Verilog HDL 代码；其二为硬件加速器，仿真所有可综合的代码。图 15.5 展示了硬件加速的验证方法。

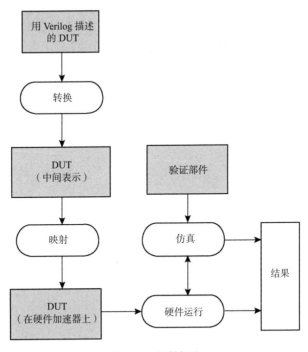

图 15.5　硬件加速

可以用 Verilog 仿真器或 HVL 仿真器验证部件。仿真器和硬件加速器交互提供数据，产生结果。

硬件加速器可以把仿真时间从大约数天减少为数小时，因此可以大大缩短验证时间。然而，它们价格昂贵，并且需要大量的建立时间。另一个缺点是它们通常需要很长的编译时间，这意味着只对很长的回归（regression）仿真非常有用。因此，小规模设计还是把软件仿真作为仿真技术的首选。

附录 E 中包含了关于流行硬件加速器的更详细的信息。

硬件仿真

硬件仿真又称在电路仿真（in-circuit emulation）或在线仿真，是在实际系统软件的真实环境中对设计进行验证的过程。硬件仿真一般用在扩展验证阶段，因为该阶段的验证需要系统已经非常稳定。

硬件仿真的一个主要优点是软硬件的集成可以在实际的硬件出现之前就进行，从而缩短了开发周期。通过运行实际的软件，在软件仿真环境中难以建立的条件也能被测试到。

设计完成时，软件工程师常常希望在制成芯片之前在硬件设计上运行他们的软件。在芯片投片之前，设计者有可能希望做以下几件事：

1. 微处理器的设计者希望测试启动 UNIX 操作系统。
2. MPEG 译码器设计者希望把活动画面译码并显示在屏幕上。
3. 图像芯片设计者希望把当前帧实时地传送到屏幕上并显示出来。

在设计上运行真实的系统是一个重要的验证步骤，通过该步骤可以减少出错概率和减少设计反复次数。但是，软件仿真器和硬件加速器不能用于该目的，因为它们速度太慢，并且与真实的系统没有必需的连接机制（hook）。例如，在软件仿真器上启动设计项目的 UNIX 操作系统进行仿真，可能需要花费许多年的运行时间，而采用硬件仿真则可以在数小时之内启动 UNIX。

图 15.6 展示了典型的硬件仿真系统的结构。硬件仿真是一种与真实情况非常接近的仿真，应用软件可以在与真实电路几乎完全一样的条件下运行，与在实际芯片中运行应用软件没有差别。应用软件并不能察觉到它实际上是在仿真器上运行的，而不是在真实的芯片上运行的。

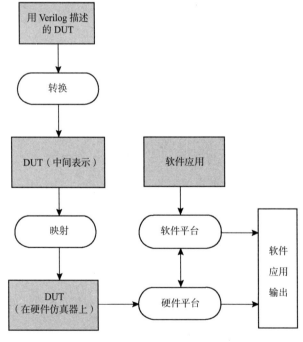

图 15.6　硬件仿真

硬件仿真器一般运行在 MHz 速度量级上，它们的价格非常昂贵并且需要很长的配置时间。因此，小规模设计还是把软件仿真作为仿真技术的首选。

附录 E 中包含了关于流行的硬件加速器的更详细的信息。

15.1.4　分析

传统验证流程中的一个重要步骤是设计分析，需要检查如下内容。

1. 接收的数据是否与期待的数据一致？
2. 接收的数据是否完全符合接口协议？

为了分析数据值和数据协议的正确性，可以采用许多种方法，如下所示：

1. **波形观察器**用于观察转储文件。设计者以图形方式查看由各种不同的测试过程产生的转储文件，确保数据值和数据协议都正确。
2. **日志文件**包含仿真运行的记录。设计者查看各种不同的测试日志文件，基于仿真信息判断数据值和数据协议的正确性。

这些方法非常枯燥，非常耗时。每次测试完成运行，设计者都不得不人为地检查转储文件和日志文件。当需要对大量的仿真运行结果进行分析时，该方法并不实用。因此，建议把测试环境创建成可以自我检查的。需要为自我检查测试环境创建两个部件：

1. 数据检查器
2. 协议检查器

数据检查器比较仿真的每一个输出值，与预期的输出值相对照，并快速检查该值。如果存在不同之处，仿真可以立刻停止，输出错误信息。如果没有错误信息，就认为成功地完成了仿真。通常用记分板来实现数据检查器。记分板通常用来提示某事务已经完成并核查和记录数据是否已在适当的接口接收。记分板要确保即使在符合协议的情况下，DUT 中的数据也不会丢失，还要确保接收的数据正确。

协议检查器快速地检查每个输入和输出接口是否满足数据协议。如果违反了协议，仿真可以立即停止，并显示错误信息。如果没有错误信息，就认为成功地完成了仿真。

自我检查的方法使设计者可以运行数以千计的测试，而无须分析每个测试的正确性。如果有失败的测试，则设计者可以进一步检查转储文件和日志文件，判断错误的原因。

15.1.5　覆盖

覆盖帮助设计者判断到什么时候验证工作可以认为是完整的了。目前已经开发出各种各样的方法用于量化验证过程，共有两种类型的覆盖：结构覆盖和功能覆盖。

结构覆盖

结构覆盖处理 Verilog HDL 代码的结构，汇报什么时候已经覆盖到结构的关键部分。目前有 3 种主要类型的结构覆盖：

1. **代码覆盖**。代码覆盖的基本假设是未经测试的代码可能存在潜在的错误。然而，代码覆盖只是检查 RTL 代码做得如何好，到什么程度，而不是测试设计的功能。代码覆盖不汇报验证是否完成，只是报告验证还不完全，直到代码覆盖达到 100%为止。因此，代码覆盖虽然有用，但它不是一个完整的衡量标准。

2. **翻转覆盖**。这是一种最古老的覆盖测量，在历史上用于制造业的测试。翻转覆盖监视仿真期间翻转的逻辑位。如果某一位没有从 0 到 1 或者从 1 到 0 翻转，它就没有得到充分的验证。翻转覆盖不能确保验证的完整性。它不能保证特定的、代表高层次功能的位翻转序列已经出现。翻转覆盖不能缩短验证过程。当工程师试图翻转某个根据设计规范不应该翻转的位时，它甚至可能延长验证过程。翻转覆盖是非常低层次的覆盖，把特定位与高层次测试计划项目关联起来是非常烦琐的。

3. **分支覆盖**。分支覆盖检查控制流程中所有可能的分支是否都测试过了。这种覆盖程度的度量是必要的，但不是充分的。

功能覆盖

功能覆盖从系统的角度检查设计。功能覆盖确保所有合法的输入激励值在任何时刻的任意组合都已经被测试过。此外，功能覆盖也能提供有限状态机的覆盖测试，包括状态和状态转移。

可以通过在 RTL 代码中插入覆盖点，或者用断言语句实现覆盖的方式来增强功能覆盖的测试程度。例如，当收到一个中断或者内部的 FIFO 满时，判断是否所有事务都已测试完毕。通过这种方式，增强了功能覆盖程度的度量。

附录 E 中包含了关于流行的覆盖工具的更详细的信息。

15.2　断言检查

前一节讨论的传统验证流程是一种**黑盒**方法，即验证只需要依赖于系统的输入和输出关系。

在过去的几年中已经开发了许多种其他验证方法，这些方法对前一节中讨论的传统验证流程做了补充。本节和后面的几节将解释一些新的验证方法，这些方法使用了**白盒**验证概念，即需要使用设计的内部结构信息才能进行验证。

断言检查是一种**白盒**验证形式，它需要使用设计的内部结构信息。断言检查器的主要目的是提高可观察性。

断言是表示设计者预期行为的语句。有两种类型的断言：

- **时间断言**描述信号之间的时序关系。
- **静态断言**描述信号的属性，不是真，就是假。

在 RTL 代码中，断言可用于描述一段 Verilog HDL 代码的预期行为。下面是这种行为的例子：

- FSM 状态寄存器应该总是采用独热码编码的（one-hot）（断言）。
- FIFO 的满或者空标志不能同时成立（断言）。

断言也可以用于描述一个芯片内部和外部接口的行为。例如，应答信号应该总是出现在请求信号的 5 个时钟周期之内（断言）。这些断言应该在仿真中得到验证或者用形式化方法加以验证。

RTL 代码综合时，插入的断言并不会影响电路元件的生成结果；插入的断言通常被看成逻辑综合的注释。这些断言唯一的目的就是确保设计者的意图与所生成的设计一致。图 15.7 表示基于 FIFO 的接口设计何处可插入断言（用黑圆点表示插入处）。

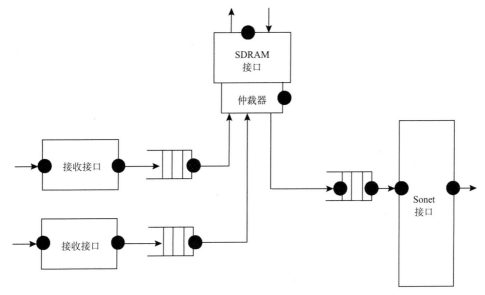

图 15.7　断言检查

　　断言检查可以与 15.1 节中描述的传统验证流程一起使用。设计者常常把断言检查放置在设计的关键点上。仿真期间，如果在这一点出现断言检查失败，设计者就能接到检查工具发出的通知。

　　基于断言的验证（Assertion-Based Verification，即 ABV）具有如下优点：

1. ABV 提高了可观察性，ABV 能够把发现有问题的源代码段落隔离开来。
2. ABV 提高了验证效率，减少了参与调试过程的工程师的数量。检查工具发现问题以后，工程师能够及时得到通知，这样使得工程师不必花费数小时去查看波形和日志文件，便能很快找到错误的源头，从而节约测试时间，大大加快调试过程。

　　附录 E 中包含了关于流行的断言检查工具的更详细的信息。

15.3　形式化验证

　　著名的白盒验证方法是一种**形式化验证**，这种方法用数学方法来证明设计的断言或者属性（property）是否正确。（需要证明是否正确的）属性可能与芯片的总体功能说明相关，也可能是设计的内部行为表示。通常必须了解设计结构行为的详细信息才能编写出有用的、值得证明的属性。因此，不必进行仿真就能证明设计是否正确。形式化验证还可以用来在 RTL 实现开始之前，证明设计结构的说明是完全合理的。

　　形式化验证工具通过试探操纵（manipulate）一个设计的所有可能工作路径来证明设计属性是否正确。所有输入的改变必须遵循合法的行为约束。位于接口的断言所起的作用是给形式化验证工具制定一个约束，规定合法输入行为的范围。然后做出努力以期证明 RTL 代码中的断言是真的，还是假的。若对输入的约束规定得太宽松，则形式化验证工具可能生成依赖于非法输入序列的反例，这些输入不可能在设计中发生。若约束规定得太严格，则在形式化验证工具尚未试探遍历所有可能的行为时，便错误地报告设计已经被"证明"。

图 15.8 展示了形式化验证工具的验证流程。在最好的情况下，工具或者完全证明一个特定的断言，或者提供一个反例来给出该断言[①]不能满足的情况。

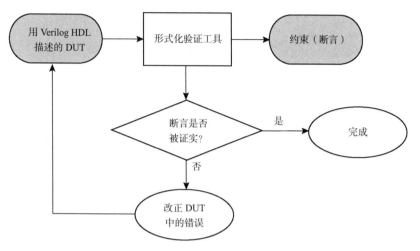

图 15.8　形式化验证流程

形式化验证工具以穷尽的方式搜索一个设计，所以它们只能运行在尺寸有限的设计上。通常，超过 10 000 个门以后，完全的形式证明变得非常困难，工具的计算时间和内存消耗也大大增加。

在形式化验证工具上的这种限制不是基于代码行数的，而是基于需要证明的断言和设计结构的复杂度的。限制在于算法从种子状态（形式化验证工具通常使用复位状态作为种子状态）到结束状态所需的时钟周期数目。

为了回避形式化验证存在的问题，采用了半形式化验证技术。

15.3.1　半形式化验证

半形式化验证把传统的使用测试向量的验证流程与形式化验证的强大功能和验证的彻底性结合在一起。半形式化验证技术具有下列特点：

1. 半形式化方法补充了测试向量的仿真，而并不是代替它。
2. 嵌入的断言检查定义了形式化方法的目标属性。
3. 嵌入的断言检查定义了输入约束。
4. 半形式化方法从仿真到达的状态开始以穷尽的方式搜索有限的状态空间，因此，它尽可能地增大了仿真的影响；搜索被限制在仿真所到达状态周围的特定点。

在 Verilog 仿真期间，获得了**种子**状态，将其作为形式化方法的起点。然后形式化方法从该种子状态出发，尝试完全地证实断言或者描述违反这些断言的激励序列。半形式化工具以穷尽的方式在以这些种子状态为起始状态的有限搜索空间内证明属性，因此快速地检验了许多本应该只由扩展仿真测试工具检查的"角落"情况。图 15.9 展示了半形式化工具的验证流程。

---

① 断言不只用于增强可观察性。在形式化验证中，可作为约束。形式化验证工具搜索状态空间以便完全证实断言或者提供一个反例。因此，断言也增强了可控制性，即控制形式化验证工具搜索状态空间以证明属性的方式。

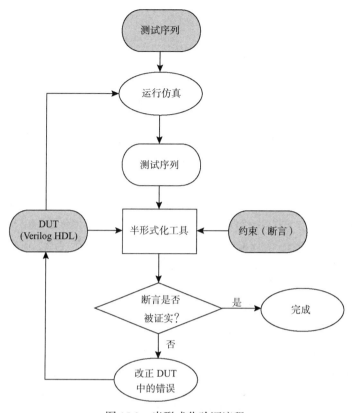

图 15.9　半形式化验证流程

因为日益增长的设计复杂度，形式化和半形式化验证方法最近已经受到广泛关注。附录 E 中包含了使用形式化和半形式化验证方法的流行工具的详细信息。

15.3.2　等价性检查

RTL 设计经过逻辑综合工具处理后转换成了门级网表，再经过布局和布线工具处理后用具体的物理器件加以实现，因此很有必要检查这些实现是否满足原始 RTL 设计的功能。一种方法是再次运行仿真工具，用 RTL 验证中使用的所有测试向量，分别对门级网表和物理器件实现进行测试。然而这种方法非常耗时，非常冗长乏味。

等价性检查解决了这个问题。等价性检查是一种形式化验证工具，它确保了门级或者物理网表具有与 Verilog RTL 仿真相同的功能。等价性检查器创建设计的 RTL 和门级表示的模型，通过数学方法证明它们在功能上的等价性。因此，功能验证可以完全集中在 RTL 上，几乎不需要进行门级仿真。图 15.10 展示了等价性检查流程。

附录 E 中包含了流行的等价性检查工具的详细信息。

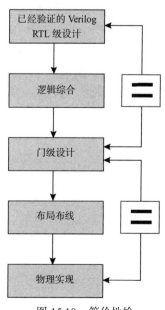

图 15.10　等价性检

15.4 小结

本章讨论了关于 Verilog 验证的以下几方面内容。

- 传统的验证流程包含基于测试向量的方法。人们已开发了一个体系结构模型来分析设计的各种方案。一旦设计确定下来，就用测试向量通过仿真来验证它。然后分析结果，测量覆盖率。如果分析满足验证目标，就认为设计通过了验证。

- 体系结构工程师使用**体系结构建模**进行设计空间搜索。在初始的模型中一般不会包含详细的设计行为，除非是做出初期设计决策所必需的。体系结构建模语言适用于建立体系结构模型。

- 功能验证环境通常包含测试向量生成器、输入驱动器、输出接收器、数据检查器、协议检查器和覆盖分析器。**高层次验证语言（HVL）**可以高效率地创建和维护这些环境。

- 软件仿真器是最流行的 Verilog HDL 设计仿真工具。**硬件加速器**把仿真速度提高了几个数量级。**硬件仿真器**以兆赫以上的速度运行，用硬件仿真器运行应用软件程序时就好像这些软件运行在实际的芯片上一样。

- 波形和日志文件是最通用的分析仿真输出的方法。想要实现高效率的分析，建立自动数据检查器和协议检查器模块是非常重要的。如果有数据值或协议违反了要求，仿真就会立即终止，并显示错误信息。自我检查方法使设计者可以进行数以千计的测试而无须分析每个测试是否正确。

- **翻转覆盖**、**代码覆盖**和**分支覆盖**是三种类型的结构覆盖技术。功能覆盖从系统的视点检查设计。功能覆盖也提供有限状态机覆盖，包括状态和状态转移。建议把功能覆盖和其他覆盖技术结合起来使用。

- **断言检查**是一种白盒验证形式。它需要设计的内部结构信息。断言检查提高了可观察性和验证的效率。设计者把断言检查放置在设计的关键点上。如果在这一点断言检查失败，设计者就能接到通知。

- **形式化验证**是一种白盒方法，其中采用了数学方法以穷尽的方式证明设计的断言或者属性。**半形式化验证**把传统的使用测试向量的验证流程与形式化验证的强大功能和验证的彻底性结合在一起。等价性检查是一种形式化验证工具，它测试设计的 RTL 表示，检查它是否与设计的门级或者物理网表实现一致。

第三部分　附录

附录 A	强度建模和高级线网类型定义
附录 B	PLI 子程序清单
附录 C	关键字、系统任务和编译指令
附录 D	形式化语法定义
附录 E	Verilog 有关问题解答
附录 F	Verilog 举例

附录 A 强度建模和高级线网类型定义

A.1 强度级别

Verilog 语言允许信号具有逻辑值和强度值。逻辑值可以取 0，1，x 和 z。逻辑强度值用来解析多个信号合并在一起的结果，尽可能准确地反映真实硬件元件的行为。Verilog 语言规定了几种强度值。表 A.1 列出了表示信号强度的所有级别。驱动强度用来表示驱动线网的信号值。存储强度用来为三态寄存器（trireg）类型线网中的电荷存储建模，这一点将在本附录的后面讨论。

表 A.1　强 度 级 别

强 度 级 别	缩　　写	程　　度	强 度 类 型
supply1	Su1	最强 1	驱动
strong1	St1		驱动
pull1	Pu1		驱动
large1	La1		存储
weak1	We1		驱动
medium1	Me1		存储
small1	Sm1		存储
highz1	HiZ1	最弱 1	高阻抗
highz0	HiZ0	最弱 0	高阻抗
small0	Sm0		存储
medium0	Me0		存储
weak0	We0		驱动
large0	La0		存储
pull0	Pu0		驱动
strong0	St0		驱动
supply0	Su0	最强 0	驱动

A.2 信号的竞争

逻辑强度可以用来解决有多个驱动源的线网上的信号竞争，有许多规则可以用来解决这个问题。但我们感兴趣的最常用的情况只有两种，详见下面的介绍。

A.2.1 值相同而强度不同的多个信号

若两个信号的逻辑值是同样的已知值（可以是前面提到过的逻辑值中的任何一种），但强度不同，当它们共同驱动同一个线网时，输出信号的强度和逻辑值就会随强度大的信号。

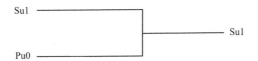

A.2.2　值相反而强度相同的多个信号

若两个信号的逻辑值相反，但强度相同，当它们共同驱动同一个线网时，输出信号的逻辑值就为 x，即不确定。

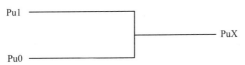

A.3　高级线网类型

我们讨论了用强度级别来解决信号竞争的问题。除了强度级别的方法，还有其他方法可以解决竞争的问题。Verilog 语言提供了高级的线网声明语句，可以为逻辑竞争建立模型。

A.3.1　tri

关键字 wire 和 tri 在语法和功能上是相同的。之所以用不同的名称是为了表明线网。关键字 wire 表明线网只有一个驱动源，而关键字 tri 表明线网有多个驱动源。下面介绍的多路选择器模块中用到了 tri 声明语句。

```
module mux(out, a, b, control);
output out;
input a, b, control;
tri out;
wire a, b, control;

bufif0 b1(out, a, control); // 当 control 信号为 0 时输出为 a（驱动源），否则为 z
bufif1 b2(out, b, control); // 当 control 信号为 1 时输出为 b（驱动源），否则为 z

endmodule
```

线网 out 被 b1 和 b2 两个实例以互补的形式驱动。当 b1 的输出为 a 时，b2 处于三态门的高阻抗状态，这样就不会出现逻辑竞争现象。如果在三态（tri）线网上出现竞争现象，就可以用强度级别予以解决。如果两个信号的逻辑值相反，强度级别相同，则该三态（tri）线网的输出逻辑值为 x（即不确定）。

A.3.2　trireg

关键字 trireg 用来为能够存储值的电容性线网建立模型。trireg 型线网的默认强度级别为 medium（即中等）。trireg 型线网只能处于下面两种状态中的一种：

- **驱动状态**。至少有一个驱动器对该线网输出一个逻辑值（即逻辑值 0，1，x 或 z 中的任意一种）。该值持续存储在 trireg 型线网中，它的强度级别就是驱动器的强度级别。
- **电容状态**。驱动该线网的所有信号源都具有高阻抗值（z）。该线网能保持最后的驱动值，其强度级别可以是 small（小）、medium（中）或 large（大），默认值是 medium（中）。

```
trireg (large) out;
wire a, control;

bufif1 (out, a, control); // 当 control 为 1 时，线网 out 取得 a 的值
                          // 当 control 为 0 时，线网 out 保持 a 最后的值
                          // 而不是回到高阻抗值（z），强度级别为 large
```

A.3.3　tri0 和 tri1

关键字 tri0 和 tri1 用来为电阻性的下拉（pulldown）和上拉（pullup）器件建立模型。当没有驱动源时，tri0 型线网的逻辑值为 0。同样，当没有驱动源时，tri1 型线网的逻辑值为 1。其默认强度级别为 pull。

```
tri0 out;
wire a, control;

bufif1 (out, a, control); // 当 control 为 1 时，线网 out 取得 a 的值
                          // 当 control 为 0 时，线网 out 变成 0
                          // 而不是回到高阻抗（z），如果把 out 声明为 tri1 型，
                          // 则 out 的默认值将为 1，而不是 0
```

A.3.4　supply0 和 supply1

关键字 supply1 用来为电源建立模型。关键字 supply0 用来为地建立模型。声明为 supply1 或 supply0 类型的线网，其逻辑值是恒定不变的，其强度级别为 supply（最强的强度级别）。

```
supply1 vcc;   // 所有连接到 vcc 的线网都连接到电源
supply0 gnd;   // 所有连接到 gnd 的线网都连接到地
```

A.3.5　wor，wand，trior 和 triand

当出现逻辑竞争时，如果只是简单地用 tri 型的线网，就会得到不确定的逻辑值 x。这说明设计可能存在着问题。然而，有时候有这种需要：当线网存在多个驱动源时，设计师想不用强度级别就能解析出最后的逻辑值。关键字 wor，wand，trior 和 triand 可以用来解决这个难题。wand 型线网对多个逻辑驱动源的值进行与操作。只要有一个驱动源的逻辑值为 0，wand 型线网的逻辑值就为 0。wor 型线网对多个逻辑驱动源的值进行或操作。只要有一个驱动源的逻辑值为 1，wor 型线网的逻辑值就为 1。triand 和 trior 型线网的语法和功能与 wand 和 wor 型线网的相同。

```
wand out1;
wor out2;

buf (out1, 1'b0);
buf (out1, 1'b1); // 因为 out1 是 wand 型线网，所以 out1 最后的逻辑值为 1'b0

buf (out2, 1'b0);
buf (out2, 1'b1); // 因为 out2 是 wor 型线网，所以 out2 最后的逻辑值为 1'b1
```

附录 B　PLI 子程序清单

本附录提供了 acc_和 tf_两类 PLI 子程序的清单。清单中不包括 vpi_子程序[1]。在清单中列出了每个子程序的名称和变量列表，并做了简要的介绍。如果读者想要了解每一条 PLI 子程序用法的细节，则可参考 IEEE Verilog 硬件描述语言标准 *IEEE Standard Verilog Hardware Description Language* 文档。

B.1　约定

用来表示变量的约定如下表所示：

约　　定	含　　义
char *format	传递格式化的字符串
char *	将对象名作为字符串传递
带下划线的变量	这些变量是可选的
*	指向数据类型的指针
....	同类型的更多变量

B.2　存取子程序

存取子程序共分成五大类：句柄（handle）、后继（next）、值变链接（value change link）、取值（fetch）和修改（modify）。

B.2.1　句柄子程序

句柄子程序把句柄返回给设计对象。句柄子程序的名字总是以前缀 acc_handle_开始（见表 B.1）。

表 B.1　句柄子程序

返回类型	名　　称	变量列表	描　　述[2]
handle	acc_handle_by_name	(char *name, handle scope)；	Object from name relative to scope（返回的句柄指向）相对域内由名字指定的对象
handle	acc_handle_condition	(handle object)；	Conditional expression for module path or timing check handle（返回的句柄指向）代表模块路径或时序检查句柄的条件表达式

---

① vip_子程序详见 *IEEE Standard Verilog Hardware Description Language* 文档。

② 为了确保准确，本附录中的各表均保留了这一列的英文，供读者参考。——译者注

（续表）

返回类型	名　称	变量列表	描　述
handle	acc_handle_conn	(handle terminal) ;	Get net connected to a primitive, module path, or timing check terminal （返回的句柄指向）取得连接原语、模块路径或时序检查终端的线网
handle	acc_handle_datapath	(handle modpath) ;	Get the handle to data path for an edge-sensitive module path （返回的句柄指向）对沿敏感的模块路径的数据路径
handle	acc_handle_hiconn	(handle port) ;	Get hierarchically higher net connection to a module port （返回的句柄指向）连接模块端口的层次较高的线网
handle	acc_handle_interactive_scope	( ) ;	Get the handle to the current simulation interactive scope （返回的句柄指向）当前仿真器的交互域
handle	acc_handle_loconn	(handle port) ;	Get hierarchically lower net connection to a module port （返回的句柄指向）连接模块端口的层次较低的线网
handle	acc_handle_modpath	(handle module, char *src, char *dest) ; 或 (handle module, handle src, handle dest) ;	Get the handle to module path whose source and destination are specified. Module path can be specified by names of handles （返回的句柄指向）模块路径，它的源和目的地是指定的。模块路径可以用句柄名字指定
handle	acc_handle_notifier	(handle tchk) ;	Get notifier register associated with a particular timing check （返回的句柄指向）与特别的时序检查有关系的标志寄存器
handle	acc_handle_object	(char *name) ;	Get the handle for any object, given its full or relative hierarchical path name （返回的句柄指向）任何对象，只要给出对象的全名或相对层次名
handle	acc_handle_parent	(handle object) ;	Get the handle for own primitive or containing module or an object （返回的句柄指向）自己的原语、包含模块或对象
handle	acc_handle_path	(handle outport, handle inport) ;	Get the handle to path from output port of a module to input port of another module （返回的句柄指向）从模块的输出口到另外一个模块的输入口的路径

（续表）

返回类型	名　称	变量列表	描　述
handle	acc_handle_pathin	(handle modpath) ;	Get the handle for first net connected to the input of a module path （返回的句柄指向）连接模块路径输入的第一个线网
handle	acc_handle_pathout	(handle modpath) ;	Get the handle for first net connected to the output of a module path （返回的句柄指向）连接到模块路径输出的第一个线网
handle	acc_handle_port	(handle module, int port#) ;	Get the handle for module port. Port# is the position from the left in the module definition(starting with 0) （返回的句柄指向）模块端口，端口号 port#即端口的位置，在编写模块时定义，从左边开始由 0 算起
handle	acc_handle_scope	(handle object) ;	Get the handle to the scope containing an object （返回的句柄指向）含有对象的域
handle	acc_handle _simulated_net	(handle collapsed_net_handle) ;	Get the handle to the net associated with a collapsed net （返回的句柄指向）与崩溃的线网有关系的线网
handle	acc_handle_tchk	(handle module, int tchk_type, char *netname1, int edge1, ...) ;	Get the handle for a specified timing check of a module or cell （返回的句柄指向）对模块或单元的特定的时序检查
handle	acc_handle_tchkarg1	(handle tchk) ;	Get net connected to the first argument of a timing check （返回的句柄指向）连接时序检查的第一个变量的线网
handle	acc_handle_tchkarg2	(handle tchk) ;	Get net connected to the second argument of a timing check （返回的句柄指向）连接时序检查的第二个变量的线网
handle	acc_handle_terminal	(handle primitive, int terminal#) ;	Get the handle for a primitive terminal. Terminal# is the position in the argument list （返回的句柄指向）原语端口，端口号就是在变量列表中的位置
handle	acc_handle_tfarg	(int arg#) ;	Get the handle to argument arg# of calling system task or function that invokes the PLI routine （返回的句柄指向）启动 PLI 子程序的调用系统任务或函数的变量号
handle	acc_handle_tfinst	( ) ;	Get the handle to the current user defined system task or function （返回的句柄指向）当前用户定义的系统任务或函数

B.2.2　后继操作子程序

后继操作子程序返回一个句柄，该句柄指向设计中某给定对象链接清单中的下一个对象。后继操作子程序的名称总是以前缀 acc_next_开始，并把引用对象作为变量。引用对象的前缀是 current_（见表 B.2）。

表 B.2　后继操作子程序

返回类型	名　　称	变 量 列 表	描　　述
handle	acc_next	(int obj_type_array[ ], handle module, handle current_object) ;	Get next object of a certain type within a scope. Object types such as accNet or accRegister are defined in obj_type_array （返回的句柄指向）在域内的某种类型的下一个对象
handle	acc_next_bit	(handle vector, handle current_bit) ;	Get next bit in a vector port or array （返回的句柄指向）向量端口或数组的下一位
handle	acc_next_cell	(handle module, handle current_cell) ;	Get next cell instance in a module. Cells are defined in a library （返回的句柄指向）模块中的下一个单元实例，单元在库中定义
handle	acc_next_cell_load	(handle net, handle current_cell_load) ;	Get next cell load on a net （返回的句柄指向）下一个加载线网的单元
handle	acc_next_child	(handle module, handle current_child) ;	Get next module instance appearing in this module （返回的句柄指向）出现在本模块中的下一个模块实例
handle	acc_next_driver	(handle net, handle current_driver_terminal) ;	Get next primitive terminal driver that drives the net （返回的句柄指向）下一个驱动该线网的原语端口驱动器
handle	acc_next_hiconn	(handle port, handle current_net) ;	Get next higher net connection （返回的句柄指向）下一个更高的线网连接
handle	acc_next_input	(handle path_or_tchk, handle current_terminal) ;	Get next input terminal of a specified module path or timing check （返回的句柄指向）下一个指定模块路径或时序检查的输入接线端
handle	acc_next_load	(handle net, handle current_load) ;	Get next primitive terminal driven by a net independent of hierarchy （返回的句柄指向）下一个由层次独立线网驱动的原语端口
handle	acc_next_loconn	(handle port, handle current_net) ;	Get next lower net connection to a module port （返回的句柄指向）下一个较低的与模块端口连接的线网
handle	acc_next_modpath	(handle module, handle path) ;	Get next path within a module （返回的句柄指向）模块内部的下一个路径

（续表）

返回类型	名　　称	变量列表	描　　述
handle	acc_next_net	(handle module, handle current_net) ;	Get the next net in a module （返回的句柄指向）模块内的下一个线网
handle	acc_next_output	(handle path, handle current_terminal) ;	Get next output terminal of a module path or data path （返回的句柄指向）下一个模块路径或数据路径的输出接线端口
handle	acc_next_parameter	(handle module, handle current_parameter) ;	Get next parameter in a module （返回的句柄指向）模块中的下一个参数
handle	acc_next_port	(handle module, handle current_port) ;	Get the next port in a module port list （返回的句柄指向）模块端口列表中的下一个端口
handle	acc_next_portout	(handle module, handle current port) ;	Get next output or inout port of a module （返回的句柄指向）模块中的下一个输出或输入输出（inout）端口
handle	acc_next_primitive	(handle module, handle current_primitive) ;	Get next primitive in a module （返回的句柄指向）模块中的下一个原语
handle	acc_next_scope	(handle scope,　handle current_scope) ;	Get next hierarchy scope within a certain scope （返回的句柄指向）某域内的下一层次的域
handle	acc_next_specparam	(handle module, handle current_specparam) ;	Get next specparam decleard in a module （返回的句柄指向）在模块中声明的下一个specparam（指定参数）
handle	acc_next_tchk	(handle module, handle current_tchk) ;	Get next timing check in a module （返回的句柄指向）模块中的下一个时序检查
handle	acc_next_terminal	(handle primitive, handle current_terminal) ;	Get next terminal of a primitive （返回的句柄指向）原语的下一个接线端口
handle	acc_next_topmod	(handle current_topmod） ;	Get next top level module in the design （返回的句柄指向）设计中的下一个顶层模块

B.2.3　值变链接（VCL）子程序

　　VCL 子程序允许用户系统任务从被监视值改变的对象列表中添加和删除对象。VCL 子程序总是以前缀 **acc_vcl_** 开始，没有返回值（见表 B.3）。

表 B.3　值变链接子程序

返回类型	名　　称	变量列表	描　　述
void	acc_vcl_add	(handle object, int (*consumer_routine)( ),char *user_data,int VCL_flags) ;	Tell the Verilog simulator to call the consumer routine with value change information whenever the value of an object changes 告诉 Verilog 仿真器，一旦对象值发生改变，就利用值改变的信息调用用户子程序
void	acc_vcl_delete	(handle object, int (*consumer_routine)( ),char *user_data,int VCL_flags) ;	Tell the Verilog simulator to stop calling the consumer routine when the value of an object changes 告诉 Verilog 仿真器，当对象值发生改变时，停止调用用户子程序

B.2.4   取值子程序

取值子程序能提取有关对象（object）的多种信息，也能取得诸如全层次路径名、相对名和其他属性等信息。取值子程序名总是以前缀 acc_fetch_ 开始（见表 B.4）。

表 B.4   取值子程序

返回类型	名 称	变 量 列 表	描 述
int	acc_fetch_argc	( ) ;	Get the number of invocation command-line arguments 取得启动命令行变量的数目
char**	acc_fetch_argv	( ) ;	Get the array of invocation command-line arguments 取得启动命令行变量的数组
double	acc_fetch_attribute	(handle object, char *attribute, double default) ;	Get the attribute of a parameter or specparam 取得参数或指定参数的属性
char*	acc_fetch_defname	(handle object) ;	Get the defining name of a module or a primitive instance 取得模块或原语实例的定义名
int	acc_fetch_delay_mode	(handle module) ;	Get delay mode of a module instance 取得模块实例的延迟模式
bool	acc_fetch_delays	(handle object, double *rise, double *fall, double *turnoff) ; (handle object, double *d1, *d2, *d3, *d4, *d5, *d6) ;	Get typical delay values for primitives, module paths, timing checks, or module input ports 取得原语、模块路径、时序检查或模块输入端口的典型延迟值
int	acc_fetch_direction	(handle object) ;	Get the direction of a port or terminal, i.e., input, output, or inout 取得端口的方向，即输入、输出或者输入输出（inout）
int	acc_fetch_edge	(handle path_or_tchk_term) ;	Get the edge specifier type of a path input or output terminal or a timing check input terminal 取得路径输入或输出接线端口或时序检查输入接线端口的指定类型
char *	acc_fetch_fullname	(handle object) ;	Get the full hierarchical name of any name object or module path 取得任何命名的对象或者模块路径的全层次名称
int	acc_fetch_fulltype	(handle object) ;	Get the type of the object. Return a predefined integer constant that tells type 取得对象的类型，返回一个能指明类型的预先定义的整型常数

（续表）

返回类型	名 称	变 量 列 表	描 述
int	acc_fetch_index	(handle port_ or_ terminal) ;	Get the index for a port or terminal for gate, switch, UDP instance, module, etc. Zero returned for the first terminal 取得门、开关、用户定义的原语实例、模块等的端口或接线端口的索引
void	acc_fetch_location	(p_location loc_p, handle object) ;	Get the location of an object in a Verilog source file. p_location is a predefined data structure that has file name and line number in the file 取得 Verilog 源文件中对象的位置。p_location 是预先定义的数据结构，该结构有文件名和文件的行号
char *	acc_fetch_name	(handle object) ;	Get instance of object or module path within a module 取得模块中对象或模块路径的实例
int	acc_fetch_paramtype	(handle parameter) ;	Get the data type of parameter, integer, string, real, etc 取得参数的数据类型，如整数、字符串、实数等
double	acc_fetch_paramval	(handle parameter) ;	Get value of parameter or specparam. Must cast return values to integer, string, or double 取得参数或指定参数的值。返回的值必须是整数、字符串或双精度数
int	acc_fetch_polarity	(handle path) ;	Get polarity of a path 取得路径的极性
int	acc_fetch_precision	( ) ;	Get the simulation time precision 取得仿真时间的精度
bool	acc_fetch_pulsere	(handle path, double *r1, double *e1, double *r2, double *e2, ...) ;	Get pulse control values for module paths based on reject values and e_values for transitions 基于跳变过程的不合格值和 e 值，取得模块路径的脉冲控制值
int	acc_fetch_range	(handle vector, int *msb, int *lsb) ;	Get the most significant bit and least significant bit range values of a vector 取得向量的最高位和最低位的范围值
int	acc_fetch_size	(handle object) ;	Get number of bits in a net, register, or port 取得线网、寄存器或端口的位数
double	acc_fetch_tfarg	(int arg#) ;	Get value of system task or function argument indexed by arg# 取得用 arg#作为索引的系统任务或函数变量的值
int	acc_fetch_tfarg_int	(int arg#) ;	Get integer value of system task or function argument indexed by arg# 取得系统任务或函数变量（根据变量索引号）的整型数值
char *	acc_fetch_tfarg_str	(int arg#) ;	Get string value of system task or function argument indexed by arg# 取得系统任务或函数变量（根据变量索引号）的字符串值

（续表）

返回类型	名　称	变量列表	描　述
void	acc_fetch_timescale_info	(handle object, p_timescale_info timescale_p) ;	Get the time scale information for an object. p_timescale_info is a pointer to a predefined time scale data structure 取得对象的时间尺度信息。p_time 尺度信息是一个指向预先定义的时间尺度数据结构的指针
int	acc_fetch_type	(handle object) ;	Get the type of object. Return a predefined integer constant such as accIntegerVar, accModule, etc 取得对象的类型。返回一个预先定义的整型常数，例如 accIntegerVar 和 accModule 等
char *	acc_fetch_type_str	(handle object) ;	Get the type of object in string format. Return a string of type accIntegerVar, accParameter, etc 取得字符串格式的对象类型。返回一个字符串类型，例如 accIntegerVar 和 accParameter 等
char *	acc_fetch_value	(handle object, char *format) ;	Get the logic or strength value of a net, register, or variable in the specified format 取得线网、寄存器或指定格式变量的逻辑值或强度值

B.2.5　实用存取子程序

实用存取子程序进行多种有关存取子程序的操作（见表 B.5）。

表 B.5　实用存取子程序

返回类型	名　称	变量列表	描　述
void	acc_close	( ) ;	Free internal memory used by access routines and reset all configuration parameters to default values 释放用于子程序存取的内部存储器，并把所有的可配置参数复位至默认值
handle *	acc_collect	(handle *next_routine, handle ref_object, int *count) ;	Collect all objects related to a particular reference object by successive calls to an acc_next routine. Return an array of handles 通过不断地调用 acc_next 子程序，收集所有有关特定引用对象的所有对象。返回一个句柄数组
bool	acc_compare_handles	(handle object1, handle object2) ;	Return true if both handles refer to the same object 如果两个句柄都指向同一个对象，则返回逻辑真（1）
void	acc_configure	(int config_param, char *config_value) ;	Set parameters that control the operation of various access routines 设置控制各种不同存取子程序的操作的参数

（续表）

返回类型	名　　称	变量列表	描　　述
int	acc_count	(handle *next_routine handle ref_object) ;	Count the number of objects in a reference object such as a module. The objects are counted by successive calls to the acc_next routine 在参考对象，如某模块中，对对象的数目进行计数。通过连续地调用 acc_next 子程序，计算对象的数目
void	acc_free	(handle *object_ handles) ;	Free memory allocated by acc_collect for storing object handles 释放为了收集选通对象的句柄由 acc_collect 定位的存储器
void	acc_initialize	( ) ;	Reset all access routine configuration parameters. Call when entering a user-defined PLI routine 复位所有存取子程序的配置参数。当进入用户自定义编程语言接口（PLI）子程序时，该函数被调用
bool	acc_object_in_typelist	(handle object, int object_ types[ ]) ;	Match the object type or property against an array of listed types or properties 把对象类型或属性类型与列出类型或性质的数组匹配起来
bool	acc_object_of_type	(handle object, int object_ type) ;	Match the object type or property against a specific type or property 把对象类型或属性类型与指定的类型或性质匹配起来
int	acc_product_type	( ) ;	Get the type of software product being used 取得所使用的软件产品的类型
char *	acc_product_version	( ) ;	Get the version of software product being used 取得所使用的软件产品的版本
int	acc_release_object	(handle object) ;	Deallocate memory associated with an input or output terminal path 重新安排与输入或输出接线端口路径有关的存储器
void	acc_reset_buffer	( ) ;	Reset the string buffer 复位字符串缓冲区
handle	acc_set_ interactive_scope	( ) ;	Set the interactive scope of a software implementation 设置软件实现的交互范围
void	acc_set_scope	(handle module, char *module_name) ;	Set the scope for searching for objects in a design hierarchy 设置在设计层次中搜寻对象的范围
char *	acc_version	( ) ;	Get the version of access routines being used 取得所用的存取子程序的版本

B.2.6　修改子程序

修改子程序能够修改内部数据结构（见表 B.6）。

表 B.6　修改子程序

返回类型	名　　称	变 量 列 表	描　　述
void	acc_append_delays	(handle object, double rise, double fall, double z) ; or (handle object, double d1, ..., double d6) ; or (handle object, double limit) ; or (handle object, double delay[ ]) ;	Add delays to existing delay values for primitives, module paths, timing checks, or module input ports. Can specify rise/fall/turn-off or 6 delay or timing check or min:typ:max format 给现有的原语、模块路径、时序检查或模块输入端口的延迟值添加延迟。能够指定上升/下降/开关，6 个延迟值，时序检查，最小：典型：最大（min:typ:max）格式
bool	acc_append_pulsere	(handle path, double r1, ... , double r12, double e1, ... , double e12) ;	Add to the existing pulse control values of a module path 添加到模块路径的现成的脉冲控制值
void	acc_replace_delays	(handle object, double rise, double fall, double z) ; or (handle object, double d1, ... , double d6) ; or (handle object, double limit) ; or (handle object, double delay[ ]) ;	Replace delay values for primitives, module paths, timing checks, or module input ports. Can specify rise/fall/turn-off or 6 delay or timing check or min:typ:max format 替换现有的原语、模块路径、时序检查或模块输入端口的延迟值。能够指定上升/下降/开关，6 个延迟值，时序检查，最小：典型：最大（min:typ:max）格式
bool	acc_replace_pulsere	(handle path, double r1, ... , double r12, double e1, ... , double e12) ;	Set pulse control values of a module path as a percentage of path delays 把模块路径的脉冲控制值设置为路径延迟的百分数
void	acc_set_pulsere	(handle path, double reject, double e) ;	Set pulse control percentages for a module path 为模块路径设置脉冲控制的百分数
void	acc_set_value	(handle object, p_setval_value, value_P, p_setval_delay, delay_P) ;	Set value for a register or a sequential UDP 为寄存器或者时序用户自定义原语设置值

B.3　实用（tf_）子程序

实用子程序（以前缀 tf_开头）常用于 Verilog 和用户 C 子程序边界上的双向数据传输。所有以前缀 tf_开头的子程序都假设操作是在当前的实例上进行的。每个以前缀 tf_开头的子程序都有一个以前缀 tf_i 开头的子程序与之对应，在这个对应的子程序中发生操作的实例指针必须被当成变量列表最后的附加变量加以传递（见表 B.7 到表 B.16）。

B.3.1　取回调用任务/函数的信息

表 B.7　取回调用任务/函数的信息

返 回 类 型	名　称	变量列表	描　　述
char *	tf_getinstance	( ) ;	Get the pointer to the current instance of the simulation task or function that called the user's PLI application program 取得用户的 PLI 应用程序中仿真任务或函数的当前实例的指针
char *	tf_mipname	( ) ;	Get the Verilog hierarchical path name of the simulation module containing the call to the user's PLI application program 取得仿真模块的 Verilog 层次路径名, 仿真模块中包含对用户的 PLI 应用程序的调用
char *	tf_ispname	( ) ;	Get the Verilog hierarchical path name of the scope containing the call to the user's PLI application program 取得范围内的 Verilog 层次路径名（该范围内包含了对用户的 PLI 应用程序的调用）

B.3.2　取回变量列表信息

表 B.8　取回变量列表信息

返 回 类 型	名　称	变 量 列 表	描　　述
int	tf_nump	( ) ;	Get the number of parameters in the argument list 取得变量列表中的参数数目
int	tf_typep	(int param_index#) ;	Get the type of a particular parameter in the argument list 取得变量列表中的特定参数的类型
int	tf_sizep	(int param_index#) ;	Get the length of a parameter in bits 取得某参数的位宽
t_tfexprinfo *	tf_expinfo	(int param_index#, structt_tfexprinfo *exprinfo_p) ;	Get information about a parameter expression 取得关于某参数表达式的信息
t_tfexprinfo *	tf_nodeinfo	(int param_index#, structt_tfexprinfo *exprinfo_p) ;	Get information about a node value parameter 取得关于某节点值参数的信息

B.3.3　取参数值

表 B.9　取 参 数 值

返 回 类 型	名　称	变 量 列 表	描　　述
int	tf_getp	(int param_index#) ;	Get the value of parameter in integer form 取得参数的值, 用整数形式表示
double	tf_getrealp	(int param_index#) ;	Get the value of a parameter in double-precision floating-point form 取得参数的值, 用双精度浮点数形式表示

（续表）

返回类型	名　称	变 量 列 表	描　　述
int	tf_getlongp	(int *aof_highvalue, int para_index#) ;	Get parameter value in long 64-bit integer form 取得参数的值，用 64 位长整数形式表示
char *	tf_strgetp	(int param_index#, char format_character) ;	Get parameter value as a formatted character string 取得参数的值，用格式化字符串形式表示
char *	tf_getcstringp	(int param_index#) ;	Get parameter value as a C character string 取得参数的值，用 C 字符串形式表示
void	tf_evaluatep	(int param_index#) ;	Evaluate a parameter expression and get the result 计算参数表达式并取得结果

B.3.4　置参数值

表 B.10　置 参 数 值

返回类型	名　称	变 量 列 表	描　　述
void	tf_putp	(int param_index#, int value) ;	Pass back an integer value to the calling task or function 传回一个整型值给调用的任务或函数
void	tf_putrealp	(int param_index#, double value) ;	Pass back a double-precision floating-point value to the calling task or function 传回一个双精度浮点值给调用的任务或函数
void	tf_putlongp	(int param_index#, int lowvalue, int highvalue) ;	Pass back a double-precision 64-bit integer value to the calling task or function 传回一个双精度 64 位整型值给调用的任务或函数
void	tf_propagatep	(int param_index#) ;	Propagate a node parameter value 传播节点参数值
int	tf_strdelputp	(int param_index#, int bitlength, char format_char, int delay, int delaytype, char * value_p) ;	Pass back a value and schedule an event on the parameter. The value is expressed as a formatted character string, and the delay, as an integer value 传回一个值并调度一个依靠参数的事件。该参数值被表示为格式化的字符串，并把延迟表示为整型值
int	tf_strrealdelputp	(int param_index#, int bitlength, char format_char, int delay, double delaytype, char * value_p) ;	Pass back a string value with an attached real delay 传回一个附带有实型数表示的延迟的串值
int	tf_strlongdelputp	(int param_index#, int bitlength, char format_char, int lowdelay, int highdelay, int delaytype, char * value_p) ;	Pass back a string value with an attached long delay 传回一个附带有长型数表示延迟的串值

B.3.5　监视参数值的变化

表 B.11　监视参数值的变化

返回类型	名　称	变量列表	描　述
void	tf_asynchon	( ) ;	Enable a user PLI routine to be called whenever a parameter changes value 只要参数值改变，就启动用户 PLI 子程序的调用
void	tf_asynchoff	( ) ;	Disable asynchronous calling 禁止异步的调用
void	tf_synchronize	( ) ;	Synchronize parameter value changes to the end of the current simulation time slot 同步参数值的变化，一直到当前仿真时间片段的结束
void	tf_rosynchronize	( ) ;	Synchronize parameter value changes and suppress new event generation during current simulation time slot 在当前仿真时间片段期间，同步参数值的变化，同时阻止新事件的发生
int	tf_getpchange	(int param_index#) ;	Get the number of the parameter that changed value 取得值发生改变的参数数目
int	tf_copypvc_flag	(int param_index#) ;	Copy a parameter value change flag 复制参数值改变标志
int	tf_movepvc_flag	(int param_index#) ;	Save a parameter value change flag 保存参数值改变标志
int	tf_testpvc_flag	(int param_index#) ;	Test a parameter value change flag 测试参数值改变标志

B.3.6　任务的同步

表 B.12　任务的同步

返回类型	名　称	变量列表	描　述
int	tf_gettime	( ) ;	Get current simulation time in integer form 取得以整型数形式表示的当前仿真时间
	tf_getrealtime		
int	tf_getlongtime	(int *aof_hightime) ;	Get current simulation time in long integer form 取得以长整型数形式表示的当前仿真时间
char *	tf_strgettime	( ) ;	Get current simulation time as a character string 取得以字符串形式表示的当前仿真时间
int	tf_getnextlongtime	(int *aof_lowtime, int *aof_hightime) ;	Get time of the next scheduled simulation event 取得计划好的下一次仿真事件的时间
int	tf_setdelay	(int delay) ;	Cause user task to be reactivated at a future simulation time expressed as an integer value delay 使得用户任务在未来的（用整型数表示延迟的）仿真时间被重新激活

（续表）

返 回 类 型	名　　称	变 量 列 表	描　　述
int	tf_setlongdelay	(int lowdelay, int highdelay) ;	Cause user task to be reactivated after a long integer value delay 在经过用长整型数表示的时间延迟后重新激活用户任务
int	tf_setrealdelay	(double delay, char *instance) ;	Activate the misctf application at a particular simulation time 在特定的仿真时刻激活 misctf 应用程序
void	tf_scale_longdelay	(char * instance, int lowdelay, int hidelay, int *aof_lowtime, int *aof_hightime) ;	Convert a 64-bit integer delay to internal simulation time units 把用 64 位整型数表示的延迟转换为内部的仿真时间单位
void	tf_scale_realdelay	(char * instance, double delay, double *aof_realdelay) ;	Convert a double-precision floating-point delay to internal simulation time units 把用双精度浮点数表示的延迟转换为内部的仿真时间单位
void	tf_unscale_longdelay	(char * instance, int lowdelay, int hidelay, int *aof_lowtime, int *aof_hightime) ;	Convert a delay from internal simulation time units to the time scale of a particular module 把用内部仿真时间单位表示的延迟转换为特定模块的时间尺度
void	tf_unscale_realdelay	(char * instance, double delay, double *aof_realdelay) ;	Convert a delay from internal simulation time units to the time scale of a particular module 把用内部仿真时间单位表示的延迟转换为特定模块的时间尺度
void	tf_clearalldelays	( ) ;	Clear all reactivation delays 清除所有重新激活的延迟
int	tf_strdelputp	(int param_index#, int bitlength, char format_char, int delay, int delaytype, char *value_p) ;	Pass back a value and schedule an event on the parameter. The value is expressed as a formatted character string and the delay as an integer value 依靠参数传回一个值并依据这个参数调度一个事件。该值用格式化字符串表示，延迟用整型数表示
int	tf_strrealdelputp	(int param_index#, int bitlength, char format_char, int delay, double delaytype, char *value_p) ;	Pass back a string value with an attached real delay 传回一个字符串值，带有附属的延迟，该延迟用实型数表示
int	tf_strlongdelputp	(int param_index#, int bitlength, char format_char, int lowdelay, int highdelay, int delaytype, char *value_p) ;	Pass back a string value with an attached long delay 传回一个字符串值，带有附属的延迟，该延迟时间用长整型数表示

B.3.7　长整型数和实数算术运算

表 B.13　长整型数和实数算术运算

返回类型	名　称	变量列表	描　述
void	tf_add_long	(int *aof_low1, int *aof_high1, int low2, int high2) ;	Add two 64-bit long values 两个 64 位长整型数相加
void	tf_subtract_long	(int *aof_low1, int *aof_high1, int low2, int high2) ;	Subtract one long value from another 两个长整型数相减
void	tf_multiply_long	(int *aof_low1, int *aof_high1, int low2, int high2) ;	Multiply two long values 两个长整型数相乘
void	tf_divide_long	(int *aof_low1, int *aof_high1, int low2, int high2) ;	Divide one long value by another 两个长整型数相除
int	tf_compare_long	(int low1, int high1, int low2, int high2) ;	Compare two long values 两个长整型数比较
char *	tf_longtime_tostr	(int lowtime, int hightime) ;	Convert a long value to a character string 把长整型数转换为字符串
void	tf_real_to_long	(double real, int *aof_low, int *aof_high) ;	Convert a real number to a 64-bit integer 把实型数转换为 64 位整型数
void	tf_long_to_real	(int low, int high, double *aof_real) ;	Convert a long integer to a real number 把长整型数转换为实型数

B.3.8　显示信息

表 B.14　显 示 信 息

返回类型	名　称	变量列表	描　述
void	io_printf	(char *format, arg1, ...) ;	Write messages to the standard output and log file 把信息写到标准的输出设备和日志文件
void	io_mcdprintf	(char *format, arg1, ...) ;	Write messages to multiple-channel descriptor files 把信息写到多通道描述符文件
void	tf_error	(char *format, arg1, ...) ;	Print error message 打印错误信息
void	tf_warning	(char *format, arg1, ...) ;	Print warning message 打印报警信息
void	tf_message	(int level, char facility, char code, char *message, arg1, ...) ;	Print error and warning messages, using the Verilog simulator's standard error handling facility 用 Verilog 仿真器的标准错误处理设备来打印错误和报警信息
void	tf_text	(char *format, arg1, ...) ;	Store error message information in a buffer. Displayed when tf_message is called 在缓冲器中存储错误信息。当调用 tf_message 程序时，显示存储的错误信息

B.3.9　各种实用子程序

表 B.15　各种实用子程序

返回类型	名　称	变量列表	描　述
void	tf_dostop	（ ）；	Halt the simulation and put the system in interactive mode 暂时停止仿真并将系统 置为交互模式
void	tf_dofinish	（ ）；	Terminate the simulation 终止仿真
char *	mc_scanplus_args	(char *startarg)；	Get command line plus(+) options entered by the user in interactive mode 取得命令行（＋）的选择项，该选择项是在交互模式下由用户键入的
void	tf_write_save	(char *blockptr, int blocklength)；	Write PLI application data to a save file 将 PLI 应用程序数据写入保存文件
int	tf_read_restart	(char *blockptr, int block_length)；	Get a block of data from a previously written save file 从以前写入的保存文件中取出一块数据
void	tf_read_restore	(char *blockptr, int blocklength)；	Retrieve data from a save file 从保存文件中取回数据
void	tf_dumpflush	（ ）；	Dump parameter value changes to a system dump file 把所有参数值的改变全部存入系统转储文件
char *	tf_dumpfilename	（ ）；	Get name of system dump file 取得系统转储文件的名字

B.3.10　整理内务任务

表 B.16　整理内务任务

返回类型	名　称	变量列表	描　述
void	tf_setworkarea	(char *workarea)；	Save a pointer to the work area of a PLI application task/function instance 保存 PLI 应用程序的任务/函数实例工作区的指针
char *	tf_getworkarea	（ ）；	Retrieve pointer to a work area 取回工作区指针
void	tf_setroutine	(char （*routine)（ ））；	Store pointer to a PLI application task/function 存储 PLI 应用程序的任务/函数的指针
char *	tf_getroutine	（ ）；	Retrieve pointer to a PLI application task/function 取回 PLI 应用程序的任务/函数的指针
void	tf_settflist	(char *tflist)；	Store pointer to a PLI application task/function instance 存储 PLI 应用程序的任务/函数实例的指针
char *	tf_gettflist	（ ）；	Retrieve pointer to a PLI application task/function instance 取回 PLI 应用程序的任务/函数实例的指针

附录 C　关键字、系统任务和编译指令

C.1　关键字

关键字是预先定义的用于表达语言结构的非转义标识符。转义标识符绝对不能作为关键字使用。所有关键字都用小写字母定义。下面的关键字清单按照字母序排列：

always	if	release
and	ifnone	repeat
assign	incdir	rnmos
automatic	include	rpmos
begin	initial	rtran
buf	inout	rtranif0
bufif0	input	rtranif1
bufif1	instance	scalared
case	integer	showcancelled
casex	join	signed
casez	large	small
cell	liblist	specify
cmos	library	specparam
config	localparam	strong0
deassign	macromodule	strong1
default	medium	supply0
defparam	module	supply1
design	nand	table
disable	negedge	task
edge	nmos	time
else	nor	tran
end	noshowcancelled	tranif0
endcase	not	tranif1
endconfig	notif0	tri
endfunction	notif1	tri0
endgenerate	or	tri1
endmodule	output	triand
endprimitive	parameter	trior
endspecify	pmos	trireg
endtable	posedge	unsigned
endtask	primitive	use
event	pull0	vectored
for	pull1	wait
force	pulldown	wand
forever	pullup	weak0
fork	pulsestyle_onevent	weak1
function	pulsestyle_ondetect	while
generate	rcmos	wire
genvar	real	wor
highz0	realtime	xnor
highz1	reg	xor

C.2　系统任务和函数

　　下面是 Verilog 仿真器常用系统任务和函数名称的清单。本书中没有对所有的系统任务和函数做出解释。想要了解细节的读者，可参阅 *IEEE Standard Verilog Hardware Description Language* 文档。下面的系统任务和函数清单按照字母序排列：

$bitstoreal	$countdrivers	$display	$fclose
$fdisplay	$fmonitor	$fopen	$fstrobe
$fwrite	$finish	$getpattern	$history
$incsave	$input	$itor	$key
$list	$log	$monitor	$monitoroff
$monitoron	$nokey		

C.3　编译指令

　　下面的清单中列出的关键字常用于指定编译指令，以便 Verilog 仿真器有效地执行源代码的编译。本书中只讨论了最常用的编译指令。想要了解细节的读者，可参阅 *IEEE Standard Verilog Hardware Description Language* 文档。下面的编译指令清单按照字母序排列：

`accelerate	`autoexpand_vectornets	`celldefine
`default_nettype	`define	`define
`else	`elsif	`endcelldefine
`endif	`endprotect	`endprotected
`expand_vectornets	`ifdef	`itndef
`include	`no_accelerate	`noexpand_vectornets
`noremove_gatenames	`nounconnected_drive	`protect
`protected	`remove_gatenames	`remove_netnames
`resetall	`timescale	`unconnected_drive

附录 D　形式化语法定义

在本附录中，用 BNF（Backus-Naur Form）形式表示了 Verilog-2001 标准的形式化定义。这种形式化定义包含了 Verilog HDL 语法中每一种可能用法的详细描述。因此，若读者对 Verilog HDL 的某些语法有不明确之处，那么本附录可以为其提供很有价值的参考。

理解语法的 BNF（Backus-Naur Form）表示形式，刚开始可能很困难，但下面的总结可以帮助读者更好地理解形式化语法定义。

1. 粗体字代表文字本身，也称为终结文字（terminal）。例如：module。
2. 非粗体字（可能用下划线连接的词）代表语法的分类，也称为非终结文字（non terminal）。例如：port_identifier。
3. 语法分类用以下形式定义：语法分类 :: = 定义。
4. 方括号[ ]内的非粗体字所表示的为可选项。
5. 大括号{ }内的非粗体字所表示的是可以重复零次或多次的项。
6. 用竖线符号|隔开的非粗体字表示的是可以替换的项。

D.1　Source Text（源文本）

D.1.1　Library Source Text（库源文本）

library_text ::= { library_descriptions }
library_descriptions ::=
　　　　library_declaration
　　　| include_statement
　　　| config_declaration
library_declaration ::=
　　　library library_identifier file_path_spec [{, file_path_spec}]
　　　[-incdir file_path_spec [{, file_path_spec}] ;
file_path_spec ::= file_path
include_statement ::= include<file_path_spec> ;

D.1.2　Configuration Source Text（配置源文本）

config_declaration ::=
　　　config config_identifier ;
　　　design_statement
　　　{config_rule_statement}
　　　endconfig

design_statement ::= design {[library_identifier.]cell_identifier} ;

config_rule_statement ::=

　　　default_clause liblist_clause

　　　| inst_clause liblist_clause

　　　| inst_clause use_clause

　　　| cell_clause liblist_clause

　　　| cell_clause use_clause

default_clause ::= default

inst_clause ::= instance inst_name

inst_name ::= topmodule_identifier{.instance_identifier}

cell_clause ::= cell [library_identifier.]cell_identifier

liblist_clause ::= liblist [{library_identifier}]

use_clause ::= use [library_identifier.]cell_identifier[:config]

D.1.3　Module and Primitive Source Text（模块和原语源文本）

source_text ::= { description }

description ::=

　　　module_declaration

　　　| udp_declaration

module_declaration ::=

　　　{ attribute_instance } module_keyword module_identifier [module_parameter_port_list]

　　　　[list_of_ports] ; { module_item }

　　　　endmodule

　　　| { attribute_instance } module_keyword module_identifier [module_parameter_port_list]

　　　　[list_of_port_declarations] ; { non_port_module_item }

　　　　endmodule

module_keyword ::= module | macromodule

D.1.4　Module Parameters and Ports（模块参数和端口）

module_parameter_port_list ::= #(parameter_declaration {, parameter_declaration })

list_of_ports ::= (port {, port })

list_of_port_declarations ::=

　　　(port_declaration {, port_declaration })

　　　| ( )

port ::=

　　　[port_expression]

　　　| .port_identifier ([port_expression])

port_expression ::=

　　　port_reference

　　　| { port_reference {, port_reference } }

port_reference ::=

  port_identifier

  | port_identifier [constant_expression]

  | port_identifier [range_expression]

port_declaration ::=

  { attribute_instance } inout_declaration

  | { attribute_instance } input_declaration

  | { attribute_instance } output_declaration

D.1.5　Module Items（模块项）

module_item ::=

  module_or_generate_item

  | port_declaration ;

  | { attribute_instance } generated_instantiation

  | { attribute_instance } local_parameter_declaration

  | { attribute_instance } parameter_declaration

  | { attribute_instance } specify_block

  | { attribute_instance } specparam_declaration

module_or_generate_item ::=

  { attribute_instance } module_or_generate_item_declaration

  | { attribute_instance } parameter_override

  | { attribute_instance } continuous_assign

  | { attribute_instance } gate_instantiation

  | { attribute_instance } udp_instantiation

  | { attribute_instance } module_instantiation

  | { attribute_instance } initial_construct

  | { attribute_instance } always_construct

module_or_generate_item_declaration ::=

  net_declaration

  | reg_declaration

  | integer_declaration

  | real_declaration

  | time_declaration

  | realtime_declaration

  | event_declaration

  | genvar_declaration

  | task_declaration

  | function_declaration

non_port_module_item ::=

```
        { attribute_instance } generated_instantiation
      | { attribute_instance } local_parameter_declaration
      | { attribute_instance } module_or_generate_item
      | { attribute_instance } parameter_declaration
      | { attribute_instance } specify_block
      | { attribute_instance } specparam_declaration
   parameter_override ::= defparam list_of_param_assignments ;
```

D.2　Declarations（声明）

D.2.1　Declaration Types（声明的类型）

Module parameter declarations（模块参数声明）

```
local_parameter_declaration ::=
      localparam [ signed ][ range ] list_of_param_assignments ;
    | localparam integer list_of_param_assignments ;
    | localparam real list_of_param_assignments ;
    | localparam realtime list_of_param_assignments ;
    | localparam time list_of_param_assignments ;
parameter_declaration ::=
      parameter [ signed ][ range ] list_of_param_assignments ;
    | parameter integer list_of_param_assignments ;
    | parameter real list_of_param_assignments ;
    | parameter realtime list_of_param_assignments ;
    | parameter time list_of_param_assignments ;
specparam_declaration ::= specparam [ range ] list_of_specparam_assignments ;
```

Port declarations（端口声明）

```
inout_declaration ::= inout [ net_type ][ signed ][ range ]
        list_of_port_identifiers
input_declaration ::= input [ net_type ][ signed ] [ range ]
        list_of_port_identifiers
output_declaration ::=
      output [ net_type ][ signed ][ range ]
        list_of_port_identifiers
    | output [ reg ][ signed ][ range ]
        list_of_port_identifiers
    | output reg [ signed ][ range ]
        list_of_variable_port_identifiers
    | output [output_variable_type ]
        list_of_port_identifiers
```

　　　| output output_variable_type
　　　　　list_of_variable_port_identifiers

Type declarations（类型声明）

event_declaration ::= event list_of_event_identifiers ;
genvar_declaration ::= genvar list_of_genvar_identifiers ;
integer_declaration ::= integer list_of_variable_identifiers ;
net_declaration ::=
　　　net_type [signed]
　　　　　[delay3] list_of_net_identifiers ;
　　　| net_type [drive_strength][signed]
　　　　　[delay3] list_of_net_decl_assignments ;
　　　| net_type [vectored | scalared][signed]
　　　　　range [delay3] list_of_net_identifiers ;
　　　| net_type [drive_strength][vectored | scalared][signed]
　　　　　range [delay3] list_of_net_decl_assignments ;
　　　| trireg [charge_strength][signed]
　　　　　[delay3] list_of_net_identifiers ;
　　　| trireg [drive_strength][signed]
　　　　　[delay3] list_of_net_decl_assignments ;
　　　| trireg [charge_strength][vectored | scalared][signed]
　　　　　range [delay3] list_of_net_identifiers ;
　　　| trireg [drive_strength][vectored | scalared][signed]
　　　　　range [delay3] list_of_net_decl_assignments ;
real_declaration ::= real list_of_real_identifiers ;
realtime_declaration ::= realtime list_of_real_identifiers ;
reg_declaration ::= reg [signed][range]
　　　　　list_of_variable_identifiers ;
time_declaration ::= time list_of_variable_identifiers ;

D.2.2　Declaration Data Types（声明数据类型）

Net and variable types（线网和变量类型）

net_type ::=
　　　supply0 | supply1
　　　| tri　| triand | trior | tri0 | tri1
　　　| wire | wand | wor
output_variable_type ::= integer | time
real_type ::=
　　　real_identifier [= constant_expression]
　　　| real_identifier dimension { dimension }

variable_type ::=

  variable_identifier [=constant_expression]

  | variable_identifier dimension { dimension }

Strengths（强度）

drive_strength ::=

  (strength0, strength1)

  | (strength1, strength0)

  | (strength0, highz1)

  | (strength1, highz0)

  | (highz0, strength1)

  | (highz1, strength0)

strength0 ::= supply0 | strong0 | pull0 | weak0

strength1 ::= supply1 | strong1 | pull1 | weak1

charge_strength ::= (small) | (medium) | (large)

Delays（延迟）

delay3 ::= #delay_value | # (delay_value [, delay_value [, delay_value]])

delay2 ::= #delay_value | # (delay_value [, delay_value])

delay_value ::=

  unsigned_number

  | parameter_identifier

  | specparam_identifier

  | mintypmax_expression

D.2.3　Declaration Lists（声明列表）

list_of_event_identifiers ::= event_identifier [dimension { dimension }]

   {, event_identifier [dimension { dimension }] }

list_of_genvar_identifiers ::= genvar_identifier {, genvar_identifier }

list_of_net_decl_assignments ::= net_dec1_assignment {, net_dec1_assignment }

list_of_net_identifiers ::= net_identifier [dimension { dimension }]

   {, net_identifier [dimension { dimension }] }

list_of_param_assignments ::= param_assignment {, param_assignment }

list_of_port_identifiers ::= port_identifier {, port_identifier }

list_or_real_identifiers ::= real_type {, real_type }

list_of_specparam_assignments ::= specparam_assignment {, specparam_assignment }

list_of_variable_identifiers ::= variable_type {, variable_type }

list_of_variable_port_identifiers ::= port_identifier [=constant_expression]

    {, port_identifier [=constant_expression] }

D.2.4　Declaration Assignments（声明赋值）

net_decl_assignment ::= net_identifier = expression

param_assignment ::= parameter_identifier = constant_expression

specparam_assignment ::=

　　specparam_identifier = constant_mintypmax_expression

　| pulse_control_specparam

pulse_control_specparam ::=

　　PATHPULSE$= (reject_limit_value [, error_limit_value]) ;

　| PATHPULSE$specify_input_terminal_descriptor$specify_output_terminal_descriptor

　　　　= (reject_limit_value [, error_limit_value]) ;

error_limit_value ::= limit_value

reject_limit_value ::= limit_value

limit_value ::= constant_mintypmax_expression

D.2.5　Declaration Ranges（声明范围）

dimension ::= [dimension_constant_expression : dimension_constant_expression]

range ::= [msb_constant_expression : lsb_constant_expression]

D.2.6　Function Declarations（函数声明）

function_declaration ::=

　　function [automatic] [signed][range_or_type] function_identifier ;

　　function_item_declaration { function_item_declaration }

　　function_statement

　　endfunction

　| function [automatic][signed][range_or_type] function_identifier (function_port_list) ;

　　block_item_declaration { block_item_declaration }

　　function_statement

　　endfunction

function_item_declaration ::=

　　block_item_declaration

　| tf_input_declaration ;

function_port_list ::= { attribute_instance } tf_input_declaration {, { attribute_instance }

　　　　tf_input_declaration }

range_or_type ::= range | integer | real | realtime | time

D.2.7　Task Declarations（任务声明）

task_declaration ::=

　　task [automatic] task_identifier ;

　　{ task_item_declaration }

　　statement

```
        endtask
      | task [ automatic ] task_identifier (task_port_list) ;
        { block_item_declaration }
        statement
        endtask
```

task_item_declaration ::=
　　　 block_item_declaration
　 | { attribute_instance } tf_input_declaration ;
　 | { attribute_instance } tf_output_declaration ;
　 | { attribute_instance } tf_inout_declaration ;
task_port_list ::= task_port_item {, task_port_item }
task_port_item ::=
　　　 { attribute_instance } tf_input_declaration
　 | { attribute_instance } tf_output_declaration
　 | { attribute_instance } tf_inout_declaration
tf_input_declaration ::=
　　　 input [reg][signed][range] list_of_port_identifiers
　 | input [task_port_type] list_of_port_identifiers
tf_output_declaration ::=
　　　 output [reg][signed][range] list_of_port_identifiers
　 | output [task_port_type] list_of_port_identifiers
tf_inout_declaration ::=
　　　 inout [reg][signed][range] list_of_port_identifiers
　 | inout [task_port_type] list_of_port_identifiers
task_port_type ::=
　　 time | real | realtime | integer

D.2.8　Block Item Declarations（块项声明）

block_item_declaration ::=
　　　 { attribute_instance } block_reg_declaration
　 | { attribute_instance } event_declaration
　 | { attribute_instance } integer_declaration
　 | { attribute_instance } local_parameter_declaration
　 | { attribute_instance } parameter_declaration
　 | { attribute_instance } real_declaration
　 | { attribute_instance } realtime_declaration
　 | { attribute_instance } time_declaration
block_reg_declaration ::= reg [signed][range]
　　　　　 list_of_block_variable_identifiers ;

list_of_block_variable_identifiers ::=

　　　　block_variable_type {, block_variable_type }

block_variable_type ::=

　　　variable_identifier

　　| variable_identifier dimension { dimension }

D.3　Primitive Instances（原语实例）

D.3.1　Primitive Instantiation and Instances（原语的调用（实例引用）和实例）

gate_instantiation ::=

　　　cmos_switchtype [delay3]

　　　　　cmos_switch_instance {, cmos_switch_instance } ;

　　| enable_gatetype [drive_strength][delay3]

　　　　　enable_gate_instance {, enable_gate_instance } ;

　　| mos_switchtype [delay3]

　　　　　mos_switch_instance {, mos_switch_instance } ;

　　| n_input_gatetype [drive_strength][delay2]

　　　　　n_input_gate_instance {, n_input_gate_instance } ;

　　| n_output_gatetype [drive_strength][delay2]

　　　　　n_output_gate_instance {, n_output_gate_instance } ;

　　| pass_en_switchtype [delay2]

　　　　　pass_enable_switch_instance {, pass_enable_switch_instance } ;

　　| pass_switchtype

　　　　　pass_switch_instance {, pass_switch_instance } ;

　　| pulldown [pulldown_strength]

　　　　　pull_gate_instance {, pull_gate_instance } ;

　　| pullup [pullup_strength]

　　　　　pull_gate_instance {, pull_gate_instance } ;

cmos_switch_instance ::= [name_of_gate_instance] (output_terminal, input_terminal,

　　　　　ncontrol_terminal, pcontrol_terminal)

enable_gate_instance ::= [name_of_gate_instance] (output_terminal, input_terminal,

　　　　　　enable_terminal)

mos_switch_instance ::= [name_of_gate_instance] (output_terminal, input_terminal,

　　　　　　enable_terminal)

n_input_gate_instance ::= [name_of_gate_instance] (output_terminal, input_terminal {,

　　　　　　input_terminal })

n_output_gate_instance ::= [name_of_gate_instance] (output_terminal {, output_terminal }

　　　　　　, input_terminal)

pass_switch_instance ::= [name_of_gate_instance] (inout_terminal, inout_terminal)

pass_enable_switch_instance ::= [name_of_gate_instance] (inout_terminal, inout_terminal
        , enable_terminal)

pull_gate_instance ::= [name_of_gate_instance] (output_terminal)

name_of_gate_instance ::= gate_instance_identifier [range]

D.3.2 Primitive Strengths（原语强度）

pulldown_strength ::=
        (strength0, strength1)
        | (strength1, strength0)
        | (strength0)

pullup_strength ::=
        (strength0, strength1)
        | (strength1, strength0)
        | (strength1)

D.3.3 Primitive Terminals（原语端口）

enable_terminal ::= expression

inout_terminal ::= net_lvalue

input_terminal ::= expression

ncontrol_terminal ::= expression

output_terminal ::= net_lvalue

pcontrol_terminal ::= expression

D.3.4 Primitive Gate and Switch Types（原语门和开关类型）

cmos_switchtype ::= cmos | rcmos

enable_gatetype ::= bufif0 | bufif1 | notif0 | notif1

mos_switchtype ::= nmos | pmos | rnmos | rpmos

n_input_gatetype ::= and | nand | or | nor | xor | xnor

n_output_gatetype ::= buf | not

pass_en_switchtype ::= tranif0 | tranif1 | rtranif1 | rtranif0

pass_switchtype ::= tran | rtran

D.4 Module and Generated Instantiation（模块和生成的实例引用）

D.4.1 Module Instantiation（模块的调用）

module_instantiation ::=
        module_identifier [parameter_value_assignment]
            module_instance {, module_instance } ;

parameter_value_assignment ::= # (list_of_parameter_assignments) list_of_parameter_assignments ::=

    ordered_parameter_assignment {, ordered_parameter_assignment }|

    named_parameter_assignment {, named_parameter_assignment }

ordered_parameter_assignment ::= expression

named_parameter_assignment ::= **.**parameter_identifier ([expression])

module_instance ::= name_of_instance ([list_of_port_connections])

name_of_instance ::= module_instance_identifier [range]

list_of_port_connections ::=

    ordered_port_connection {, ordered_port_connection }

   | named_port_connection {, named_port_connection }

ordered_port_connection ::= { attribute_instance } [expression]

named_port_connection ::= { attribute_instance } **.**port_identifier ([expression])

D.4.2　Generated Instantiation（生成的实例引用）

generated_instantiation ::= **generate** { generate_item } **endgenerate**

generate_item_or_null ::= generate_item | ;

generate_item ::=

    generate_conditional_statement

   | generate_case_statement

   | generate_loop_statement

   | generate_block

   | module_or_generate_item

generate_conditional_statement ::=

    if (constant_expression) generate_item_or_null [**else** generate_item_or_null]

generate_case_statement ::= **case** (constant_expression)

      genvar_case_item { genvar_case_item } **endcase**

genvar_case_item ::= constant_expression {, constant_expression } **:**

      generate_item_or_null | **default** [**:**] generate_item_or_null

generate_loop_statement ::= **for** (genvar_assignment ; constant_expression ; genvar_assignment)

      begin : generate_block_identifier { generate_item } **end**

genvar_assignment ::= genvar_identifier = constant_expression

generate_block ::= **begin** [**:** generate_block_identifier] { generate_item } **end**

D.5　UDP Declaration and Instantiation（UDP 的声明和调用）

D.5.1　UDP Declaration（UDP 的声明）

udp_declaration ::=

    { attribute_instance } **primitive** udp_identifier (udp_port_list) ;

    udp_port_declaration { udp_port_declaration }

    udp_body

endprimitive

| { attribute_instance } primitive udp_identifier (udp_declaration_port_list) ;

udp_body

endprimitive

D.5.2　UDP Ports（UDP 的端口）

udp_port_list ::= output_port_identifier, input_port_identifier {, input_port_identifier }

udp_declaration_port_list ::=

　　udp_output_declaration, udp_input_declaration {, udp_input_declaration }

udp_port_declaration ::=

　　　udp_output_declaration ;

　　| udp_input_declaration ;

　　| udp_reg_declaration ;

udp_output_declaration ::=

　　　{ attribute_instance } output port_identifier

　　| { attribute_instance } output reg port_identifier [= constant_expression]

udp_input_declaration ::= { attribute_instance } input list_of_port_identifiers

udp_reg_declaration ::= { attribute_instance } reg variable_identifier

D.5.3　UDP Body（UDP 的主体）

udp_body ::= combinational_body | sequential_body

combinational_body ::= table combinational_entry { combinational_entry } endtable

combinational_entry ::= level_input_list : output_symbol ;

sequential_body ::= [udp_initial_statement] table sequential_entry { sequential_entry }

　　　　　　　endtable

udp_initial_statement ::= initial output_port_identifier = init_val ;

init_val ::= 1'b0 | 1'b1 | 1'bx | 1'bX | 1'B0 | 1'B1 | 1'Bx |1'BX | 1 | 0

sequential_entry ::= seq_input_list : current_state : next_state ;

seq_input_list ::= level_input_list | edge_input_list

level_input_list ::= level_symbol { level_symbol }

edge_input_list ::= { level_symbol } edge_indicator { level_symbol }

edge_indicator ::= (level_symbol level_symbol) | edge_symbol

current_state ::= level_symbol

next_state ::= output_symbol | -

output_symbol ::= 0 | 1 | x | X

level_symbol ::= 0 | 1 | x | X | ? | b | B

edge_symbol ::= r | R | f | F | p | P | n | N | *

D.5.4　UDP Instantiation（UDP 的调用）

udp_instantiation ::= udp_identifier [drive_strength][delay2] udp_instance {, udp_instance } ;

udp_instance ::= [name_of_udp_instance] (output_terminal, input_terminal {, input_terminal })

name_of_udp_instance ::= udp_instance_identifier [range]

D.6　Behavioral Statements（行为声明语句）

D.6.1　Continuous Assignment Statements（连续赋值语句）

continuous_assign ::= assign [drive_strength][delay3] list_of_net_assignments ;

list_of_net_assignments ::= net_assignment {, net_assignment }

net_assignment ::= net_lvalue = expression

D.6.2　Procedural Blocks and Assignments（过程块和赋值）

initial_construct ::= initial statement

always_construct ::= always statement

blocking_assignment ::= variable_lvalue =[delay_or_event_control] expression

nonblocking_assignment ::= variable_lvalue<=[delay_or_event_control] expression

procedural_continuous_assignments ::=

    assign variable_assignment

    | deassign variable_lvalue

    | force variable_assignment

    | force net_assignment

    | release variable_lvalue

    | release net_lvalue

function_blocking_assignment ::= variable_lvalue = expression

function_statement_or_null ::=

    function_statement

    | { attribute_instance } ;

D.6.3　Parallel and Sequential Blocks（并行和顺序块）

function_seq_block ::= begin [: block_identifier

    { block_item_declaration }] { function_statement } end

variable_assignment ::= variable_lvalue = expression

par_block ::= fork [: block_identifier

    { block_item_declaration }]{ statement } join

seq_block ::= begin [: block_identifier

    { block_item_declaration }] { statement } end

D.6.4　Statements（声明语句）

statement ::=

    { attribute_instance } blocking_assignment ;

```
                | { attribute_instance } case_statement
                | { attribute_instance } conditional_statement
                | { attribute_instance } disable_statement
                | { attribute_instance } event_trigger
                | { attribute_instance } loop_statement
                | { attribute_instance } nonblocking_assignment ;
                | { attribute_instance } par_block
                | { attribute_instance } procedural_continuous_assignments ;
                | { attribute_instance } procedural_timing_control_statement
                | { attribute_instance } seq_block
                | { attribute_instance } system_task_enable
                | { attribute_instance } task_enable
                | { attribute_instance } wait_statement
statement_or_null ::=
                statement
                | { attribute_instance } ;
function_statement ::=
                { attribute_instance } function_blocking_assignment ;
                | { attribute_instance } function_case_statement
                | { attribute_instance } function_conditional_statement
                | { attribute_instance } function_loop_statement
                | { attribute_instance } function_seq_block
                | { attribute_instance } disable_statement
                | { attribute_instance } system_task_enable
```

D.6.5   Timing Control Statements（时序控制语句）

```
delay_control ::=
                # delay_value
                | # (mintypmax_expression)
delay_or_event_control ::=
                delay_control
                | event_control
                | repeat (expression) event_control
disable_statement ::=
                disable hierarchical_task_identifier ;
                | disable hierarchical_block_identifier ;
event_control ::=
                @ event_identifier
                | @ (event_expression)
                | @ *
```

    | @ (*)

event_trigger ::=

    ->hierarchical_event_identifier ;

event_expression ::=

    expression

    | hierarchical_identifier

    | **posedge** expression

    | **negedge** expression

    | event_expression **or** event_expression

    | event_expression, event_expression

procedural_timing_control_statement ::=

    delay_or_event_control statement_or_null

wait_statement ::=

    wait (expression) statement_or_null

D.6.6 Conditional Statements（条件语句）

conditional_statement ::=

    if (expression)

        statement_or_null [**else** statement_or_null]

    | if_else_if_statement

if_else_if_statement ::=

    if (expression) statement_or_null

    { **else if** (expression) statement_or_null }

    [**else** statement_or_null]

function_conditional_statement ::=

    if (expression) function_statement_or_null

        [**else** function_statement_or_null]

    | function_if_else_if_statement

function_if_else_if_statement ::=

    if (expression) function_statement_or_null

    { **else if** (expression) function_statement_or_null }

    [**else** function_statement_or_null]

D.6.7 Case Statements（case 语句）

case_statement ::=

    case (expression)

        case_item { case_item } **endcase**

    | **casez** (expression)

        case_item { case_item } **endcase**

    | **casex** (expression)

case_item { case_item } endcase

case_item ::=

    expression {, expression } : statement_or_null

    | default [:] statement_or_null

function_case_statement ::=

    case (expression)

        function_case_item { function_case_item } endcase

    | casez (expression)

        function_case_item { function_case_item } endcase

    | casex (expression)

        function_case_item { function_case_item } endcase

function_case_item ::=

    expression {, expression } : function_statement_or_null

    | default [:] function_statement_or_null

D.6.8   Looping Statements（循环语句）

function_loop_statement ::=

    forever function_statement

    | repeat (expression) function_statement

    | while (expression) function_statement

    | for (variable_assignment ; expression ; variable_assignment)

        function_statement

loop_statement ::=

    forever statement

    | repeat (expression) statement

    | while (expression) statement

    | for (variable_assignment ; expression ; variable_assignment)

        statement

D.6.9   Task Enable Statements（任务使能语句）

system_task_enable ::= system_task_identifier [(expression {, expression })] ;

task_enable ::= hierarchical_task_identifier [(expression {, expression })] ;

D.7   Specify Section（指定段）

D.7.1   Specify Block Declaration（指定块声明）

specify_block ::= specify { specify_item } endspecify

specify_item ::=

    specparam_declaration

    | pulsestyle_declaration

　　　　| showcancelled_declaration

　　　　| path_declaration

　　　　| system_timing_check

pulsestyle_declaration ::=

　　　　pulsestyle_onevent list_of_path_outputs ;

　　　　| pulsestyle_ondetect list_of_path_outputs ;

showcancelled_declaration ::=

　　　　showcancelled list_of_path_outputs ;

　　　　| noshowcancelled list_of_path_outputs ;

D.7.2　Specify Path Declarations（指定路径声明）

path_declaration ::=

　　　　simple_path_declaration ;

　　　　| edge_sensitive_path_declaration ;

　　　　| state_dependent_path_declaration ;

simple_path_declaration ::=

　　　　parallel_path_description = path_delay_value

　　　　| full_path_description = path_delay_value

parallel_path_description ::=

　　　　(specify_input_terminal_descriptor [polarity_operator] =>

　　　　　　　specify_output_terminal_descriptor)

full_path_description ::=

　　　(list_of_path_inputs [polarity_operator]*> list_of_path_outputs)

list_of_path_inputs ::=

　　　specify_input_terminal_descriptor {, specify_input_terminal_descriptor }

list_of_path_outputs ::=

　　　specify_output_terminal_descriptor {, specify_output_terminal_descriptor }

D.7.3　Specify Block Terminals（指定块端口）

specify_input_terminal_descriptor ::=

　　　　input_identifier

　　　　| input_identifier [constant_expression]

　　　　| input_identifier [range_expression]

specify_output_terminal_descriptor ::=

　　　　output_identifier

　　　　| output_identifier [constant_expression]

　　　　| output_identifier [range_expression]

input_identifier ::= input_port_identifier | inout_port_identifier

output_identifier ::= output_port_identifier | inout_port_identifier

D.7.4 Specify Path Delays（指定路径延迟）

path_delay_value ::=

      list_of_path_delay_expressions

    | (list_of_path_delay_expressions)

list_of_path_delay_expressions ::=

      t_path_delay_expression

    | trise_path_delay_expression, tfall_path_delay_expression

    | trise_path_delay_expression, tfall_path_delay_expression, tz_path_delay_expression

    | t01_path_delay_expression, t10_path_delay_expression, t0z_path_delay_expression,

      tz1_path_delay_expression, t1z_path_delay_expression, tz0_path_delay_expression

    | t01_path_delay_expression, t10_path_delay_expression, t0z_path_delay_expression,

      tz1_path_delay_expression, t1z_path_delay_expression, tz0_path_delay_expression,

      t0x_path_delay_expression, tx1_path_delay_expression, t1x_path_delay_expression,

      tx0_path_delay_expression, txz_path_delay_expression, tzx_path_delay_expression

t_path_delay_expression ::= path_delay_expression

trise_path_delay_expression ::= path_delay_expression

tfall_path_delay_expression ::= path_delay_expression

tz_path_delay_expression ::= path_delay_expression

t01_path_delay_expression ::= path_delay_expression

t10_path_delay_expression ::= path_delay_expression

t0z_path_delay_expression ::= path_delay_expression

tz1_path_delay_expression ::= path_delay_expression

t1z_path_delay_expression ::= path_delay_expression

tz0_path_delay_expression ::= path_delay_expression

t0x_path_delay_expression ::= path_delay_expression

tx1_path_delay_expression ::= path_delay_expression

t1x_path_delay_expression ::= path_delay_expression

tx0_path_delay_expression ::= path_delay_expression

txz_path_delay_expression ::= path_delay_expression

tzx_path_delay_expression ::= path_delay_expression

path_delay_expression ::= constant_mintypmax_expression

edge_sensitive_path_declaration ::=

     parallel_edge_sensitive_path_description = path_delay_value

    | full_edge_sensitive_path_description = path_delay_value

parallel_edge_sensitive_path_description ::=

    ([edge_identifier] specify_input_terminal_descriptor=>

      specify_output_terminal_descriptor [polarity_operator] **:** data_source_expression)

full_edge_sensitive_path_description ::=

    ([edge_identifier] list_of_path_inputs*>

list_of_path_outputs [polarity_operator] : data_source_expression)

data_source_expression ::= expression

edge_identifier ::= **posedge** | **negedge**

state_dependent_path_declaration ::=

  if (module_path_expression) simple_path_declaration

  | **if** (module_path_expression) edge_sensitive_path_declaration

  | **ifnone** simple_path_declaration

polarity_operator ::=　**+** | **−**

D.7.5　System Timing Checks（系统时序检查）

System timing check commands（系统时序检查命令）

system_timing_check ::=

  $setup_timing_check

  $hold_timing_check

  | $setuphold_timing_check

  | $recovery_timing_check

  | $removal_timing_check

  | $recrem_timing_check

  | $skew_timing_check

  | $timeskew_timing_check

  | $fullskew_timing_check

  | $period_timing_check

  | $width_timing_check

  | $nochange_timing_check

$setup_timing_check ::=

  $setup (data_event, reference_event, timing_check_limit [, [notify_reg]]) ;

$hold_timing_check ::=

  $hold (reference_event, data_event, timing_check_limit [, [notify_reg]]) ;

$setuphold_timing_check ::=

  $setuphold (reference_event, data_event, timing_check_limit, timing_check_limit

    [, [notify_reg][, [stamptime_condition][, [checktime_condition]

    [, [delayed_reference][, [delayed_data]]]]]]) ;

$recovery_timing_check ::=

  $recovery (reference_event, data_event, timing_check_limit [, [notify_reg]]) ;

$removal_timing_check ::=

  $removal (reference_event, data_event, timing_check_limit [, [notify_reg]]) ;

$recrem_timing_check ::=

  $recrem (reference_event, data_event, timing_check_limit, timing_check_limit

    [, [notify_reg][, [stamptime_condition][, [checktime_condition]

    [, [delayed_reference][, [delayed_data]]]]]]) ;

$skew_timing_check ::=
  $skew (reference_event, data_event, timing_check_limit [, [notify_reg]]) ;
$timeskew_timing_check ::=
  $timeskew (reference_event, data_event, timing_check_limit
     [, [notify_reg][, [event_based_flag][, [remain_active_flag]]]]) ;
$fullskew_timing_check ::=
  $fullskew (reference_event, data_event, timing_check_limit, timing_check_limit
     [, [notify_reg][, [event_based_flag][, [remain_active_flag]]]]) ;
$period_timing_check ::=
  $period (controlled_reference_event, timing_check_limit [, [notify_reg]]) ;
$width_timing_check ::=
  $width (controlled_reference_event, timing_check_limit,
     threshold [, [notify_reg]]) ;
$nochange_timing_check ::=
  $nochange (reference_event, data_event, start_edge_offset,
     end_edge_offset [, [notify_reg]]) ;

System timing check command arguments（系统时序检查命令变量）

checktime_condition ::= mintypmax_expression
controlled_reference_event ::= controlled_timing_check_event
data_event ::= timing_check_event
delayed_data ::=
  terminal_identifier
  | terminal_identifier [constant_mintypmax_expression]
delayed_reference ::=
  terminal_identifier
  | terminal_identifier [constant_mintypmax_expression]
end_edge_offset ::= mintypmax_expression
event_based_flag ::= constant_expression
notify_reg ::= variable_identifier
reference_event ::= timing_check_event
remain_active_flag ::= constant_mintypmax_expression
stamptime_condition ::= mintypmax_expression
start_edge_offset ::= mintypmax_expression
threshold ::= constant_expression
timing_check_limit ::= expression

System timing check event definitions（系统时序检查事件定义）

timing_check_event ::=
  [timing_check_event_control] specify_terminal_descriptor [&&&
    timing_check_condition]

controlled_timing_check_event ::=

  timing_check_event_control specify_terminal_descriptor [**&&&**

    timing_check_condition]

timing_check_event_control ::=

  posedge

  | **negedge**

  | edge_control_specifier

specify_terminal_descriptor ::=

  specify_input_terminal_descriptor

  | specify_output_terminal_descriptor

edge_control_specifier ::= **edge** [edge_descriptor [, edge_descriptor]]

edge_descriptor[1] ::=

  01

  |10

  | z_or_x zero_or_one

  | zero_or_one z_or_x

zero_or_one ::= 0 | 1

z_or_x ::= x | X | z | Z

timing_check_condition ::=

  scalar_timing_check_condition

  | (scalar_timing_check_condition)

scalar_timing_check_condition ::=

  expression

  | ~expression

  | expression==scalar_constant

  | expression===scalar_constant

  | expression!=scalar_constant

  | expression!==scalar_constant

scalar_constant ::=

  1'b0 | 1'b1 | 1'B0 | 1'B1 | 'b0 | 'b1 | 'B0 | 'B1 | 1 | 0

D.8 Expressions（表达式）

D.8.1 Concatenations（拼接）

concatenation ::= { expression {, expression } }

constant_concatenation ::= { constant_expression {, constant_expression } }

constant_multiple_concatenation ::= { constant_expression constant_concatenation }

module_path_concatenation ::= { module_path_expression {, module_path_expression } }

module_path_multiple_concatenation ::= { constant_expression module_path_concatenation }

multiple_concatenation ::= { constant_expression concatenation } net_concatenation ::= { net_concatenation_value {, net_concatenation_value } }

net_concatenation_value ::=

    hierarchical_net_identifier

    | hierarchical_net_identifier [expression] { [expression] }

    | hierarchical_net_identifier [expression] { [expression] } [range_expression]

    | hierarchical_net_identifier [range_expression]

    | net_concatenation

variable_concatenation ::= { variable_concatenation_value {, variable_concatenation_value } }

variable_concatenation_value ::=

    hierarchical_variable_identifier

    | hierarchical_variable_identifier [expression] { [expression] }

    | hierarchical_variable_identifier [expression] { [expression] } [range_expression]

    | hierarchical_variable_identifier [range_expression]

    | variable_concatenation

D.8.2　Function calls（函数调用）

constant_function_call ::= function_identifier { attribute_instance }

        (constant_expression {, constant_expression })

function_call ::= hierarchical_function_identifier { attribute_instance }

        (expression {, expression })

genvar_function_call ::= genvar_function_identifier { attribute_instance }

        (constant_expression {, constant_expression })

system_function_call ::= system_function_identifier

        [(expression {, expression }))]

D.8.3　Expressions（表达式）

base_expression ::= expression

conditional_expression ::= expression1 ? { attribute_instance } expression2 : expression3

constant_base_expression ::= constant_expression

constant_expression ::=

    constant_primary

    | unary_operator { attribute_instance } constant_primary

    | constant_expression binary_operator { attribute_instance } constant_expression

    | constant_expression ? { attribute_instance } constant_expression : constant_expression

    | string

constant_mintypmax_expression ::=

    constant_expression

    | constant_expression : constant_expression : constant_expression

constant_range_expression ::=

    constant_expression

　　　　| msb_constant_expression : lsb_constant_expression
　　　　| constant_base_expression + : width_constant_expression
　　　　| constant_base_expression − : width_constant_expression
dimension_constant_expression ::= constant_expression
expression1 ::= expression
expression2 ::= expression
expression3 ::= expression
expression ::=
　　　　primary
　　　　| unary_operator { attribute_instance } primary
　　　　| expression binary_operator { attribute_instance } expression
　　　　| conditional_expression
　　　　| string
lsb_constant_expression ::= constant_expression
mintypmax_expression ::=
　　　　expression
　　　　| expression : expression : expression
module_path_conditional_expression ::= module_path_expression ? { attribute_instance }
　　　　module_path_expression : module_path_expression
module_path_expression ::=
　　　　module_path_primary
　　　　| unary_module_path_operator { attribute_instance } module_path_primary

　　　　| module_path_expression binary_module_path_operator { attribute_instance }
　　　　module_path_expression
　　　　| module_path_conditional_expression
module_path_mintypmax_expression ::=
　　　　module_path_expression
　　　　| module_path_expression : module_path_expression : module_path_expression
msb_constant_expression ::= constant_expression
range_expression ::=
　　　　expression
　　　　| msb_constant_expression : lsb_constant_expression
　　　　| base_expression + : width_constant_expression
　　　　| base_expression − : width_constant_expression
width_constant_expression ::= constant_expression

D.8.4　Primaries（基元）

constant_primary ::=
　　　　constant_concatenation

```
        | constant_function_call
        | (constant_mintypmax_expression)
        | constant_multiple_concatenation
        | genvar_identifier
        | number
        | parameter_identifier
        | specparam_identifier
module_path_primary ::=
         number
        | identifier
        | module_path_concatenation
        | module_path_multiple_concatenation
        | function_call
        | system_function_call
        | constant_function_call
        | (module_path_mintypmax_expression)
primary ::=
         number
        | hierarchical_identifier
        | hierarchical_identifier [ expression ] { [ expression ] }
        | hierarchical_identifier [ expression ] { [ expression ] } ⌈ range_expression ⌉
        | hierarchical_identifier [ range_expression ]
        | concatenation
        | multiple_concatenation
        | function_call
        | system_function_call
        | constant_function_call
        | (mintypmax_expression)
```

D.8.5　Expression Left_Side Values（表达式左边的值）

```
net_lvalue ::=
         hierarchical_net_identifier
        | hierarchical_net_identifier [ constant_expression ] { [ constant_expression ] }
        | hierarchical_net_identifier [ constant_expression ] { [ constant_expression ] } [
                   constant_range_expression ]
        | hierarchical_net_identifier [ constant_range_expression ]
        | net_concatenation
variable_lvalue ::=
         hierarchical_variable_identifier
        | hierarchical_variable_identifier [ expression ] { [ expression ] }
```

| hierarchical_variable_identifier [expression] { [expression] } [range_expression]

| hierarchical_variable_identifier [range_expression]

| variable_concatenation

D.8.6　Operators（操作符）

unary_operator ::=

　　+ | − | ! | ~ | & | ~& | | | ~| | ^ | ~^ | ^~

binary_operator ::=

　　+ | − | * | / | % | == | != | === | !== | && | || | ** | < | <= | > | >= | & | | | ^ | ^~ | ~^

　　| >> | << | >>> | <<<

unary_module_path_operator ::=

　　! | ~ | & | ~& | | | ~| | ^ | ~^ | ^~

binary_module_path_operator ::=

　　== | != | && | || | & | | | ^ | ^~ | ~^

D.8.7　Numbers（数字）

number ::=

　　decimal_number

　　| octal_number

　　| binary_number

　　| hex_number

　　| real_number

real_number[1] ::=

　　unsigned_number . unsigned_number

　　| unsigned_number [. unsigned_number] exp [sign] unsigned_number

exp ::= **e** | **E**

decimal_number ::=

　　unsigned_number

　　| [size] decimal_base unsigned_number

　　| [size] decimal_base x_digit { _ }

　　| [size] decimal_base z_digit { _ }

binary_number ::= [size] binary_base binary_value

octal_number ::= [size] octal_base octal_value

hex_number ::= [size] hex_base hex_value

sign ::= + | −

size ::= non_zero_unsigned_number

non_zero_unsigned_number[1] ::= non_zero_decimal_digit { _ | decimal_digit }

unsigned_number[1] ::= decimal_digit { _ | decimal_digit }

binary_value[1] ::= binary_digit { _ | binary_digit }

octal_value[1] ::= octal_digit { _ | octal_digit }

hex_value[1] ::= hex_digit { _ | hex_digit }

decimal_base[1] ::= `[ s|S ]d | `[s|S]D

binary_base[1] ::= `[ s|S ]b | `[s|S]B

octal_base[1] ::= `[ s|S ]o | `[s|S]O

hex_base[1] ::= `[ s|S ]h | `[s|S]H

non_zero_decimal_digit ::= 1 | 2 | 3 | 4 | 5 | 6 | 7 | 8 | 9

decimal_digit ::= 0 | 1 | 2 | 3 | 4 | 5 | 6 | 7 | 8 | 9

binary_digit ::= x_digit | z_digit | 0 | 1

octal_digit ::= x_digit | z_digit | 0 | 1 | 2 | 3 | 4 | 5 | 6 | 7

hex_digit ::=

　　　x_digit | z_digit | 0 | 1 | 2 | 3 | 4 | 5 | 6 | 7 | 8 | 9

　　　| a | b | c | d | e | f | A | B | C | D | E | F

x_digit ::= x | X

z_digit ::= z | Z | ?

D.8.8　Strings（字符串）

string ::= " { Any_ASCII_Characters_except_new_line } "

D.9　General（常规）

D.9.1　Attributes（属性）

attribute_instance ::= (*attr_spec {, attr_spec } *)

attr_spec ::=

　　　attr_name= constant_expression

　　　| attr_name

attr_name ::= identifier

D.9.2　Comments（注释）

comment ::=

　　　one_line_comment

　　　| block_comment

one_line_comment ::= // comment_text \n

block_comment ::= /* comment_text */

comment_text ::= { Any_ASCII_character }

D.9.3　Identifiers（标识符）

arrayed_identifier ::=

　　　simple_arrayed_identifier

　　　| escaped_arrayed_identifier

block_identifier ::= identifier

cell_identifier ::= identifier

config_identifier ::= identifier

escaped_arrayed_identifier ::= escaped_identifier [range]

escaped_hierarchical_identifier[4] ::=

　　escaped_hierarchical_branch

　　　　{ .simple_hierarchical_branch | .escaped_hierarchical_branch }

escaped_identifier ::= \ { Any_ASCII_character_except_white_space } white_space

event_identifier ::= identifier

function_identifier ::= identifier

gate_instance_identifier ::= arrayed_identifier

generate_block_identifier ::= identifier

genvar_function_identifier ::= identifier /* Hierarchy disallowed */

genvar_identifier ::= identifier

hierarchical_block_identifier ::= hierarchical_identifier

hierarchical_event_identifier ::= hierarchical_identifier

hierarchical_function_identifier ::= hierarchical_identifier

hierarchical_identifier ::=

　　simple_hierarchical_identifier

　　| escaped_hierarchical_identifier

hierarchical_net_identifier ::= hierarchical_identifier

hierarchical_variable_identifier ::= hierarchical_identifier

hierarchical_task_identifier ::= hierarchical_identifier

identifier ::=

　　simple_identifier

　　| escaped_identifier

inout_port_identifier ::= identifier

input_port_identifier ::= identifier

instance_identifier ::= identifier

library_identifier ::= identifier

memory_identifier ::= identifier

module_identifier ::= identifier

module_instance_identifier ::= arrayed_identifier

net_identifier ::= identifier

output_port_identifier ::= identifier

parameter_identifier ::= identifier

port_identifier ::= identifier

real_identifier ::= identifier

simple_arrayed_identifier ::= simple_identifier [range]

simple_hierarchical_identifier[3] ::=

　　simple_hierarchical_branch [.escaped_identifier]

simple_identifier[2] ::= [a-zA-Z] { [a-zA-Z0-9_$] }

specparam_identifier ::= identifier

system_function_identifier[5] ::= $[a-zA-Z0-9_$] { [a-zA-Z0-9_$] }

system_task_identifier[5] ::= $[a-zA-Z0-9_$] { [a-zA-Z0-9_$] }

task_identifier ::= identifier

terminal_identifier ::= identifier

text_macro_identifier ::= simple_identifier

topmodule_identifier ::= identifier

udp_identifier ::= identifier

udp_instance_identifier ::= arrayed_identifier

variable_identifier ::= identifier

D.9.4　Identifier Branches（标识分支）

simple_hierarchical_branch[3] ::=

   simple_identifier [[unsigned_number]]

     [{ .simple_identifier [[unsigned_number]] }]

escaped_hierarchical_branch[4] ::=

   escaped_identifier [[unsigned_number]]

     [{ .escaped_identifier [[unsigned_number]] }]

D.9.5　Whitespace（空白）

white_space[5]::= space | tab | newline | eof [6]

注释

[1]　嵌入的空格是非法的。

[2]　简单标识符和数组引用应该用字母或下划线字符（_）开头，至少应该有一个字符，不能有任何空格。

[3]　在简单层次标识符和简单层次分支符中的句点（.）之前或之后不允许插入空格符

[4]　在转义层次标识符和转义层次分支符中的句号（.）之前应该有空格符，而在之后不能插入空格符。

[5]　系统函数标识符或者系统任务标识符前面的$符号之后不能插入空格符。系统函数标识符或者系统任务标识符中不应该有转义字符。

[6]　文件的结尾。

附录 E　Verilog 有关问题解答

本附录提供常见 Verilog 问题的解答。

Verilog HDL 的起源

1983 年前后，Verilog 硬件描述语言诞生于 Gateway Design Automation 公司，当时该公司位于美国马萨诸塞州的爱克顿（Acton）市。对 Verilog HDL 影响最大的语言是 HILO-2。HILO-2 语言的研发工作由英国 Brunet 大学完成，这是一项与英国国防部签订合同的开发测试生成系统的研究工作。HILO-2 语言成功地把门级抽象和寄存器传输级抽象结合起来，并支持仿真、时序分析、故障仿真和测试生成。

当时 Gateway Design Automation 公司是一家私人拥有的公司，由 Prabhu Goel 博士领导，他是 PODEM 测试生成算法的发明人。1985 年 Verilog HDL 被作为仿真器产品引入 EDA 市场。Verilog 由 Phil Moorby 设计，他后来成为 Verilog-XL 的主设计师和 Cadence Design Systems 公司的首席合作伙伴。随着 Verilog-XL 的成功，Gateway Design Automation 公司得到迅速的发展，最后于 1989 年被位于加州圣何塞市的 Cadence Design Systems 公司收购。

1990 年，Cadence Design Systems 公司向公众公开了 Verilog HDL。接着 Verilog 开放国际（Open Verilog International，OVI）成立，着手进行 Verilog HDL 的标准化工作，促进了 Verilog HDL 以及有关的设计自动化产品的发展。

OVI（Verilog 开放国际）董事会于 1992 年启动 Verilog HDL 标准化（符合 IEEE 要求的）工作。1993 年第一个 IEEE 工作小组成立，经过 18 个月的努力后，Verilog 成为了 IEEE 1364-1995 标准。

标准化工作完成后，IEEE 1364 标准工作小组开始向世界范围内使用 IEEE 1364 标准的 Verilog 用户收集反馈信息，以便根据反馈信息修改和进一步提升标准。经过 5 年的持续努力，一个好得多的 Verilog 标准 IEEE 1364-2001 就诞生了。

解释型、编译型和本地编译型的仿真器

根据执行仿真的不同方法，Verilog 仿真器可以分为以下 3 种类型：

- **解释型的仿真器**。解释型的仿真器读入 Verilog HDL 代码，在计算机的内存中生成数据结构，然后解释性地运行仿真，每次运行仿真时，进行一次编译，编译通常很快就可以完成。Cadence 公司的 Verilog-XL 仿真器就是一种解释型的仿真器。

- **编译型的仿真器**。编译型的仿真器读入 Verilog HDL 代码，然后把它转换为相应的 C 代码（或其他编程语言的代码）。接下来，用标准 C 编译器将该 C 代码编译成二进制可执行代码。执行这个二进制代码，就可以运行仿真器。编译型的仿真器的编译时间通常比较长，但其执行速度一般来说比解释型的仿真器快。Synopsys 公司的 VCS 仿真器就是一种编译型的仿真器。

- **本地编译型的仿真器**。本地编译型的仿真器读入 Verilog HDL 代码，然后把它直接转换为能在指定机器平台上运行的二进制代码。机器平台不同，编译的优化和调整过程也不同。这就说，能在 Sun 工作站上运行的本地编译仿真器，不能在 HP 工作站上运行，反之亦然。Cadence 公司的 Verilog-NC 仿真器就是这种本地编译型的仿真器。

事件驱动仿真和健忘仿真

Verilog 仿真器一般使用事件驱动仿真算法或用健忘仿真算法。事件驱动算法只是在设计的基元输入信号改变时才处理这些基元。健忘算法对设计中所有的基元加以处理，不考虑基元输入信号的改变，在处理这些基元时不需要或几乎不需要安排确定的时间。

基于周期的仿真

对于同步设计来说，基于周期的仿真是很有用的。周期仿真器按照周期的节拍工作。两个时钟沿之间的时序信息被忽略。基于周期仿真的方法能大大提高仿真器的性能。

故障仿真

故障仿真用来在测试的电路中故意加入一些短路或断路故障，然后对被测电路施加测试向量，比较故障加入后和故障加入前的电路输出。如果输出与不加故障的不同，则称故障已被检测到。为了测试该电路，需要开发出一整套测试向量。

附录 F   Verilog 举例

本附录包含两个例子的源代码：

- 第一个例子是可综合的 FIFO 实现模型
- 第二个例子是 256 K×16 动态随机存储器的行为模型

这些例子让读者有机会体会使用 Verilog HDL 的真实感觉。希望读者能从头到尾认真地阅读一遍源代码，理解编码的风格和 Verilog 结构的使用。

F.1   可综合的 FIFO 模型

本例描述了一个可综合的实现 FIFO 的模型。只需要改写两个参数值`FWIDTH 和`FDEPTH，该 FIFO 的深度和位宽就可以随之修改。对本例而言，FIFO 的深度为 4，宽度为 32 位。该 FIFO 的输入/输出端口，如图 F.1 所示。

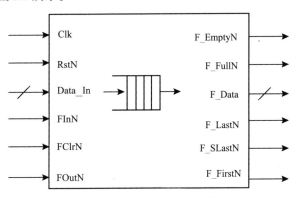

图 F.1   FIFO 的输入/输出端口

输入端口

所有后缀为 "N" 的端口都是低电平有效端口。

Clk	时钟信号
RstN	复位信号
Data_In	进入 FIFO 的 32 位数据
FInN	写入 FIFO 信号
FClrN	FIFO 清零信号
FOutN	从 FIFO 读出信号

输出端口

F_Data	从 FIFO 输出的 32 位数据
F_FullN	表明 FIFO 已满的信号

F_EmptyN	表明 FIFO 空的信号
F_LastN	表明 FIFO 还有空间可放置一个数据值的信号
F_SLastN	表明 FIFO 还有空间可放置两个数据值的信号
F_FirstN	表明 FIFO 中只有一个数据值的信号

实现 FIFO 的 Verilog HDL 代码如例 F.1 所示。

例 F.1　可综合的 FIFO 的 Verilog HDL 模型

```
//////////////////////////////////////////////////////////////
// FileName:  "Fifo.v"
// Author  :  Venkata Ramana Kalapatapu
// Company :  Sand Microelectronics Inc.
//            (now a part of Synopsys, Inc.),
// Profile :  Sand develops Simulation Models, Synthesizable Cores and
//            Performance Analysis Tools for Processors, buses and
//            memory products.  Sand's products include models for
//            industry-standard components and custom-developed models
//            for specific simulation environments.
//
//////////////////////////////////////////////////////////////

`define  FWIDTH     32          // Width of the FIFO.
`define  FDEPTH     4           // Depth of the FIFO.
`define  FCWIDTH    2           // Counter Width of the FIFO 2 to power
                                // FCWIDTH = FDEPTH.
module FIFO(  Clk,
              RstN,
              Data_In,
              FClrN,
              FInN,
              FOutN,

              F_Data,
              F_FullN,
              F_LastN,
              F_SLastN,
              F_FirstN,
              F_EmptyN
          );


input                   Clk;        // CLK signal.
input                   RstN;       // Low Asserted Reset signal.
input [(`FWIDTH-1):0]   Data_In;    // Data into FIFO.
input                   FInN;       // Write into FIFO Signal.
input                   FClrN;      // Clear signal to FIFO.
input                   FOutN;      // Read from FIFO signal.

output [(`FWIDTH-1):0]  F_Data;     // FIFO data out.
output                  F_FullN;    // FIFO full indicating signal.
```

```
output                          F_EmptyN;  // FIFO empty indicating signal.
output                          F_LastN;   // FIFO Last but one signal.
output                          F_SLastN;  // FIFO SLast but one signal.
output                          F_FirstN;  // Signal indicating only one
                                           // word in FIFO.


reg                 F_FullN;
reg                 F_EmptyN;
reg                 F_LastN;
reg                 F_SLastN;
reg                 F_FirstN;

reg    [`FCWIDTH:0]        fcounter; //counter indicates num of data in FIFO
reg    [(`FCWIDTH-1):0]  rd_ptr;       // Current read pointer.
reg    [(`FCWIDTH-1):0]  wr_ptr;       // Current write pointer.
wire   [(`FWIDTH-1):0]   FIFODataOut; // Data out from FIFO MemBlk
wire   [(`FWIDTH-1):0]   FIFODataIn;  // Data into FIFO MemBlk

wire   ReadN  = FOutN;
wire   WriteN = FInN;

assign F_Data      = FIFODataOut;
assign FIFODataIn = Data_In;


    FIFO_MEM_BLK memblk(.clk(Clk),
                        .writeN(WriteN),
                        .rd_addr(rd_ptr),
                        .wr_addr(wr_ptr),
                        .data_in(FIFODataIn),
                        .data_out(FIFODataOut)
                       );


    // Control circuitry for FIFO. If reset or clr signal is asserted,
    // all the counters are set to 0. If write only the write counter
    // is incremented else if read only read counter is incremented
    // else if both, read and write counters are incremented.
    // fcounter indicates the num of items in the FIFO. Write only
    // increments the fcounter, read only decrements the counter, and
    // read && write doesn't change the counter value.
    always @(posedge Clk or negedge RstN)
    begin

        if(!RstN) begin
            fcounter     <= 0;
            rd_ptr       <= 0;
            wr_ptr       <= 0;
        end
        else begin

            if(!FClrN ) begin
                fcounter     <= 0;
```

```
                    rd_ptr      <= 0;
                    wr_ptr      <= 0;
                end
                else begin
                if(!WriteN && F_FullN)
                    wr_ptr <= wr_ptr + 1;

                if(!ReadN && F_EmptyN)
                    rd_ptr <= rd_ptr + 1;

                if(!WriteN && ReadN && F_FullN)
                    fcounter <= fcounter + 1;

                else if(WriteN && !ReadN && F_EmptyN)
                    fcounter <= fcounter - 1;
            end
        end
end


// All the FIFO status signals depends on the value of fcounter.
// If the fcounter is equal to fdepth, indicates FIFO is full.
// If the fcounter is equal to zero, indicates the FIFO is empty.


// F_EmptyN signal indicates FIFO Empty Status. By default it is
// asserted, indicating the FIFO is empty. After the First Data is
// put into the FIFO the signal is deasserted.
always @(posedge Clk or negedge RstN)
begin

    if(!RstN)
        F_EmptyN <= 1'b0;

    else begin
        if(FClrN==1'b1) begin

            if(F_EmptyN==1'b0 && WriteN==1'b0)

                F_EmptyN <= 1'b1;

            else if(F_FirstN==1'b0 && ReadN==1'b0 && WriteN==1'b1)

                F_EmptyN <= 1'b0;
        end
        else
            F_EmptyN <= 1'b0;
    end
end

// F_FirstN signal indicates that there is only one datum sitting
// in the FIFO. When the FIFO is empty and a write to FIFO occurs,
// this signal gets asserted.
```

```verilog
always @(posedge Clk or negedge RstN)
begin

    if(!RstN)

        F_FirstN <= 1'b1;

    else begin
        if(FClrN==1'b1) begin

            if((F_EmptyN==1'b0 && WriteN==1'b0) ||
               (fcounter==2 && ReadN==1'b0 && WriteN==1'b1))

                F_FirstN <= 1'b0;

            else if (F_FirstN==1'b0 && (WriteN ^ ReadN))
                F_FirstN <= 1'b1;
        end
        else begin

            F_FirstN <= 1'b1;
        end
    end
end


// F_SLastN indicates that there is space for only two data words
//in the FIFO.
always @(posedge Clk or negedge RstN)
begin

    if(!RstN)

        F_SLastN <= 1'b1;

    else begin

        if(FClrN==1'b1) begin

            if( (F_LastN==1'b0 && ReadN==1'b0 && WriteN==1'b1) ||
                (fcounter == (`FDEPTH-3) && WriteN==1'b0 && ReadN==1'b1))

                F_SLastN <= 1'b0;


            else if(F_SLastN==1'b0 && (ReadN ^ WriteN) )
                F_SLastN <= 1'b1;

        end
        else
            F_SLastN <= 1'b1;

    end
end

// F_LastN indicates that there is one space for only one data
```

```verilog
// word in the FIFO.
always @(posedge Clk or negedge RstN)
begin

    if(!RstN)

        F_LastN <= 1'b1;

    else begin
        if(FClrN==1'b1) begin

            if ((F_FullN==1'b0 && ReadN==1'b0)   ||
                (fcounter == (`FDEPTH-2) && WriteN==1'b0 && ReadN==1'b1))

                F_LastN <= 1'b0;

            else if(F_LastN==1'b0 && (ReadN ^ WriteN) )
                F_LastN <= 1'b1;
        end
        else
            F_LastN <= 1'b1;
    end
end


// F_FullN indicates that the FIFO is full.
always @(posedge Clk or negedge RstN)
begin

    if(!RstN)

        F_FullN <= 1'b1;

    else begin
        if(FClrN==1'b1)  begin

            if (F_LastN==1'b0 && WriteN==1'b0 && ReadN==1'b1)

                F_FullN <= 1'b0;

            else if(F_FullN==1'b0 && ReadN==1'b0)

                F_FullN <= 1'b1;
        end
        else
            F_FullN <= 1'b1;

    end
end

endmodule
```

```
///////////////////////////////////////////////////////////////
//
//
//    Configurable memory block for fifo. The width of the mem
//    block is configured via FWIDTH. All the data into fifo is done
//    synchronous to block.
//
//    Author : Venkata Ramana Kalapatapu
//
///////////////////////////////////////////////////////////////
module FIFO_MEM_BLK( clk,
                     writeN,
                     wr_addr,
                     rd_addr,
                     data_in,
                     data_out
                   );


    input                    clk;       // input clk.
    input   writeN;   // Write Signal to put data into fifo.
    input   [(`FCWIDTH-1):0]  wr_addr;   // Write Address.
    input   [(`FCWIDTH-1):0]  rd_addr;   // Read Address.
    input   [(`FWIDTH-1):0]   data_in;   // DataIn in to Memory Block

    output  [(`FWIDTH-1):0]   data_out; // Data Out from the Memory
                                        // Block(FIFO)

    wire    [(`FWIDTH-1):0]  data_out;

    reg     [(`FWIDTH-1):0]  FIFO[0:(`FDEPTH-1)];



    assign data_out  = FIFO[rd_addr];

    always @(posedge clk)
    begin

       if(writeN==1'b0)
          FIFO[wr_addr] <= data_in;
    end

    endmodule
```

F.2　动态随机存储器的行为模型

本例描述的是一个 256 K × 16 动态随机存储器（Dynamic Random Access Memory，DRAM）的行为模型。该 DRAM 具有 256 K 的 16 位存储空间，它的输入/输出端口如图 F.2 所示。

输出端口

所有后缀为"_N"的端口都是低电平有效的端口。

MA	10 位存储器地址
OE_N	读数据输出使能信号
RAS_N	确定行地址的行地址选通
CAS_N	确定列地址的列地址选通
LWE_N	把数据总线 DATA 上的低 8 位写入存储器的写使能信号
UWE_N	把数据总线 DATA 上的高 8 位写入存储器的写使能信号

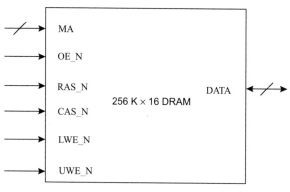

图 F.2 DRAM 的输入/输出端口

双向（输入输出）端口

DATA，16 位数据总线，既可作为输入，也可作为输出。若 LWE_N 或者 UWE_N 有效（低电平），则从数据总线上写入存储器。若 OE_N 有效（低电平），则读存储器的数据输出。

DRAM 的行为模型的 Verilog HDL 代码如例 F.2 所示。

例 F.2 DRAM 的行为模型

```
//////////////////////////////////////////////////////////////
// FileName:   "dram.v" - functional model of a 256K x 16 DRAM
// Author  :   Venkata Ramana Kalapatapu
// Company :   Sand Microelectronics Inc.(now a part of Synopsys, Inc.)
// Profile :   Sand develops Simulation Models,Synthesizable Cores, and
//             Performance Analysis Tools for Processors, buses and
//             memory products. Sand's products include models for
//             industry-standard components and custom-developed
//             models for specific simulation environments.
//
//////////////////////////////////////////////////////////////

module DRAM( DATA,
             MA,
             RAS_N,
             CAS_N,
             LWE_N,
             UWE_N,
             OE_N);

    inout [15:0]   DATA;
    input [9:0]    MA;
```

```
input           RAS_N;
input           CAS_N;
input           LWE_N;
input           UWE_N;
input           OE_N;

reg  [15:0]  memblk [0:262143];  // Memory Block. 256K x 16.
reg  [9:0]   rowadd;             // RowAddress Upper 10 bits of MA.
reg  [7:0]   coladd;             // ColAddress Lower 8 bits of MA.
reg  [15:0]  rd_data;            // Read Data.
reg  [15:0]  temp_reg;

reg      hidden_ref;
reg      last_lwe;
reg      last_uwe;
reg      cas_bef_ras_ref;
reg      end_cas_bef_ras_ref;
reg      last_cas;
reg      read;
reg      rmw;
reg      output_disable_check;
integer  page_mode;

assign #5 DATA=(OE_N===1'b0 && CAS_N===1'b0) ? rd_data : 16'bz;

parameter infile = "ini_file";  // Input file for preloading the Dram.

initial
begin
    $readmemh(infile, memblk);
end


always @(RAS_N)
begin

   if(RAS_N == 1'b0 ) begin
       if(CAS_N == 1'b1 ) begin
           rowadd = MA;
       end
       else
           hidden_ref = 1'b1;
   end
   else
           hidden_ref = 1'b0;
end


always @(CAS_N)
   #1 last_cas = CAS_N;


always @(CAS_N or LWE_N or UWE_N)
begin
```

```verilog
        if(RAS_N===1'b0 && CAS_N===1'b0 ) begin

          if(last_cas==1'b1)
              coladd = MA[7:0];

          if(LWE_N!==1'b0 && UWE_N!==1'b0)  begin  // Read Cycle.

              rd_data = memblk[{rowadd, coladd}];
              $display("READ : address = %b, Data = %b",
            {rowadd,coladd}, rd_data );
          end
          else if(LWE_N===1'b0 && UWE_N===1'b0) begin
                                              // Write Cycle both bytes.
              memblk[{rowadd,coladd}] = DATA;
              $display("WRITE: address = %b, Data = %b",
            {rowadd,coladd}, DATA );
          end
          else if(LWE_N===1'b0 && UWE_N===1'b1) begin
                                              // Lower Byte Write Cycle.

              temp_reg = memblk[{rowadd, coladd}];
              temp_reg[7:0] = DATA[7:0];
              memblk[{rowadd,coladd}] = temp_reg;
          end
          else if(LWE_N===1'b1 && UWE_N===1'b0) begin
                                              // Upper Byte Write Cycle.

              temp_reg = memblk[{rowadd, coladd}];
              temp_reg[15:8] = DATA[15:8];
              memblk[{rowadd,coladd}] = temp_reg;
          end
      end
end


// Refresh.
always @(CAS_N or RAS_N)
begin

    if(CAS_N==1'b0  && last_cas===1'b1 && RAS_N===1'b1) begin
        cas_bef_ras_ref = 1'b1;
    end

    if(CAS_N===1'b1 && RAS_N===1'b1 && cas_bef_ras_ref==1'b1) begin
        end_cas_bef_ras_ref = 1'b1;
        cas_bef_ras_ref = 1'b0;
    end

    if( (CAS_N===1'b0 && RAS_N===1'b0) && end_cas_bef_ras_ref==1'b1 )
        end_cas_bef_ras_ref = 1'b0;

  end

endmodule
```

参 考 文 献

手册

IEEE 1364-2001 Standard, *IEEE Standard Verilog Hardware Description Language*, 2001 (*http://www.ieee.org*).

Accellera Standard, *System Verilog 3.0: Accellera's Extensions to Verilog*, 2002. (*http://www.accellera.org*).

书籍

E. Sternheim, Rajvir Singh, Rajeev Madhavan, Yatin Trivedi, *Digital Design and Synthesis with Verilog HDL*, Automata Publishing Company, 1993. ISBN 0-9627488-2-X.

Donald Thomas and Phil Moorby, *The Verilog Hardware Description Language*, Fourth Edition, Kluwer Academic Publishers, 1998. ISBN 0-7923-8166-1.

Stuart Sutherland, *Verilog 2001—A Guide to the New Features of the Verilog Hardware Description Language*, Kluwer Academic Publishers, 2002. ISBN 0-7923-7568-8.

Stuart Sutherland, *The Verilog PLI Handbook: A User's Guide and Comprehensive Reference on the Verilog Programming Language Interface*, Second Edition, Kluwer Academic Publishers, 2002. ISBN: 0-7923-7658-7.

Douglas Smith, *HDL Chip Design: A Practical Guide for Designing, Synthesizing and Simulating ASICs and FPGAs Using VHDL or Verilog*, Doone Publications, TX, 1996. ISBN: 0-9651934-3-8.

Ben Cohen, *Real Chip Design and Verification Using Verilog and VHDL*, VhdlCohen Publishing, 2001. ISBN 0-9705394-2-8.

J. Bhasker, *Verilog HDL Synthesis: A Practical Primer*, Star Galaxy Publishing, 1998. ISBN 0-9650391-5-3.

J. Bhasker, *A Verilog HDL Primer*, Star Galaxy Publishing, 1999. ISBN 0-9650391-7-X.

James M. Lee, *Verilog Quickstart*, Kluwer Academic Publishers, 1997. ISBN 0-7923992-7-7.

Bob Zeidman, *Verilog Designer's Library*, Prentice Hall, 1999. ISBN 0-1308115-4-8.

Michael D. Ciletti, *Modeling, Synthesis, and Rapid Prototyping with the Verilog HDL*, Prentice Hall, 1999. ISBN 0-1397-7398-3.

Janick Bergeron, *Writing Testbenches: Functional Verification of HDL Models*, Kluwer Academic Publishers, 2000. ISBN 0-7923-7766-4.

Lionel Bening and Harry Foster, *Principles of Verifiable RTL Design*, Second Edition, Kluwer Academic Publishers, 2001. ISBN: 0-7923-7368-5.

快速参考指南

Stuart Sutherland, *Verilog HDL Quick Reference Guide*, Sutherland Consulting, OR, 2001. ISBN: 1-930368-03-8.

Rajeev Madhavan, *Verilog HDL Reference Guide*, Automata Publishing Company, CA, 1993. ISBN 0-9627488-4-6.

Stuart Sutherland, *Verilog PLI Quick Reference Guide*, Sutherland Consulting, OR, 2001. ISBN: 1-930368-02-X.

译 者 后 记

经过半年多的努力，我终于将朋友托付的任务完成了。回想当初接受任务时，我非常犹豫。我的日常工作非常繁忙，每周有十多个小时的教学课时，还有尚未完成的课题任务，新近跟我做课题的几个本国和留学研究生尚未入门，需要指导。另外，还常常有技术杂志约我写稿，这一切都使我很难做出决定。当我与北京理工大学的胡燕祥博士联系之后，他同意参加本书的翻译工作，这时我才有了一些信心。早在读硕士阶段，胡博士就与我认识了，他是内蒙古大学计算机系须毓孝教授的学生。须教授是我在清华求学时的同班同学，我们一起在清华度过了难忘的岁月。胡博士到北京上学后经常到北航来与我讨论有关 Verilog 的问题。他做事认真踏实，一丝不苟，给我留下了很好的印象。有了他的加盟，我就欣然答应了朋友的托付。胡博士又邀请了他的老同学习岚松博士加盟，三个人一起努力，就可以高质量地按时完成翻译任务了。经过讨论之后我们决定，翻译的风格由我确定。翻译必须以理解为前提，不理解的地方弄清楚了再翻译，文字以简单明了为宗旨，复杂难懂的句子分解成多句来翻译。我们 3 人各分一部分进行翻译，最后由我负责全面修改和审校。起初，为了协调风格，修改和讨论的工作量很大。经过 4 个多月的磨合期，修改的工作量越来越少，后面几个月则只需要修改由于疏忽引起的个别错误。终于，在经过半年多辛勤努力之后，本书得以翻译和整理完毕。

在我工作生涯的最后十年里，赶上了一件很有意义的事情，那就是推广数字系统的 Verilog HDL 设计方法。回想十多年以前，当我刚接触 Verilog 语言时，什么学习资料都没有，只能查看厂家的手册，内容零散混杂，让人不知所云。经过一年多的摸索，我终于体会到了这种语言的魅力，它的方便、简洁和容易理解远在 VHDL 之上。两年之后，我终于在自己的课题中全面放弃了 VHDL，改用 Verilog。为了推广 Verilog 的教学，北航出版社把我编写的讲义正式出版。最初只印刷了 1000 册，但没有想到的是这样一本薄薄的普通讲义，近年来居然多次重印，已销售近 2 万册。另外，我编写的其他 Verilog 教材也多次再版。我相信，随着我国集成电路设计行业的发展，Verilog 语言必定会有更加美好的明天。

在本书中译本出版之前，我还要感谢我以前的两位硕士生，杨柳女士和林晗先生。他们非常认真地阅读了我的最后修改稿，发现并指出了一些问题。我还要感谢正在做本科毕业设计的杨雷同学，他主动热情地帮助我做了许多工作，减轻了我的工作负担。

无论是作为本书的译者和多年讲授和使用 Verilog 语言的老教师，还是作为一位数字系统设计工程师，我都非常愿意向读者郑重推荐这本好书。对于书中的错误和疏漏之处，我非常愿意和读者讨论。欢迎读者批评指正。

夏宇闻
于北京航空航天大学